数控机床与编程实用技术

主　编　杨顺田　姚　军
副主编　王慧玲　蔡云松　张　俊
主　审　高　文　苟建峰

北京理工大学出版社
BEIJING INSTITUTE OF TECHNOLOGY PRESS

内 容 提 要

本书采用任务教学的形式，按照任务驱动、项目导向结构，以职业能力培养为重点，详细阐述了 SINUMERIK 数控系统的编程方法，内容涵盖了数控车、数控铣、加工中心等所需掌握的编程方法。前四个教学单元适合于初中级读者学习，第 5 教学单元为 R 参数编程及其应用，作为提高部分，适合于中高级读者学习。

书中通过大量的例题形式详细讲解了数控加工工艺、编程指令及应用，知识体系完整、严密；其中，R 参数编程及其应用作为本书提高部分，体现出中高级编程方法与技巧，具有很强的实用性。为了便于教学与自学，各实例做了必要的简化，并给出了详细的工作思路与注解，内容深入浅出，并富有吸引力。

本书可以作为高职高专院校机械制造类各专业教学用书，也可作为工程技术人员的参考资料。

图书在版编目（CIP）数据

数控机床与编程实用技术 / 杨顺田，姚军主编. —北京：北京理工大学出版社，2019.6（2019.7 重印）

ISBN 978-7-5682-7095-3

Ⅰ. ①数…　Ⅱ. ①杨…　②姚…　Ⅲ. ①数控机床-程序设计　Ⅳ. ①TG659.022

中国版本图书馆 CIP 数据核字（2019）第 099550 号

出版发行 / 北京理工大学出版社有限责任公司
社　　址 / 北京市海淀区中关村南大街 5 号
邮　　编 / 100081
电　　话 /（010）68914775（总编室）
（010）82562903（教材售后服务热线）
（010）68948351（其他图书服务热线）
网　　址 / http://www.bitpress.com.cn
经　　销 / 全国各地新华书店
印　　刷 / 唐山富达印务有限公司
开　　本 / 787 毫米×1092 毫米　1/16
印　　张 / 16.5
字　　数 / 370 千字
版　　次 / 2019 年 6 月第 1 版　2019 年 7 月第 2 次印刷
定　　价 / 45.00 元

责任编辑 / 赵　岩
文案编辑 / 赵　岩
责任校对 / 周瑞红
责任印制 / 李志强

前　言

“数控机床与编程实用技术”课程是机械制造类专业，尤其是数控专业的一门主干课程。为建设好该课程，利用示范建设的有利时机，学院联合企业组建了课程开发团队。本书的编写实行双主编与双主审制，由学校与行业、企业合作编写。

为了使“数控机床与编程实用技术”课程更加符合高素质高技能型人才的培养目标，课程开发团队按照“行业引领、企业主导、学校参与”的思路，经过认真分析企业中数控程序编制、零件生产制造等岗位的职业能力要求，制定了数控编程与机床操作岗位的“职业能力标准”，依据本标准，明确课程内容，并按照企业相应岗位的工作流程对课程内容进行了组织。本书以工厂“典型零件的加工”的真实加工过程为向导，结合企业生产实际零件制造的工作流程，分析完成每个流程所必需的知识和能力结构，归纳了“数控机床与编程实用技术”课程的主要工作任务，并选择合适载体，构建主体学习单元；按照任务驱动、项目导向结构，以职业能力培养为重点，推行“校企合作、工学结合”模式，将真实生产过程融入教学的全过程。

本书以给定零件的数控加工程序为载体，先建立编程有关的基本概念，如编程指令、坐标系、R 参数、程序段的概念，然后重点进行编程方法与编程技巧的学习，并以轴套类零件、异形结构类零件为载体完成车削加工的编程方法与技巧的学习；以平面类零件、曲面类零件为载体完成铣削加工的编程方法与技巧的学习；以箱体类零件为载体完成镗、铣削加工编程方法与技巧的学习。每个教学任务将教、学、做有机融合，把理论学习和实践训练贯穿始终。

本书采用 SINUMERIK 数控系统的编程思想，从根本上反映了 SINUMERIK 数控编程的时代特色，通过大量的例题形式详细讲解了数控加工工艺、编程指令及应用，使知识体系完整、严密；在编写过程中，强调科学性，在内容上阐释准确、清晰、简明，能给读者科学精神上的启迪与感召。

本书由四川工程职业技术学院杨顺田教授编写第 1、4 教学单元，四川建筑职业技术学院姚军编写第 5 教学单元，由中国第二重型机械集团公司刘莉高级工程师、黄亮高级工程师提供相关资料，并协助编写；西安航空职业技术学院张俊编写第 2 教学单元，由东方汽轮机厂钟成明提供相关资料，中国第二重型机械集团公司李雷工程师协助编写；四川工程职业技术学院蔡云松老师编写第3教学单元，由第二重型机械集团公司刘莉高级工程师提供相关资料；潍坊工商职业学院王慧玲协助编写教学单元4部分内容。本书由杨顺田、姚军担任主编，由王慧玲、蔡云松、张俊担任副主编，由四川工业科技学院高文及四川工程职业技术学院苟建峰担任主审。

本书在编写过程中，参考了大量的文献、教材、手册等资料，在此对有关人员表示衷心的感谢！同时，由于编者水平有限，书中难免出现错误和处理不妥之处，恳请同行专家和广大读者批评指正。

编　者

目　录

教学单元1　SINUMERIK 数控系统编程课程认识

1-0　任务引入与相关知识

任务引入

数控机床是一种高效的自动化加工设备，它严格按照加工程序，自动对工件进行加工。不同的数控系统其编程方法、基本指令大体相同。SINUMERIK 着重体现表达式编程、函数编程、变量编程等三个方面。本单元介绍 SINUMERIK 数控编程的基本概念、编程方法，并对常见数控编程常用指令、编程格式等内容进行重点介绍。

相关知识

学习 SINUMERIK 的编程格式，编写的程序格式要符合 SINUMERIK 格式，这是最重要的一点。下面讲解 SINUMERIK 数控系统编程基础。

1-1　课程的性质和作用

1. 数控加工的特点、性质

① 自动化程度高、劳动强度低。

② 加工精度高、生产效率高、质量稳定。

③ 加工适应性强、准备周期短。

④ 易于提高市场反应速度。

⑤ 一般适宜中小批量生产，不太适合大批量生产。

本课程的性质是数控技术应用专业的专业课程，按照《数控加工岗位职业标准》和《数控技术应用专业人才培养质量标准》而制定。

当前，很多工厂企业广泛采用 SINUMERIK 数控系统，特别是 R 参数更是 SINUMERIK 数控系统的一大亮点。如今，各地职业院校都在讲 FANUC 数控系统，专门讲述 SINUMERIK 数控系统的教材几乎没有。本课程遵循学生职业能力培养的基本规律，基于典型工作任务及其工作过程集结知识内容、设计了多个学习任务，以完成“数控机床与编程实用技术”课程的学习。

本课程以给定零件的数控加工程序为载体，先建立编程有关的基本概念，如编程指令、坐标系、R 参数、程序段及程序的概念，然后重点进行编程方法与编程技巧的学习，并以轴套类零件、异形结构类零件为载体完成车削加工的编程方法与技巧的学习；以平面类零件、曲面类零件为载体完成铣削加工的编程方法与技巧的学习；以箱体类零件为载体完成镗、铣削加工编程方法与技巧的学习。每个教学任务将教、学、做有机融合，把理论学习和实践训练贯穿始终。

2. 本课程的基本要求

① 能够阅读和理解采用 SINUMERIK 840D 系统编程指令和格式编制的零件数控加工程序，并能利用一定的数控加工仿真软件，在 SINUMERIK 840D 系统环境中，编辑、调试零件数控加工程序。

② 能够根据零件图样要求，设计零件数控加工工艺过程，按规范形成工艺文献资料，并采用 SINUMERIK 840D 系统编程指令与格式编制数控加工程序，形成程序清单。

③ 能够熟练操作配有 SINUMERIK 840D 系统的数控机床，并能根据工艺方案和程序清单实现零件的数控加工，完成零件的几何检测与质量分析，填写检测报告。

1-2　课程的主要内容以及与前后课程的衔接

1. 用图解方式说明数控技术的原理

数控技术是指利用计算机按程序要求对设备进行控制加工零件。它是机械技术和计算机控制技术结合的产物，其原理如图 1-2-1 所示。

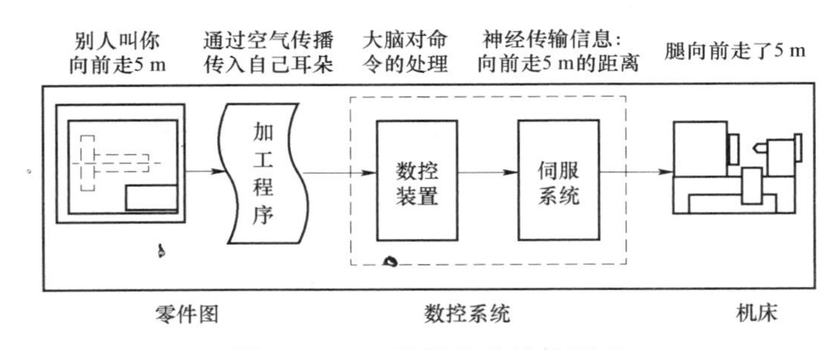

图 1-2-1　数控技术简单原理

图 1-2-1 所示为零件图经过数控系统由机床变成产品的过程，由此可知，数控技术包括机床、工艺、程序与操作。

2. 数控机床加工零件的过程

SINUMERIK 数控编程是指从零件图纸到获得数控加工程序的全部工作过程，编制数控加工程序是使用数控机床的一项重要技术工作，首先要熟悉零件加工的过程，其次要熟悉机床设备、刀具、加工工艺等。理想的数控程序不仅应该保证加工出符合零件图样要求的合格零件，还应该使数控机床的功能得到合理的应用与充分的发挥，使数控机床能安全、可靠、高效地工作。

图 1-2-2 所示为零件加工的基本过程，即零件图经过数控系统由机床变成产品的

过程。

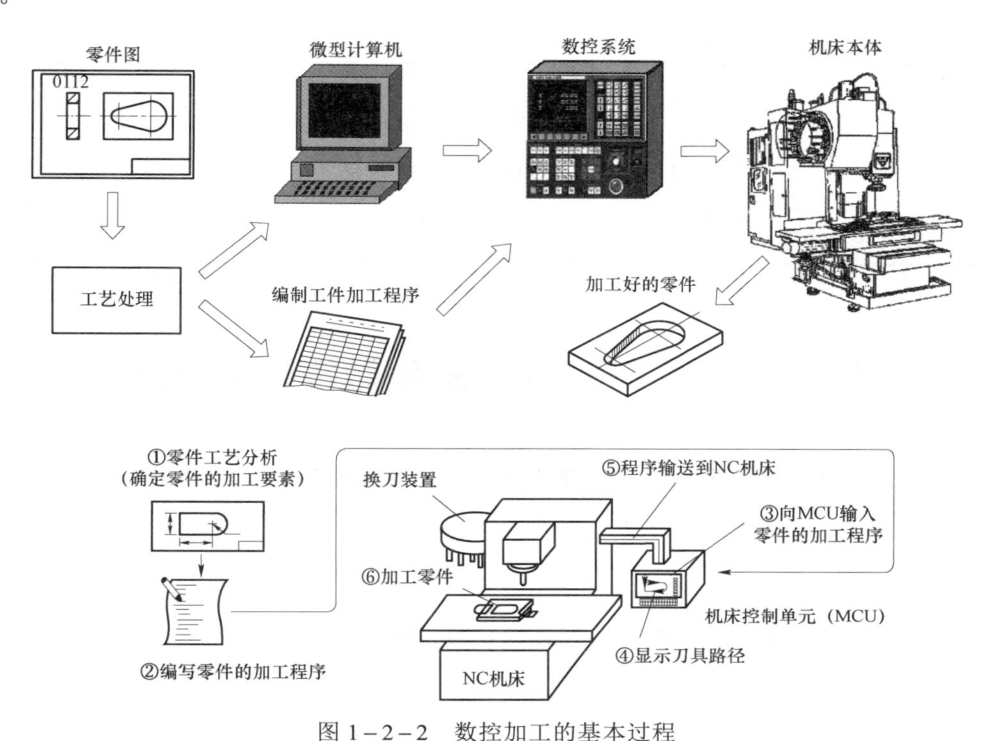

图 1-2-2 数控加工的基本过程

3. SINUMERIK 课程的主要内容以及与前后课程的衔接

从表 1-2-1 中可以看出，学习数控编程技术，首先要掌握一定的预备知识和技能，包括：

① 基本的几何知识（高中以上即可）和机械制图基础。

② 基础英语（高中以上即可）。

③ 机械加工常识、计算机数控系统。

④ 基本的三维造型技能。

表 1-2-1 课程内容与前后课程的关系

专业知识	个人素质
基本知识 识图：机械制图，公差配合 几何图形分析计算：初等数学，高等数学 电工电子，机床电气控制，计算机数控系统 工艺知识 机床控制系统的结构和工作原理 机床的加工范围、机床能力，正确选择机床 正确选择刀具及相应的工艺参数，切削用量 正确选择定位，夹紧部位及正确地选用夹具 } 数控加工工艺	细心、缜密； 逻辑思维能力强； 反应敏捷； 概括能力强； 工作积极； 能承担重任； 具有利用信息能力； 具有沟通合作能力。 如何成事？

续表

专业知识		个人素质
编程知识 加工程序知识 正确使用循环加工程序和子程序 会手工编程和计算机辅助编程 安全操作规程及应急措施	数控设备与编程 C 语言、CAD/CAM 技术	我为什么要学习？ 我为什么要工作？

1－3　学习 SINUMERIK 数控技术方法

1. 学好 SINUMERIK 数控编程技术需要具备的基本条件

① 具有基本的学习资质，即学员具备一定的学习能力和预备知识。

② 有条件接受良好的培训，包括选择好的培训机构和培训教材。

③ 在实践中积累经验。

2. SINUMERIK 数控编程的学习内容和学习过程

① 基础知识学习阶段：基础知识的学习，包括数控加工原理、数控加工工艺等方面的基础知识。

② 编程技术学习阶段：在初步了解手工编程的基础上，重点学习 SINUMERIK 数控程序技术。

③ 产品的数控加工阶段：数控编程与加工练习，实际产品的数控编程练习和实际加工练习。

3. 掌握几个要点

（1）数控坐标系是以刀具相对静止、工件运动为原则

数控机床坐标系采用的是右手笛卡尔直角坐标系，其基本坐标轴为 *X*、*Y*、*Z* 直角坐标轴，如图 1－3－1 所示为 *X*、*Y*、*Z* 三个直角坐标轴的方向，该坐标系的各个坐标轴与机床的主要导轨相平行。根据右手螺旋法则，可以确定出 *A*、*B*、*C* 三个旋转坐标的方向，如图 1－3－2 所示的数控加工中心的 *C* 轴；大型数控镗床还具有附加轴 *V*、*W* 等，如图 1－3－3 所示。

（2）*Z* 轴坐标的确定

① 与主轴轴线平行的标准坐标轴即为 *Z* 坐标轴。

② 若无主轴，则 *Z* 坐标垂直于工件装夹面。

③ 若有几个主轴，可选一个垂直于装夹面的轴作为主轴并确定为 *Z* 坐标。

④ *Z* 轴的正方向——增加刀具和工件之间距离的方向。

（3）*X* 轴坐标的确定

① 没有回转刀具或工件的机床上，*X* 轴平行于主要切削方向且以该方向为正方向。

② 在回转工件的机床上，*X* 方向是径向的且平行于横向滑座，正方向为刀具离开工件回转中心的方向。

图 1－3－1　数控龙门铣床机床坐标系

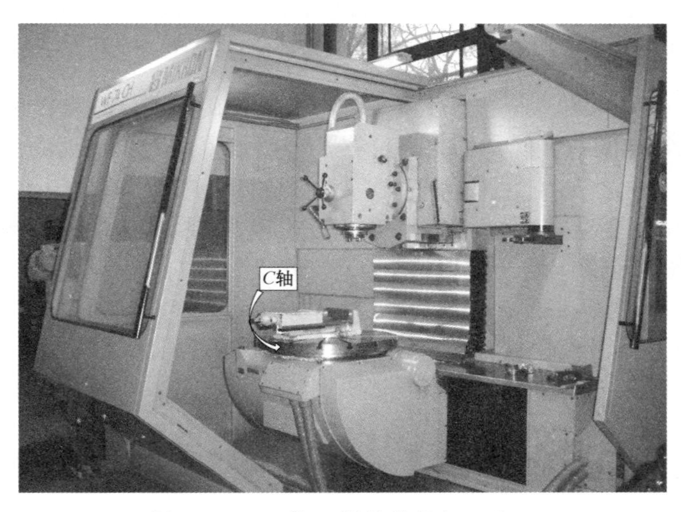

图 1－3－2　带 C 轴的数控加工中心

③ 在回转刀具的机床上：若 Z 坐标水平，沿刀具主轴向工件方向看（即视角方向为刀具轴的负方向），X 坐标正方向指向右方；若 Z 坐标垂直，由刀具主轴向立柱看，X 坐标正向指向右方。Y 轴坐标方向由右手笛卡尔坐标系确定。

4. 机床坐标系原点 *M*

机床原点为机床上的一个固定点，也称机床零点或机床零位，是机床制造厂家设置在机床上的一个物理位置，其作用是使机床与系统同步，建立测量机床运动坐标的起始点，并用 M 表示。该点是确定机床参考点的基准。

5. 机床参考点 *R*

机床参考点 R 是机床制造厂在机床上用行程开关设置的一个物理位置，与机床原点的相对位置是固定的，机床出厂前由机床厂精密测量确定的，一般情况下，不允许用户随意变动。

图 1－3－3　大型数控镗床

机床坐标系原点或机床零点是通过机床参考点间接确定的，机床参考点是机床上的一个固定点，其与机床零点间有一确定的相对位置，一般设置在刀具运动的 X、Z 正向最大极限位置。在机床每次通电之后，工作之前，必须进行一回机床零点操作，使刀具运动到机床参考点，其位置由机械挡块确定，并用 R 表示。通过机床回零操作从而准确地建立机床坐标系。

6. 熟悉数控编程与操作的一般步骤

（1）编制工件的加工程序

如果工件的加工程序较长且比较复杂时，最好不要在机床上编程，而采用编程机或电脑编程，这样可以避免占用机时，对于短程序也应写在程序单上。

（2）开机

开机一般是先开机床再开系统，有的机床设计二者是互锁的，机床不通电就不能在 CRT 上显示信息。

（3）回参考点

对于增量控制系统（使用增量式位置检测元件）的机床，必须首先执行回参考点这一步，以建立机床各坐标的移动基准。

（4）程序输入

加工程序根据程序的存储介质（纸带或磁带、磁盘），可以用纸带阅读机、盒式磁带机、编程机或串口通信输入，若是简单程序可直接采用键盘在 CNC 控制面板上输入，若程序非常简单且只加工一件，程序没有保存的必要，可采用 MDI 方式逐段输入、逐段加工。另外，程序中用到的工件原点、刀具参数、偏置量、各种补偿量在加工前也必须输入。

（5）程序调试

调试程序时，将方式选择开关置于编辑位置，利用编辑键进行增加、删除、更改。

（6）机床锁住

运行程序此步骤是对程序进行检查，若有错误，则需重新进行编辑。

（7）装夹工件

装夹工件、找正对刀采用手动增量移动。连续移动或采用手摇轮移动机床。将起刀点对到程序的起始处，并对好刀具的基准。

（8）试切

试切是为了更进一步地检查程序错误。试切的进给速度可采用进给倍率开关调节，也可以按进给保持按钮或暂停进给运动，来观察加工情况或进行手工测量。再按下循环启动按钮即可恢复加工。为确保程序正确无误，加工前应再复查一遍。

（9）监视加工

操作显示利用 CRT 的各个画面显示工作台或刀具的位置、程序和机床的状态，以使操作工人监视加工情况。

（10）结束加工

程序输出加工结束后，若程序有保存必要，可以将其留在 CNC 的内存中；若程序太长，可以将内存中的程序输出给外部设备（如穿孔机），在穿孔纸带（或磁带、磁盘等）上加以保存。

（11）关机

关机一般应先关机床再关系统。

7. 数控铣床操作过程中的注意事项

① 每次开机前，要检查一下铣床后面润滑油泵中的润滑油是否充裕，空气压缩机是否打开，切削液所用的机械油是否足够等。

② 开机时，首先打开总电源，然后按下 CNC 电源中的开启按钮，把急停按钮顺时针旋转，等铣床检测完所有功能后（下操作面板上的一排红色指示灯熄掉），按下机床按钮，使铣床复位，处于待命状态。

③ 在手动操作时，必须时刻注意，在进行 X、Y 方向移动前，必须使 Z 轴处于抬刀位置。移动过程中，不能只看 CRT 屏幕中坐标位置的变化，而要观察刀具的移动，等刀具移动到位后，再看 CRT 屏幕进行微调。

④ 在编程过程中，对于初学者来说，尽量少用 G00 指令，尤其在 X、Y、Z 三轴联动中，更应注意。在走空刀时，应把 Z 轴的移动与 X、Y 轴的移动分开进行，即多抬刀、少斜插。有时，由于斜插时刀具会碰到工件而发生刀具的破坏。

⑤ 在使用电脑进行串口通信时，要做到：先开铣床、后开电脑；先关电脑、后关铣床，避免铣床在开关的过程中，由于电流的瞬间变化而冲击电脑。

⑥ 在利用 DNC（电脑与铣床之间相互进行程序的输送）功能时，要注意铣床的内存容量，一般从电脑向铣床传输的程序总字节数应小于 23 KB。如果程序比较长，则必须采用由电脑边传输边加工的方法。

⑦ 铣床出现报警时，要根据报警号查找原因，及时解除报警，不可关机了事，否则开机后仍处于报警状态。

8. 学习方法与技巧

① 集中精力打“歼灭”战，在一个较短的时间内集中完成一个学习目标，并及时加以应用，避免进行马拉松式的学习。

② 对程序指令功能进行合理的分类，这样不仅可提高记忆效率，而且有助于从整体上

把握软件功能的应用。

③ 从一开始就注重培养有关程序格式的规范、操作的规范习惯，培养严谨、细致的工作作风，这一点往往比单纯学习技术更为重要。

④ 将平时所遇到的问题、失误和学习要点记录下来，这种积累的过程就是水平不断提高的过程。

思考与练习

1. 简述数控与数控机床的概念。
2. 数控机床与普通机床相比有何特点？
3. 数控机床适合用于什么场合？
4. 数控机床主要由哪几部分组成？各部分的作用是什么？
5. 简述数控机床的基本工作原理。
6. 什么是闭环控制数控机床？有何优缺点？适用于什么场合？
7. 什么是点位、直线和轮廓控制？各有何特点？各适用于什么场合？
8. 什么是经济型数控？其特点是什么？
9. 什么是插补？脉冲当量是何意义？
10. 常用的插补方法有哪几种？
11. 简述数控加工过程的主要内容。
12. 什么是工序、工步、进给、装夹、工位？工序与工步的划分依据是什么？
13. 数控机床主要适用于何种生产类型？
14. 简述回转体轴类零件、法兰和盘类回转体类零件、箱体类零件选用数控机床加工的一般工艺规程。
15. 选择数控机床加工时，应考虑哪些因素？
16. 数控加工工艺分析包括哪些内容？
17. 从经济性分析，采用数控加工的原则与选择数控加工内容的原则是什么？
18. 数控加工零件的工艺性分析主要包括哪些内容？
19. 平面轮廓和立体曲面轮廓常用的加工方法有哪些？
20. 指出习题图 1－1 所示工件夹紧方案中的不合理之处，并提出改进方案。

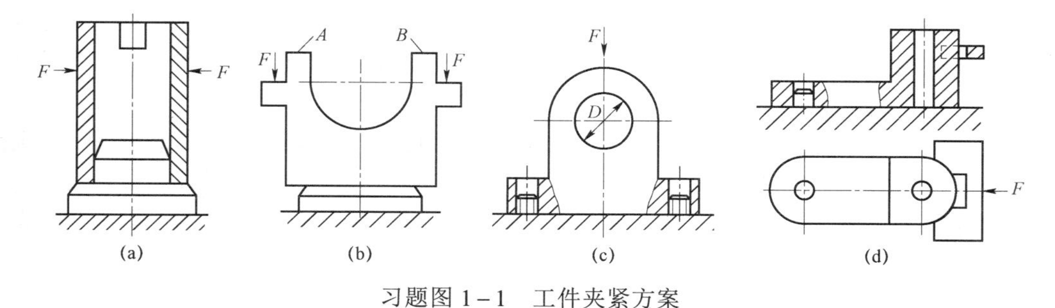

习题图 1－1　工件夹紧方案

教学单元 2　SINUMERIK 数控系统编程基础

2-0　任务引入与任务分析

本单元是数控技术应用专业的基础部分，介绍了数控机床的组成及工作原理、坐标系、常用数学函数表达式以及编程的基础知识。并对数控编程常用指令、程序格式等内容进行重点介绍。

任务引入

在编制数控加工程序前，应首先了解：数控程序编制的主要工作内容，程序编制的工作步骤，每一步应遵循的工作原则等，最终才能获得满足要求的数控程序。SINUMERIK 数控系统的程序样本如下：

```
YANGBEN.MPF;                    程序名：样本
N05 G90 G23 G95 G54;            程序初始化
N10 G00 X100 Z50;               刀具到起始位置
N15 T01 D01;                    选刀
N20 G96 S120 LIMS=2 500;        恒线速度 120 r·min⁻¹，转速上限 2 500 r·min⁻¹
N25 X50 Z3 M03;                 刀具接近工件，开始加工的位置
N30 X40;                        准备车φ40 外圆，对刀
N35 G01 Z-15 F0.2;              开始车φ40 外圆，进给速度 0.2 mm·r⁻¹
N40 G01 X60 Z-33;               加工圆锥面
N45 G01 Z-53;                   开始车φ60 外圆
N50 G01 X75;                    加工φ20 的左端面，并开始退刀到 X75 的位置
N55 G97 X100 Z50;               取消恒线速度，刀具退回到起始位置
N60 M02;                        程序结束
```

程序名具有见名知意的功能，YANGBEN 即样本，M：main（主要的）；P：program（程序）；F：function（功能）。

任务分析

在数控机床上加工零件，首先要进行程序编制，将零件的加工顺序、工件与刀具相对运动轨迹的尺寸数据、工艺参数（主运动和进给运动速度、背吃刀量等）以及辅助操作等加工信息，用规定的文字、数字、符号组成的代码，按一定的格式编写成加工程序单，并

将程序单的信息通过控制介质输入数控装置，由数控装置控制机床进行自动加工。从零件图纸到编制零件加工程序和制作控制介质的全部过程称为数控程序编制。

要进行数控程序编制，必须具备哪些编程基本知识呢？

2-1 数控机床的组成及工作原理

引入案例

如图 2-1-1、图 2-1-2 所示数控机床，了解数控机床的组成、工作原理以及用途。

图 2-1-1 数控车床

图 2-1-2 数控卧式镗床

相关知识

1. 数控编程的基本知识

在编制数控加工程序前，应首先了解数控机床的工作过程、数控程序编制的主要工作内容，程序编制的工作步骤以及每一步应遵循的工作原则等，最终才能获得满足要求的数控程序。

首先进行图样工艺分析，将加工零件所需的机床各种动作及工艺参数写成加工程序，即数控系统能辨识的信息代码。其次，通过手工输入方式或者计算机和数控机床接口直接通信等方式，将加工程序输送到数控机床。最后，根据零件的工艺设计方案中所确定的刀具方案和夹具方案，对刀具和夹具进行安装和调节。在上述部分完成之后，数控机床会对加工程序进行译码和运算处理，发出相应的命令，驱动各个运动部件，控制刀具和工件的相对运动，自动完成零件的加工。数控机床的工作过程如图 2-1-3 所示。

2. 程序编制的主要工作内容

（1）分析零件图样和制订工艺方案

这项工作的内容包括：对零件图样进行分析，明确加工的内容和要求；确定加工方案；选择适合的数控机床；选择或设计刀具和夹具；确定合理的走刀路线及选择合理的切削用量等。这一工作要求编程人员能够对零件图样的技术特性、几何形状、尺寸及工艺要求进

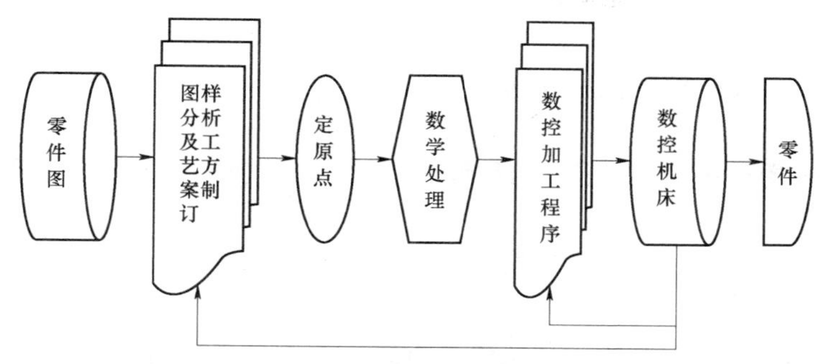

图 2－1－3 数控机床的工作过程

行分析，并结合数控机床使用的基础知识，如数控机床的规格、性能、数控系统的功能等，确定加工方法和加工路线。

（2）数学处理

在确定了工艺方案后，就需要根据零件的几何尺寸、加工路线等，计算刀具中心运动轨迹，以获得刀位数据。数控系统一般均具有直线插补与圆弧插补功能，对于加工由圆弧和直线组成的较简单的平面零件，只需要计算出零件轮廓上相邻几何元素交点或切点的坐标值，得出各几何元素的起点、终点、圆弧的圆心坐标值等，就能满足编程要求。当零件的几何形状与控制系统的插补功能不一致时，就需要进行较复杂的数值计算，一般需要使用计算机辅助计算，否则难以完成。

（3）编写零件加工程序

在完成上述工艺处理及数值计算工作后，即可编写零件加工程序。程序编制人员使用数控系统的程序指令，按照规定的程序格式，逐段编写加工程序。程序编制人员应对数控机床的功能、程序指令及代码十分熟悉，才能编写出正确的加工程序。

（4）程序检验

将编写好的加工程序输入数控系统，就可控制数控机床的加工工作，一般在正式加工之前，要对程序进行检验。

3. 基本概念与基本名词术语

（1）CNC（Computer Numerical Control）

用数字或符号组成的数值信息实现对设备动作或状态的控制，它是集机、电、液、气、计算机及自动控制等一体的先进制造技术。

（2）CNC 机床

利用数控技术控制的机床称为数控机床。在数控机床上，工件加工的全过程是由数字指令控制的，机床按照指令自动地进行工作。

（3）数控加工程序

用一定的指令代码，按照一定的格式，根据工件加工工艺要求，编制出的一系列连续控制机床动作和状态的指令集合，称为数控加工程序。工件数控加工程序由若干程序段组合而成，每个程序段中，均有加工工件某一部分所需要的各种数据信息及机床操作的各种指令。

（4）点位控制

控制点到点的距离。

（5）轮廓控制

控制轮廓加工，实时控制位移和速度。

（6）分辨率

闭环数控机床的最小监测单位，也称设定单位。它代表了数控系统和数控机床的精度。

（7）脉冲当量

数控系统中，一个指令脉冲代表的位移量（开环）。

（8）插补

数控机床在加工时，刀具的运动轨迹是折线，而不是光滑的曲线，不能严格地沿着要求的曲线运动，只能沿折线轨迹逼近所要加工的曲线运动，如图 2－1－4 所示。一般情况下，机床数控系统根据已知的运动轨迹的起点坐标、终点坐标和轨迹的曲线方程，由数控系统实时地计算出各中间点坐标，这就是插补，并用已知线型（已有插补轨迹）代替未知线型，达到数据密化的目的。常用的插补方法按插补曲线形状的不同，可分为直线插补法、圆弧插补法、抛物线插补法和高次曲线插补法等。数控机床加工时，刀具运动轨迹是直线的，称为直线插补，如图 2－1－4（a）所示；刀具运动轨迹是圆弧的，称为圆弧插补，如图 2－1－4（b）所示。

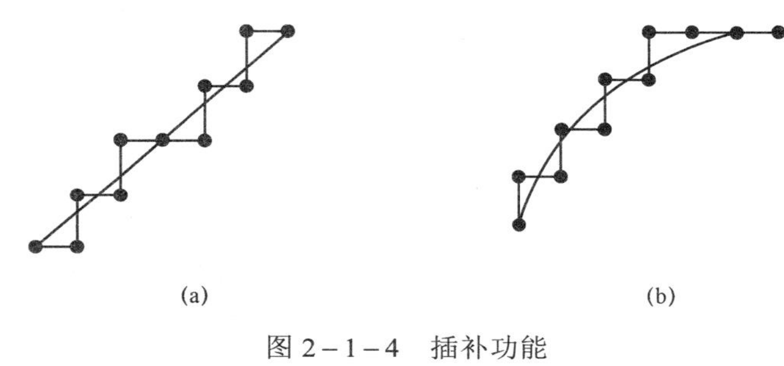

图 2－1－4　插补功能

（a）直线插补；（b）圆弧插补

4. 数控机床的组成

数控机床是一种利用数控技术，准确地按照事先编制好的程序，自动加工出所需工件的机电一体化设备，一般由输入装置、输出装置、数控装置、可编程控制器、伺服系统、检测反馈装置和机床主机等组成，如图 2－1－5 所示。

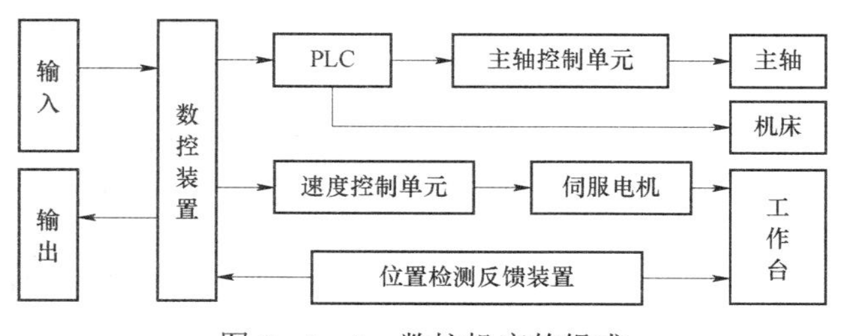

图 2－1－5　数控机床的组成

（1）输入、输出装置

输入装置可将不同加工信息传递于计算机。在数控机床产生的初期，输入装置为穿孔纸带，现已趋于淘汰；目前，使用键盘、磁盘、通信等，大大方便了信息输入工作。

输出装置可以输出内部工作参数（含机床正常、理想工作状态下的原始参数，故障诊断参数等），一般在机床刚进入工作状态时需输出这些参数做记录保存，待工作一段时间后，再将输出与原始资料做比较、对照，可帮助判断机床工作是否维持正常。

（2）数控装置

数控装置是数控机床的核心与主导，完成所有加工数据的处理、计算工作，最终实现数控机床各功能的指挥工作。如图 2－1－6 所示，数控装置包含微计算机的电路、各种接口电路、CRT 显示器等硬件及相应的软件。

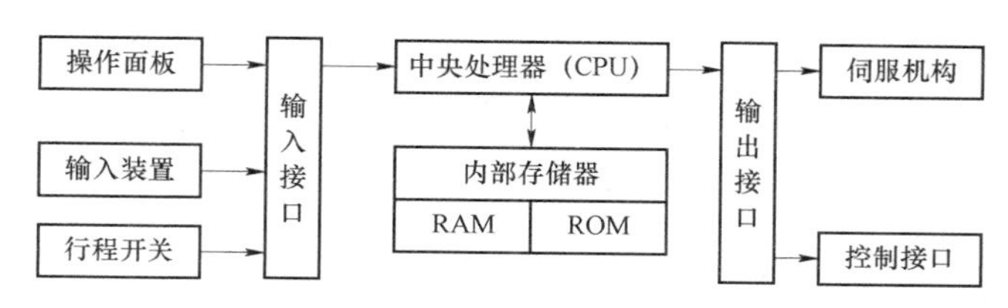

图 2－1－6　数控装置组成

（3）可编程控制器

可编程控制器，即 PLC。它对主轴单元实现控制，将程序中的转速指令进行处理从而控制主轴转速；管理刀库，进行自动刀具交换、选刀方式、刀具累计使用次数、刀具剩余寿命及刀具刃磨次数等管理；控制主轴正反转和停止、准停、切削液开关、卡盘夹紧松开、机械手取送刀等动作；还对机床外部开关（如行程开关、压力开关、温控开关等）进行控制；对输出信号（如刀库、机械手、回转工作台等状态）进行控制。

（4）检测反馈装置

检测反馈装置由检测元件和相应的电路组成，主要用于检测速度和位移，并将信息反馈于数控装置，实现闭环控制以保证数控机床加工精度。

（5）数控机床主体

数控机床的主体包括床身、主轴、进给传动机构等机械部件。

5. 数控机床的工作原理

用数控机床加工零件时，首先应将加工零件的几何信息和工艺信息编制成加工程序，由输入部分送入数控装置，经过数控装置的处理、运算，按各坐标轴的分量送到各轴的驱动电路，经过转换、放大去驱动伺服电动机，带动各轴运动，并进行反馈控制，使刀具与工件及其他辅助装置严格地按照加工程序规定的顺序、轨迹和参数有条不紊地工作，从而加工出零件的全部轮廓。

（1）数控加工程序的编制

在零件加工前，首先根据被加工零件图样所规定的零件形状、尺寸、材料及技术要求等，确定零件的工艺过程、工艺参数、几何参数以及切削用量等，然后根据数控机床编程手册规定的代码和程序格式编写零件加工程序单。对于较简单的零件，通常采用手工编程；对于形状复杂的零件，则在编程机上进行自动编程，或者在计算机上用 CAD/CAM 软件自动生成零件加工程序。

（2）输入

输入的任务是把零件程序、控制参数和补偿数据输入数控装置中。输入的方法有纸带阅读机输入、键盘输入、磁带和磁盘输入以及通信方式输入等。输入工作方式通常包括以下两种：

① 边输入边加工，即在前一个程序段加工时，输入后一个程序段的内容。

② 一次性地将整个零件加工程序输入数控装置的内部存储器中，加工时再把一个个程序段从存储器中调出来进行处理。

（3）译码

数控装置接受的程序是由程序段组成的，程序段中包含零件轮廓信息、加工进给速度等加工工艺信息和其他辅助信息，计算机不能直接识别它们。译码程序就像一个翻译，按照一定的语法规则将上述信息解释成计算机能够识别的数据形式，并按一定的数据格式存放在指定的内存专用区域。在译码过程中对程序段还要进行语法检查，有错则立即报警。

（4）刀具补偿

零件加工程序通常是按零件轮廓轨迹编制的。刀具补偿的作用是把零件轮廓轨迹转换成刀具中心轨迹运动，然后加工出所需要的零件轮廓。刀具补偿包括刀具半径补偿和刀具长度补偿。

（5）插补运算

插补的目的是控制加工运动，使刀具相对于工件做出符合零件轮廓轨迹的相对运动。具体地讲，插补就是数控装置根据输入的零件轮廓数据，通过计算把零件轮廓描述出来，边计算边根据计算结果向各坐标轴发出运动指令，使机床在相应的坐标方向上移动，将工件加工成所需的轮廓形状。插补只有在辅助功能（换刀、换挡、切削液等）完成之后才能进行。

（6）位置控制和机床加工

插补运算的结果是产生一个周期内的位置增量。位置控制的任务是在每个采样周期内，将插补计算出的指令位置与实际反馈位置相比较，用其差值去控制伺服电动机，电动机使机床的运动部件带动刀具按规定的轨迹和速度进行加工。在位置控制中，通常还应完成位置回路的增量调整、各坐标方向的螺距误差补偿和方向间隙补偿，以提高机床的定位精度。

6. 数控机床的分类

（1）按工艺及用途分类

① 普通数控机床。包括数控车床、数控铣床、数控钻床、数控磨床等。

② 加工中心。包括数控镗铣中心、数控车削中心、数控磨削中心等。

（2）按运动方式分类

① 点位控制数控机床。这类数控机床的特点是在刀具相对于工件的移动过程中不进行切削加工，只要求刀具从一点移动到另一点并准确定位，而对运动的速度和轨迹没有严格的要求。如图 2－1－7（a）所示，刀具从 *A* 点到 *B* 点可以走①、② 或③ 中的任意一条路径。

② 直线控制数控机床。这类数控机床不仅要控制机床刀具从一点移动到另一点，而且要沿直线轨迹（一般与某一坐标轴平行或成 45° 角）以一定速度移动，移动过程中可进行切削加工，加工示例如图 2－1－7（b）所示。

③ 轮廓控制数控机床。这类数控机床能够控制机床刀具或工件沿直线和圆弧或抛物线等曲线轨迹移动，移动过程中可进行切削加工，移动速度根据工艺要求由编程确定，可实现曲线或者曲面轮廓加工，加工示例如图 2－1－7（c）所示。

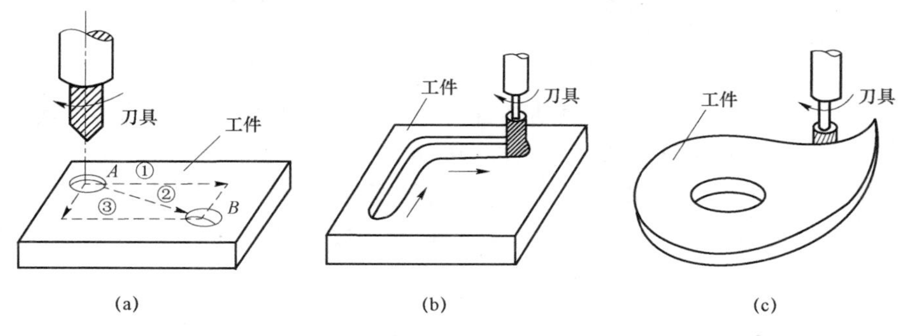

图 2-1-7 控制方式

（a）点位控制；（b）直线控制；（c）轮廓控制

④ 数控机床的可控轴数与多轴联动。数控机床的可控轴数是指机床数控装置能够控制的坐标数目，多个坐标轴按照一定的函数关系同时协调运动，称为多轴联动。按照联动轴数，可分为二轴联动、二轴半联动、三轴联动和多轴联动数控机床，如图 2-1-8 所示。世界上最高级数控装置的可控轴数已达到三十多轴，我国目前最高数控装置的可控轴数为九轴。三轴联动数控机床可以加工空间复杂曲面；四轴联动、五轴联动数控机床可以加工宇航叶轮、螺旋桨等零件，如图 2-1-9 所示。

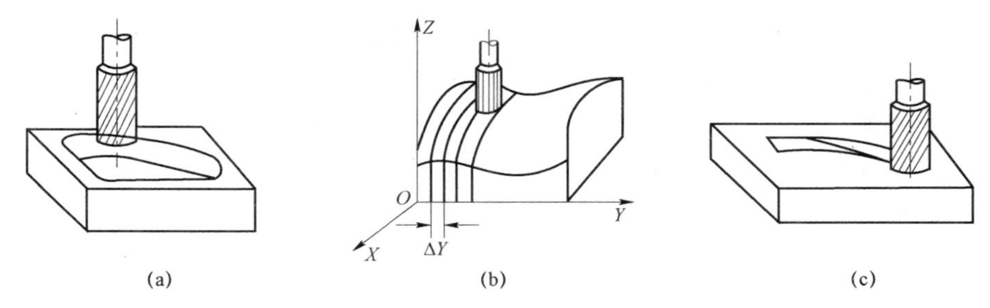

图 2-1-8 不同联动轴数所能加工的型面

（a）二轴联动；（b）二轴半联动；（c）三轴联动

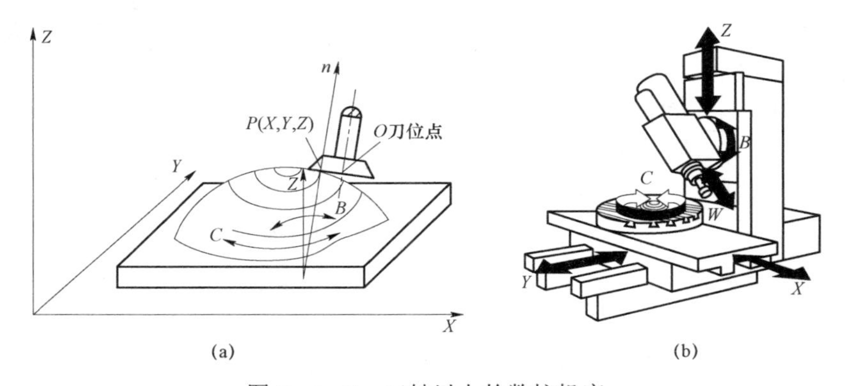

图 2-1-9 三轴以上的数控机床

（a）五轴联动铣削曲面零件；（b）六轴加工中心坐标示意图

数控机床的联动轴数是指机床数控装置控制的坐标轴同时达到空间某一点的坐标数目。目前，有两轴联动、三轴联动、四轴联动、五轴联动等。

（3）按数控控制方式分类

① 开环控制系统。开环控制系统不具有反馈装置，它是根据输入的数据指令，经过控制运算发出脉冲信号，输送至伺服驱动装置（如步进电机）使伺服驱动装置转过相应的角度，然后经过减速齿轮和丝杠螺母机构，转换为移动部件的直线位移的控制系统。图2－1－10所示为开环控制系统框图。开环控制系统结构简单、工作稳定、使用维修方便且成本低，但系统精度较低（±0.02mm），已不能满足数控机床日益提高的精度要求。

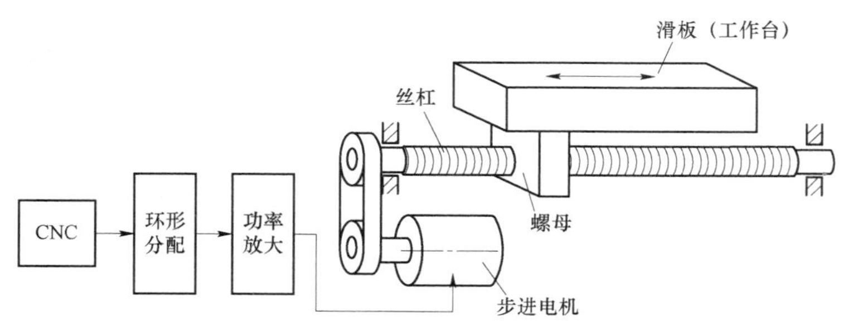

图2－1－10　开环控制系统

② 半闭环控制系统。如图2－1－11所示，半闭环控制系统是在开环控制系统的伺服机构中，装有角位移检测装置，通过检测伺服机构的滚珠丝杠转角间接检测移动部件的位移，然后反馈到数控装置的比较器中，与输入原指令位移值进行比较，用比较后的差值进行控制，使移动部件补充位移，直到差值消除为止的控制系统。由于半闭环控制系统将移动部件的传动丝杠螺母机构排除在闭环之外，所以传动丝杠螺母机构的误差仍然会影响移动部件的位移精度。半闭环控制系统调试方便、稳定性好，目前应用比较广泛。

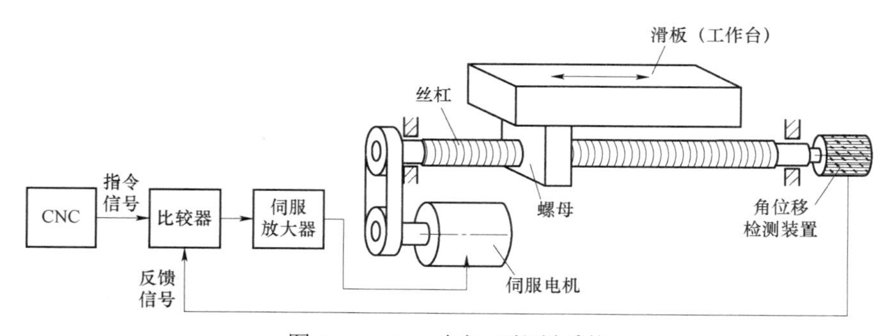

图2－1－11　半闭环控制系统

③ 闭环控制系统。如图2－1－12所示，闭环控制系统是在机床移动部直接装有直线位置检测装置，将检测到的实际位移反馈到数控装置的比较器中，与输入的原指令位移值进行比较，用比较后的差值控制移动部件做补充位移，直到差值消除时才停止移动，从而达到精确定位的控制系统。

闭环控制系统定位精度高（一般可达±0.01 mm，最高可达0.001 mm），一般应用在高精度数控机床上。由于系统增加了检测、比较和反馈装置，所以结构比较复杂，调试维修比较困难。

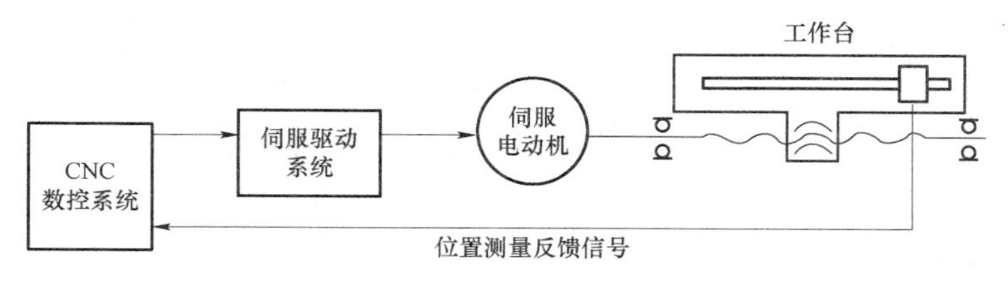

图 2－1－12　闭环控制系统

7. 数控机床的主要性能指标

数控机床的规格指标是指数控机床的基本功能，主要体现在以下几个方面。

（1）行程范围

行程范围是指坐标轴可控的运动区间，直接体现机床加工能力，决定了可加工零件的大小。一般是指由数控机床坐标轴 X、Y、Z 的行程大小所构成的数控机床的空间加工范围。

（2）摆角范围

摆角范围是指摆角坐标轴可控的摆角区间，其转角大小也直接影响加工零件空间部位的能力。转角太小限制加工零件大小，但转角太大又会造成机床的刚度下降，给机床设计带来困难。

（3）刀库容量和换刀时间

刀库容量和换刀时间对数控机床的生产率有直接影响。刀库容量是指刀库能存放加工刀具的数量。目前，常见的中小型加工中心多为 16～60 把，大型加工中心可达到 100 把以上。

换刀时间是指将主轴上使用的刀具与装在刀库上的下一工序需要的刀具进行交换所需要的时间。目前，我国数控机床的换刀时间一般为 10～20 s，国外不少数控机床仅为 4～5 s。

（4）控制轴数与联动轴数

数控机床的控制轴数是指机床数控装置能够控制的坐标轴数目。数控机床的联动轴数是指机床数控装置控制的坐标轴同时达到空间某一点的坐标数目，它反映了数控机床的曲面加工能力。目前，有两轴联动、三轴联动、四轴联动、五轴联动等。

8. 数控机床的精度指标

（1）分辨率和脉冲当量

分辨率是指两个相邻的分散细节之间可以分辨的最小间隔。对测量系统而言，分辨率是可以测量的最小增量；对控制系统而言，分辨率是可以控制的最小位移量。数控装置每发出一个脉冲信号，机床机械运动机构就产生一个相应的位移量，称为脉冲当量。脉冲当量是设计数控机床的原始数据之一，其数值大小决定了数控机床的加工精度和表面质量。脉冲当量越小，数控机床加工精度和加工表面质量越高。简易数控机床的脉冲当量为 0.01 mm，普通数控机床的脉冲当量为 0.001 mm，最精密的数控系统的分辨力已达 0.000 1 mm。

（2）定位精度和重复定位精度

定位精度是指数控机床工作台等移动部件在确定的终点所达到的实际位置的精度。移动部件实际位置与理想位置之间的误差称为定位误差。定位误差包括伺服系统、监测系统、进给系统等误差，还包括移动部件导轨的几何误差等。定位误差将直接影响零件加工的位置精度。一般数控机床的定位精度为±0.01 mm。

重复定位精度是指在相同的条件下，在同一台数控机床上，应用相同程序代码加工一批零件，所得到连续结果的一致程度。重复定位精度受伺服系统特性、进给系统的间隙与刚性以及摩擦特性等因素的影响。一般情况下，重复定位精度是成正态分布的偶然性误差，它影响一批零件加工的一致性，是一项十分重要的性能指标。一般，数控机床的重复定位精度为±0.005 mm。

（3）分度精度

分度精度是指分度工作台在分度时，理论要求回转的角度值和实际回转的角度值的差值。分度精度会影响零件加工部位在空间的角度位置，同时还会对孔系加工的同轴度造成一定的影响。

9. 数控机床的运动性能指标

（1）主轴转速

数控机床的主轴一般均采用直流或交流调速主轴电动机驱动，选用高速精密轴承支承，保证主轴具有较宽的调速范围和足够高的回转精度、刚度及抗振性。目前，数控机床主轴转速已普遍达到 3 000～10 000 r/min，甚至更高。

（2）进给速度

数控机床的进给速度是影响零件加工质量、生产效率以及刀具寿命的主要因素。它受数控装置的运算速度、机床动态特性及工艺系统刚度等因素的限制。目前，国内数控机床的进给速度可达 5～10 m/min，国外一般可达 10～30 m/min。

（3）行程

行程是直接体现机床加工能力的指标参数，数控机床坐标轴 *X*、*Y*、*Z* 的行程大小，构成了数控机床的空间加工范围。

10. 数控机床的结构特点

与传统的卧式机床相比，数控机床的整体布局、外观造型、传动机构、工具系统及操作系统等方面均发生了很大的变化。归纳起来主要包括以下几个方面：

① 采用高性能的主轴及伺服传动系统，具有传递功率大、刚度高、抗振性好及热变形小等优点。

② 采用高效传动部件及进给传动系统，机械传动结构得到简化，传动链较短，具有传动效率高、传动精度高等特点，一般采用滚珠丝杠、静压导轨、滚动导轨等部件。

③ 数控机床机械结构具有较高的动态特性、动刚度、阻尼精度、耐磨性以及抗热变形性能，能够连续地自动化加工。

2－2 直角坐标系与极坐标系

为了便于编程时描述机床的运动，简化程序的编制并保证记录数据的互换性，数控机床的坐标和运动的方向均已标准化。

1. 坐标系及运动方向

（1）坐标系的确定原则

根据国家标准《工业自动化系统与集成　机床数值控制坐标系和运动命名》（GB/T

19660—2005）的规定，坐标系和运动命名原则如下：

① 刀具相对于静止工件而运动的原则。这一原则使编程人员能在不知道是刀具移近工件还是工件移近刀具的情况下，就可依据零件图样，确定机床的加工过程。

② 右手笛卡尔直角坐标系。在数控机床上，机床的动作是由数控装置来控制的，为了确定机床上的成形运动和辅助运动，必须先确定机床上运动的方向和运动的距离，这就需要一个坐标系才能实现，这个坐标系称为机床坐标系。标准的机床坐标系是一个右手笛卡尔直角坐标系，如图 2-2-1 所示。图中规定了 *X*、*Y*、*Z* 三个直角坐标轴的方向，该坐标系的各个坐标轴与机床的主要导轨相平行，它与安装在机床上，并且按机床的主要直线导轨找正的工件相关。根据右手螺旋方法，可以很方便地确定出 *A*、*B*、*C* 三个旋转坐标的方向。

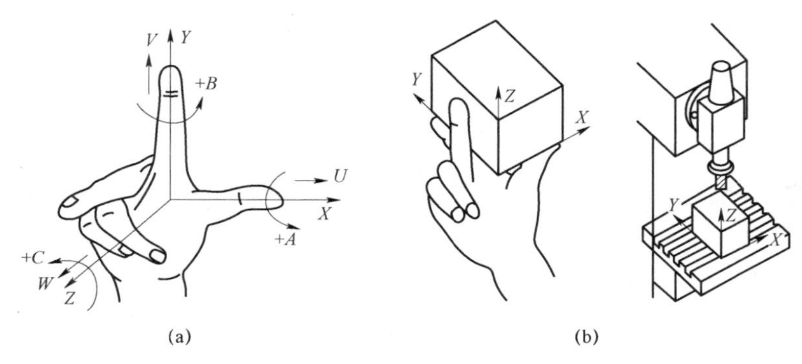

图 2-2-1 右手笛卡尔直角坐标系

（a）右手笛卡尔坐标系；（b）立式铣床坐标系

③ 距离增大的方向规定为运动的正方向。数控机床的某一部件运动的正方向，是增大工件和刀具之间距离的方向。

（2）*Z* 坐标

Z 坐标的运动是由传递切削动力的主轴所规定的。对于铣床、镗床、钻床等，是主轴带动刀具旋转；对于车床、磨床和其他成形表面的机床，是主轴带动工件旋转。

若机床上有几个主轴，则选一垂直于工件装夹平面的主轴作为主要的主轴；若主要的主轴始终平行于标准的三坐标系统中的一个坐标，则这个坐标就是 *Z* 坐标；若主要的主轴能摆动，在摆动范围内使主轴只平行于三坐标系统中的两个或三个坐标，则取垂直于机床工作台装夹平面的方向为 *Z* 坐标；若机床没有主轴（如数控龙门刨床），则 *Z* 坐标垂直于工件装夹平面。对于钻、镗加工，钻入或镗入工件的方向是 *Z* 坐标的负方向。

（3）*X* 坐标

X 坐标一般是水平的，平行于工件的装夹平面。它是刀具或工件定位平面内运动的主要坐标。若是工件旋转的车床，*X* 坐标的方向是在工件的径向上，且平行于横向滑板，则以刀具离开工件旋转中心的方向为正方向。

对刀具旋转的机床（如铣、钻、镗床）做如下规定：若 *Z* 坐标是水平的，当从主要刀具主轴向工件看时，+*X* 运动的方向指向右方；若 *Z* 坐标是垂直的，对于单立柱机床，当从主要刀具主轴向立柱看时，+*X* 的运动方向指向右方，如图 2-2-1（b）所示。对于龙门式机床，当从主要主轴向左侧看时，+*X* 运动的方向指向右方。对没有旋转刀具或旋转工件的机床，X坐标平行于主要的切削力方向，且以该方向为正方向。

（4）Y坐标

根据X和Z坐标的运动方向，按照右手直角笛卡尔坐标系来确定$+Y$的运动方向。

（5）旋转坐标A、B和C

旋转运动的A、B和C相应地表示其轴线平行于X、Y和Z坐标的旋转运动。正向的A、B和C，相应地表示在X、Y和Z坐标正方向上按照右旋螺纹前进的方向，如图2－2－1（a）所示。

（6）附加坐标

为了编程和加工的方便，有时还要设置附加坐标。对于直线运动，若在X、Y、Z主要运动之外另有第二组平行于它们的坐标，可分别指定为U、V和W；若还有第三组运动，则分别指定为P、Q和R；若主要直线运动之外存在不平行于X、Y或Z的直线运动，也可相应地指定为U、V、W或P、Q、R。对于旋转运动，若在第一组旋转运动A、B和C的同时，还有平行或不平行于A、B和C的第二组旋转运动，可指定为D、E和F。

2. 坐标系的设定

在确定了机床各坐标轴及方向后，还应进一步确定坐标系原点的位置。

（1）机床原点

机床原点是在机床上设置的一个固定的点，即机床坐标系的原点。它在机床装配、调试时就已确定下来了，其位置是由机床设计和制造单位确定的，通常不允许用户改变。

机床原点是工件坐标系、编程坐标系、机床参考的基准点。这个点不是一个硬件点，而是一个定义点。数控车床的机床原点一般设在卡盘前端面或后端面的中心，数控铣床的机床原点，各生产厂不一致，有的设在机床工作台的中心，有的设在进给行程终点，如图2－2－2所示。

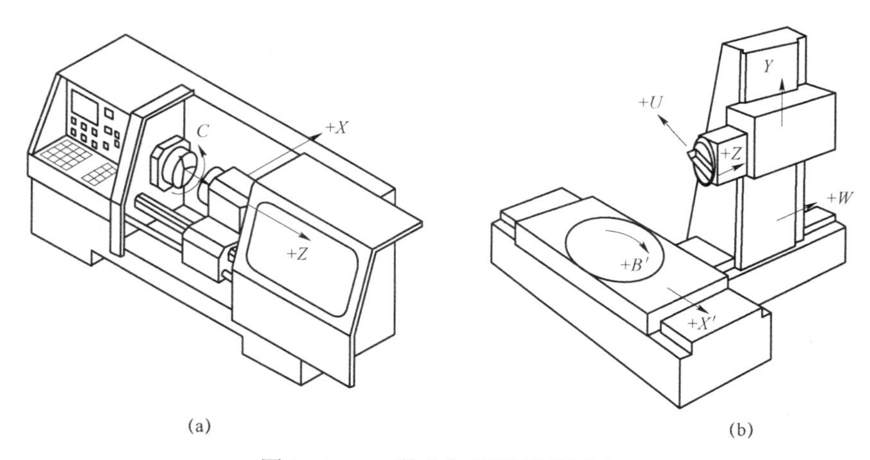

图2－2－2　数控机床坐标及原点

（a）车床坐标及原点；（b）铣镗床坐标及原点

（2）机床参考点

机床参考点是采用增量式测量的数控机床所特有的，机床原点是由机床参考点体现出来的。机床参考点是一个硬件点。

机床参考点是机床坐标系中一个固定不变的位置点，是用于对机床工作台、滑板与刀具相对运动的测量系统进行标定和控制的点。机床参考点通常设置在机床各轴靠近正向极限的位置，通过减速行程开关粗定位而由零位点脉冲精确定位。机床参考点对机床原点的坐标是一个已知定值。采用增量式测量的数控机床开机后，都必须进行回零操作，即利用 CRT/MDI 控制面板上的功能键和机床操作面板上的有关按钮，使刀具或工作台退回到机床参考点中。回零操作又称为返回参考点操作。当返回参考点的工作完成后，显示器即显示出机床参考点在机床坐标系中的坐标值，从而表明机床坐标系已自动建立，如图 2－2－3 所示。

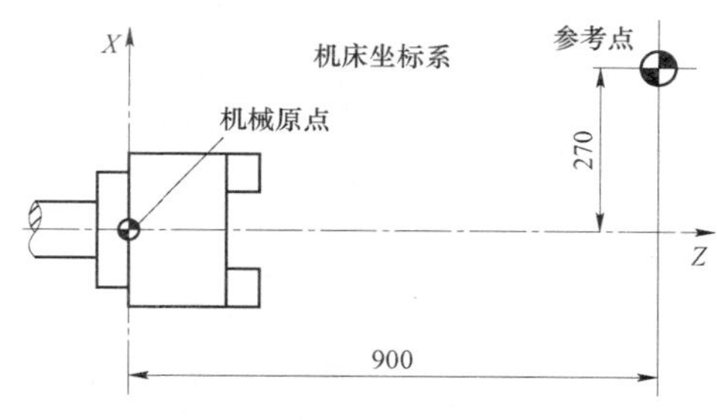

图 2－2－3　机床参考点

（3）编程原点

编程原点是指根据加工零件图样选定的编制零件程序的原点，即编程坐标系的原点。编程原点应尽量选择在零件的设计基准或工艺基准上，同时，考虑到编程的方便性，编程坐标系中各轴的方向应与所使用数控机床相应的坐标轴方向一致。

（4）工件原点

工件原点也称程序原点，是指零件被装夹好后，相应的编程原点在机床原点坐标系中的位置，即编程坐标系的工件原点。在加工过程中，数控机床是按照工件装夹好后的加工原点及程序要求进行自动加工的。

（5）零点偏置

加工坐标系原点与机床坐标系原点在 X、Y、Z 方向的距离分别称为 X、Y、Z 向的零点偏置。零点偏置由加工人员确定。工件在机床上固定后，程序原点与机床参考点的偏移量必须通过测量确定，并在数控系统中给予设定（即给出原点设定值）。这样，数控机床才能按照准确的加工坐标系位置开始加工。如图 2－2－3 所示。

3. 对刀点的确定

在数控加工中，还要注意对刀的问题，即对刀点的问题。对刀点是加工零件时刀具相对于零件运动的起点，由于数控加工程序是从这一点开始执行的，所以对刀点也称为起刀点。选择对刀点的原则如下：

① 便于数学处理（基点和节点的计算）和使程序编制简单。

② 在机床上容易找正。

③ 加工过程中便于测量检查。

④ 引起的加工误差小。

4. 刀位控制点

刀位控制点是指在编制加工程序时用以表示刀具位置的特征点。对于面铣刀、立铣刀和钻头来说，是指它们的底面中心；对于球头铣刀，是指球头球心；需要指出的是，球形铣刀的刀位点在铣刀轴线上，用刀刃上不同的点切削时，所表现出的刀具半径也不同。数控加工程序控制刀具的运动轨迹，实际上是控制刀位点的运动轨迹，如图 2－2－4 所示。

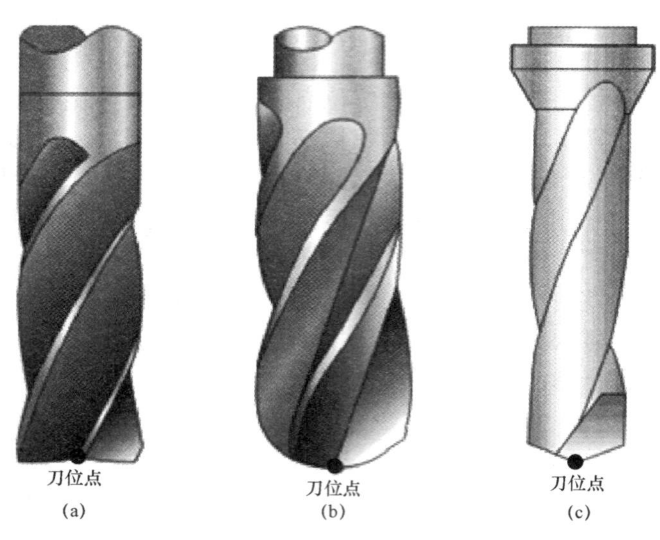

图 2－2－4　刀具运动控制点

（a）平头立铣刀；（b）球头铣刀；（c）钻头

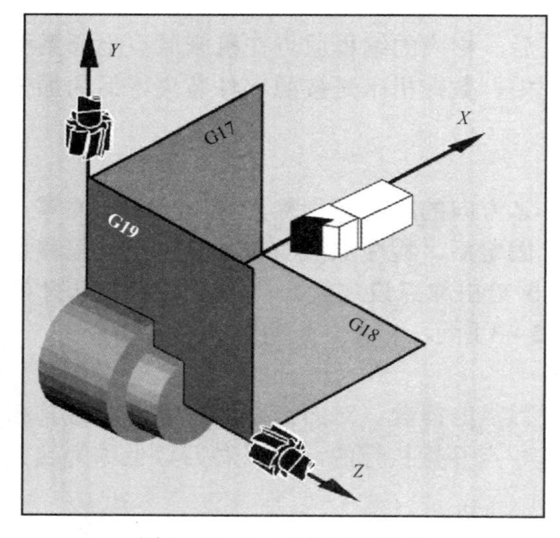

图 2－2－5　工作平面选择

5. 工作平面选择

工作平面由两个坐标轴来设定，第三个坐标轴即刀具轴与该平面垂直，确定刀具的进给方向，如图 2－2－5 所示，工作平面用以确定圆弧插补的平面和刀具补偿平面。G17、G18、G19 分别指令机床进行 *XY*、*ZX*、*YZ* 平面上的加工。在数控车床上，一般默认为在 *ZX* 下面内加工；在数控铣床上，数控系统一般默认为在 *XY* 平面内加工。

6. 视角方向

沿着刀具轴方向，由负向正看去的方向为视角方向。

7. 刀具轴与角度铣头

与旋转刀具轴线平行的坐标轴为刀具轴。角度铣头用于改变刀具轴的方向，以扩大加工范围，适用于大型工件采用工序集中的方式加工，以提高加工精度与工作效率，如图 2－2－6 所示。角度铣头在镗床应用实例如图 2－2－7 所示；在龙门铣床应用实例如图 2－2－8 所示。

8. 绝对坐标系和增量坐标系

（1）绝对坐标系

刀具（或机床）运动位置的坐标值是相对于固定的坐标原点给出的，即称为绝对坐标，该坐标系称为绝对坐标系。如图 2－2－9（a）所示，*A*、*B* 点的坐标均以固定的坐标原点计算的，其坐标值为：$X_A=10$，$Y_A=12$；$X_B=30$，$Y_B=37$。

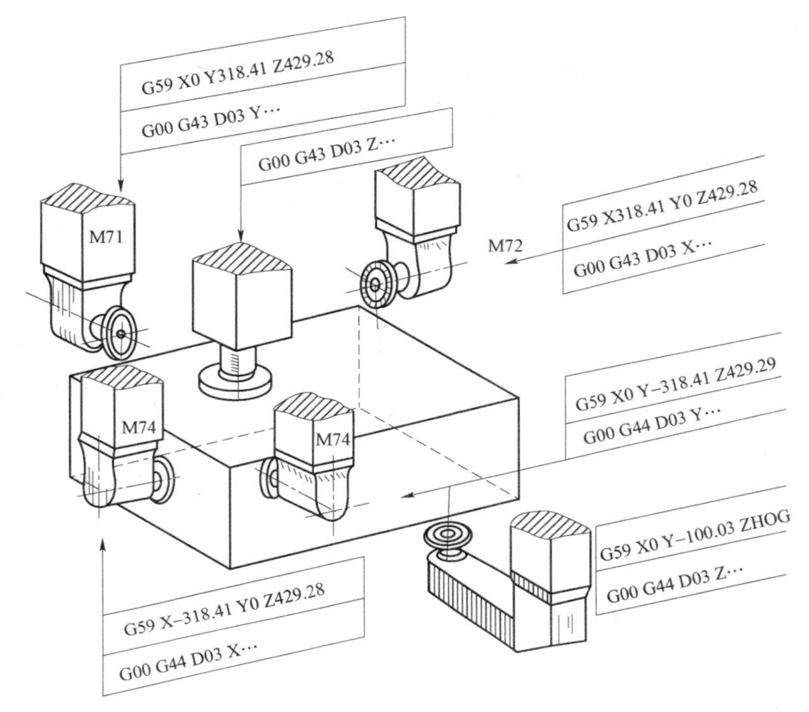

图 2–2–6 刀具轴与角度铣头

图 2–2–7 角度铣头在数控镗床的应用

图 2-2-8　角度铣头在数控龙门铣床的应用

（2）增量坐标系

刀具（或机床）运动位置的坐标值是相对于前一点的坐标给出的坐标系，称为增量坐标系。增量坐标系常使用代码表中的第二坐标 U、V、W 表示，U、V、W 分别与 X、Y、Z 平行且同向。如图 2-2-9（b）所示，B 点的坐标是相对于前面的 A 点给出的，其增量坐标为 $U_B=20$，$V_B=25$，$U-V$ 坐标系称为增量坐标系。在程序编制过程中，使用绝对坐标系还是使用增量坐标系，可以根据需要和方便用 G 指令来选择。

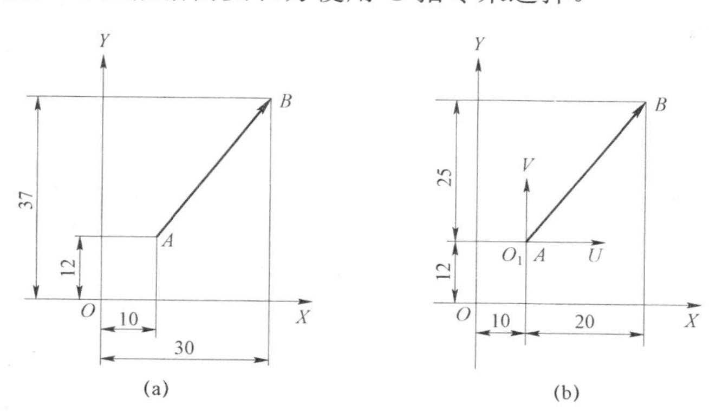

图 2-2-9　绝对坐标与增量坐标

（a）绝对坐标；（b）增量坐标

9. 极坐标

在坐标系中用点的坐标来定义点的方法称为“笛卡尔坐标”。另外，还有一种定义点的方法叫作“极坐标”。无论是工件还是工件的一部分，用半径和角度测量来的尺寸表示点的位置的方法叫作“极坐标”。

当图面采用极坐标方式时，采用极坐标方式编程极为方便，省去了换算及由此可能产生的差错。极坐标由极心、极半径、极角组成，如图 2－2－10（a）所示。

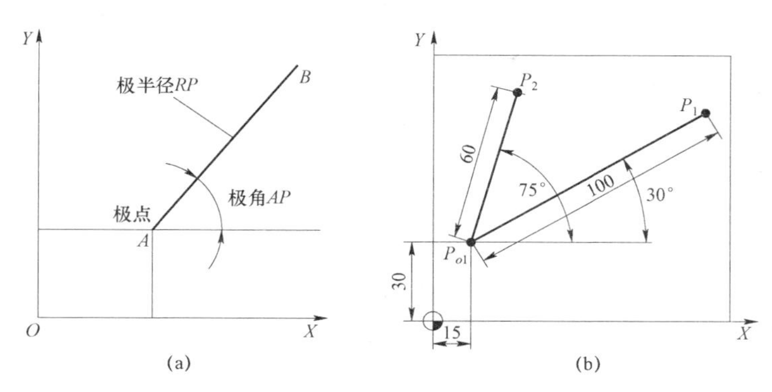

图 2－2－10　极坐标

极心位置由两个直角坐标轴值确定；极半径是指目标点至极心的距离，无正负号；极角是以第一编程轴的正向为始边，极半径为终边，逆时针方向为正角。极角用 *AP* 表示，有正负之分。对于极坐标，常用绝对尺寸编程。

极心、极半径、极角是确定点位的三要素，缺一不可。如图 2－2－10（b）所示，图中的 P_1 点至 P_2 点用极坐标值来确定其位置。

P_1：半径 100，角度 30°，表示为 *RP*＝100，*AP*＝30；

P_2：半径 60，角度 75°，表示为 *RP*＝60，*AP*＝75。

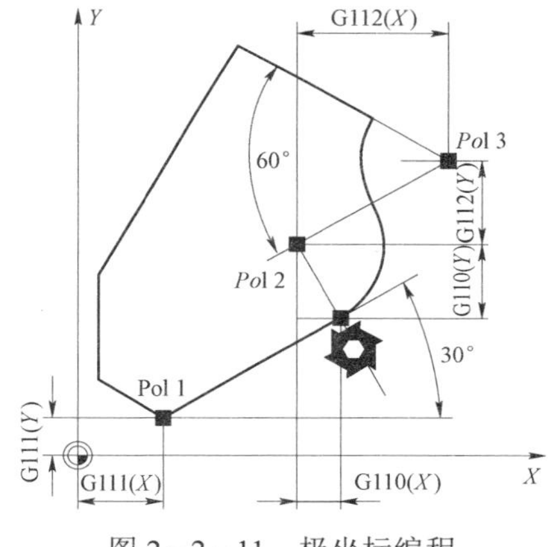

图 2－2－11　极坐标编程

图 2－2－11 所示为 SINUME-RIK 840D 中的极坐标编程示例，其中，G110、G111、G112 只是用于确定极坐标位置，本身不产生运动，要运动还必须有运动 G 指令。极点定义的命令及参数说明见表 2－2－1。

表 2－2－1　极点定义的命令及参数说明

命令	参数说明
G110	相对上一个“到达点”的增量坐标点为极心
G111	以工件坐标系中的绝对坐标点为极心
G112	相对上一个“极心”的增量坐标点为极心
AP＝—	极角：以第一编程轴的正向为始边，极半径为终边，逆时针方向为正角
RP＝—	极半径：指目标点至极心的距离，无正负号

2-3　常用数学函数及表达式

1. 常用函数

SINUMERIK 数控编程系统常用函数见表 2-3-1。

2. 常用的数学方程

（1）直线方程

① 直线方程的一般形式：

$$Ax+By+C=0$$

式中　A、B、C——任意实数，且不能同时为零。

② 直线方程的标准形式（斜截式）：

$$y=kx+b$$

式中　k——直线的斜率，即直线与 x 轴正向夹角的正切值；

b——直线在 y 轴上的截距。

③ 直线方程的点斜式：

$$y-y_1=k(x-x_1)$$

式中　x_1、y_1——直线上已知点的坐标。

表 2-3-1　SINUMERIK 编程常用函数

代　码	含　义
+	加
-	减
*	乘
/　实数	小数除，（整数/整数）=实数；如 3/4=0.75
SIN（　）	正弦函数
COS（　）	余弦函数
TAN（　）	正切函数
ASIN（　）	反正弦函数
SQRT（　）	平方根
ABS（　）	绝对值
POT（　）	平方
TRUNC（　）	舍位整数
ROUND（　）	进位整数
EXP（　）	指数
LN（　）	自然对数
DIV	取整 INT（整除）对整型和实型有效，如 3DIV4=0

④ 直线方程的两点式：

$$\frac{y-y_1}{y_2-y_1}=\frac{x-x_1}{x_2-x_1}$$

式中 x_1、y_1——直线上已知点 1 的坐标；

x_2、y_2——直线上已知点 2 的坐标。

⑤ 直线方程的截距式：

$$\frac{x}{a}+\frac{y}{b}=1$$

式中 a、b——分别为直线在 x、y 轴上的截距。

（2）常用的圆方程

① 圆的标准方程：

$$(x-a)^2+(y-b)^2=R^2$$

式中 a、b——分别为圆心的横、纵坐标；

R——圆的半径。

② 圆的一般方程。将圆的标准方程展开后，即可得到圆的一般方程：

$$x^2+y^2+Dx+Ey+F=0$$

式中 D——常数，其值等于 $-2a$，a 为圆心的横坐标；

E——常数，其值等于 $-2b$，b 为圆心的纵坐标；

F——常数，其值等于 $a^2+b^2-R^2$。

则圆半径 R 为

$$R=\frac{1}{2}\sqrt{D^2+E^2-4F}$$

③ 圆的参数方程：

$$x=a+r\cos\theta，\ y=b+r\sin\theta$$

式中 a、b——圆心坐标；

r——圆的半径；

θ——参数。

（3）常见的椭圆方程

① 椭圆的标准方程：

形式一为

$$\frac{x^2}{a^2}+\frac{y^2}{b^2}=1\quad(a>b>0)$$

说明：此方程表示的椭圆焦点在 x 轴上，焦点为 $F_1(-c,0)$、$F_2(c,0)$，其中，$c_2=a_2-b_2$。

形式二为

$$\frac{y^2}{a^2}+\frac{x^2}{b^2}=1\quad(a>b>0)$$

说明：

a. 此方程表示的椭圆焦点在 y 轴上，焦点为 F_1（0，$-c$），F_2（0，c），其中，$c_2=a_2-b_2$。

b. 两种形式中，总有 $a>b>0$。

c. 两种形式中，椭圆焦点始终在长轴上。

d. a、b、c 始终满足 $c^2=a^2-b^2$。

② 椭圆的参数方程：

$$x=a\cos\theta,\ y=b\sin\theta$$

式中 a——长半轴长；

b——短半轴长；

θ——参数。

（4）抛物线的标准方程

由于焦点和准线的不同分布，抛物线的标准方程有四种情形，见表 2－3－2。

表 2－3－2 抛物线的标准方程

方程	焦点	准线	图象
$y^2=2px\ (p>0)$	$F\left(\dfrac{p}{2},0\right)$	$x=-\dfrac{p}{2}$	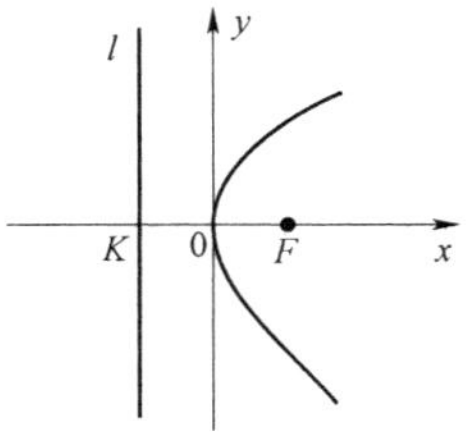
$y^2=-2px\ (p>0)$	$F\left(-\dfrac{p}{2},0\right)$	$x=\dfrac{p}{2}$	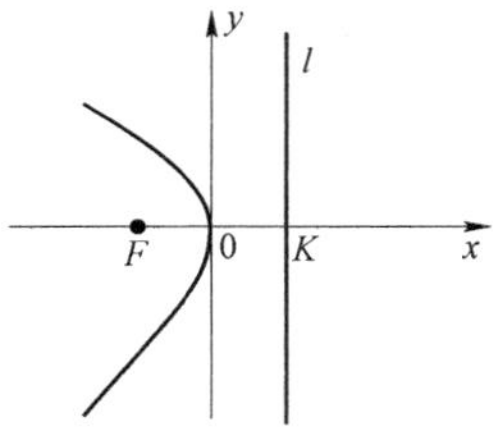
$x^2=2py\ (p>0)$	$F\left(0,\dfrac{p}{2}\right)$	$y=-\dfrac{p}{2}$	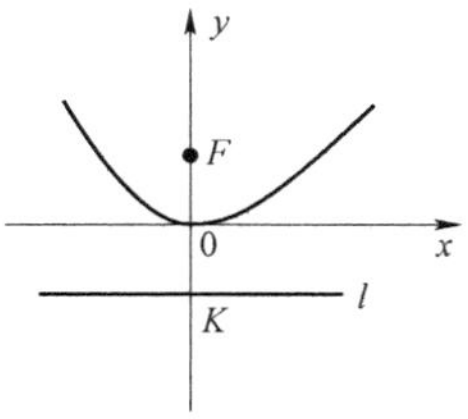
$x^2=-2py\ (p>0)$	$F\left(0,-\dfrac{p}{2}\right)$	$y=\dfrac{p}{2}$	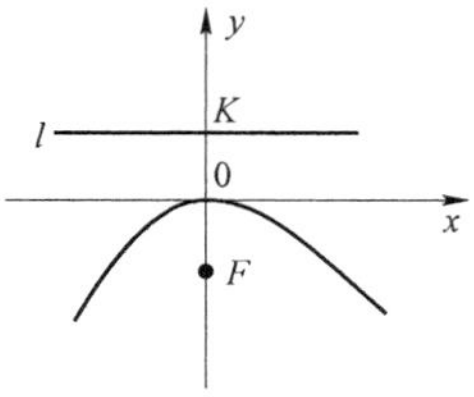

设 $|KF| = p$，则焦点 F 的坐标为 $\left(\frac{p}{2}, 0\right)$，准线的方程为 $x = -\frac{p}{2}$。

由三角几何关系可知，$x = \rho\cos\theta$，$y = \rho\sin\theta$；

抛物线：$y = a(x-b)^2 + c$；

极坐标：$\rho\sin\theta = a(\rho\cos\theta - b)^2 + c$；

简单抛物线：$y = x^2$；

极坐标：$\rho\sin\theta = (\rho\cos\theta)^2$，$\sin\theta = \rho(1-\sin\theta)^2$。

（5）双曲线的参数方程

$$x = a\sec\theta\text{（正割）},\ y = b\tan\theta$$

式中 a——实半轴长；

b——虚半轴长；

θ——参数。

3. 三角函数公式

在手工编程工作中，三角计算法是进行数学处理时应重点掌握的方法之一。三角函数常用公式见表 2-3-3～表 2-3-7。

表 2-3-3　三角函数和差及万能公式

两角和与差的三角函数公式	万能公式
$\sin(\alpha+\beta) = \sin\alpha\cos\beta + \cos\alpha\sin\beta$ $\sin(\alpha-\beta) = \sin\alpha\cos\beta - \cos\alpha\sin\beta$ $\cos(\alpha+\beta) = \cos\alpha\cos\beta - \sin\alpha\sin\beta$ $\cos(\alpha-\beta) = \cos\alpha\cos\beta + \sin\alpha\sin\beta$ $\tan(\alpha+\beta) = \frac{\tan\alpha + \tan\beta}{1 - \tan\alpha \cdot \tan\beta}$ $\tan(\alpha-\beta) = \frac{\tan\alpha - \tan\beta}{1 - \tan\alpha \cdot \tan\beta}$	$\sin\alpha = \frac{2\tan(\alpha/2)}{1+\tan^2(\alpha/2)}$ $\cos\alpha = \frac{1-\tan^2(\alpha/2)}{1+\tan^2(\alpha/2)}$ $\tan\alpha = \frac{2\tan(\alpha/2)}{1-\tan^2(\alpha/2)}$

表 2-3-4　三角函数的半角和降幂公式

半角的正弦、余弦和正切公式	三角函数的降幂公式
$\sin\left(\frac{\alpha}{2}\right) = \pm\sqrt{\frac{1-\cos\alpha}{2}}$ $\cos\left(\frac{\alpha}{2}\right) = \pm\sqrt{\frac{1+\cos\alpha}{2}}$ $\tan\left(\frac{\alpha}{2}\right) = \pm\sqrt{\frac{1-\cos\alpha}{1+\cos\alpha}} = \frac{1-\cos\alpha}{\sin\alpha} = \frac{\sin\alpha}{1+\cos\alpha}$	$\sin^2\alpha = \frac{1-\cos 2\alpha}{2}$ $\cos^2\alpha = \frac{1+\cos 2\alpha}{2}$

表 2－3－5　同角三角函数的基本关系式

倒数关系	商的关系	平方关系
$\tan\alpha \cdot \cot\alpha = 1$ $\sin\alpha \cdot \csc\alpha = 1$ $\cos\alpha \cdot \sec\alpha = 1$	$\dfrac{\sin\alpha}{\cos\alpha} = \tan\alpha = \dfrac{\sec\alpha}{\csc\alpha}$ $\dfrac{\cos\alpha}{\sin\alpha} = \cot\alpha = \dfrac{\csc\alpha}{\sec\alpha}$	$\sin^2\alpha + \cos^2\alpha = 1$ $1 + \tan^2\alpha = \sec^2\alpha$ $1 + \cot^2\alpha = \csc^2\alpha$

表 2－3－6　辅助角的三角函数的公式

化 $a\sin\alpha \pm b\cos\alpha$ 为一个角的一个三角函数的形式（辅助角的三角函数的公式）
$a\sin x \pm b\cos x = \sqrt{a^2+b^2}\sin(x \pm \varphi)$ 其中，φ 角所在的象限由 a、b 的符号确定，φ 角的值由 $\tan\varphi = \dfrac{b}{a}$ 确定

表 2－3－7　三角函数的倍角公式

二倍角的正弦、余弦和正切公式	三倍角公式
$\sin 2\alpha = 2\sin\alpha\cos\alpha$ $\cos 2\alpha = \cos^2\alpha - \sin^2\alpha = 2\cos^2\alpha - 1 = 1 - 2\sin^2\alpha$ $\tan 2\alpha = -\dfrac{2\tan\alpha}{1-\tan^2\alpha}$	$\sin 3\alpha = 3\sin\alpha - 4\sin 3\alpha$ $\cos 3\alpha = 4\cos 3\alpha - 3\cos\alpha$ $\tan 3\alpha = -\dfrac{3\tan\alpha - \tan 3\alpha}{1 - 3\tan 2\alpha}$

常用的三角函数定理包括正弦定理与余弦定理。

正弦定理：

$$\frac{a}{\sin A} = \frac{b}{\sin B} = \frac{c}{\sin C} = 2R$$

余弦定理：

$$\cos A = \frac{b^2 + c^2 - a^2}{2bc}$$

式中　a、b、c——分别为角 A、B、C 所对边的边长；

R——三角形外接圆半径。

4. 基点与节点计算

一个零件的轮廓往往是由许多不同的几何元素组成，如直线、圆弧、二次曲线以及阿基米德螺线等，各元素间的连接点称为基点，如两直线间的交点，直线与圆弧或圆弧与圆弧间的交点或切点，圆弧与二次曲线的交点或切点等。

由直线和圆弧组成的平面轮廓，数值计算的主要任务是求各基点的坐标。由直线和圆弧组成的零件轮廓，可以归纳为直线与直线相交、直线与圆弧相交或相切、圆弧与圆弧相交或相切、一直线与两圆弧相切等几种情况，计算的方法可以是联立方程组求解，也可利用几何元素间的三角函数关系求解。

（1）联立方程组法求解基点坐标

① 直线与圆弧相交或相切。如图 2－3－1 所示，已知直线方程为 $y=kx+b$，求以点（x_0，y_0）为圆心，半径为 R 的圆与该直线的交点坐标（x_C，y_C）。

直线方程与圆方程联立，得联立方程组：

$$\begin{cases}(x-x_0)^2+(y-y_0)^2=R^2\\ y=kx+b\end{cases}$$

求解方程组即可。

② 圆弧与圆弧相交或相切。如图 2－3－2 所示，已知两相交圆的圆心坐标及半径分别为（x_1，y_1），R_1；（x_2，y_2），R_2，求其交点坐标（x_C，y_C）。

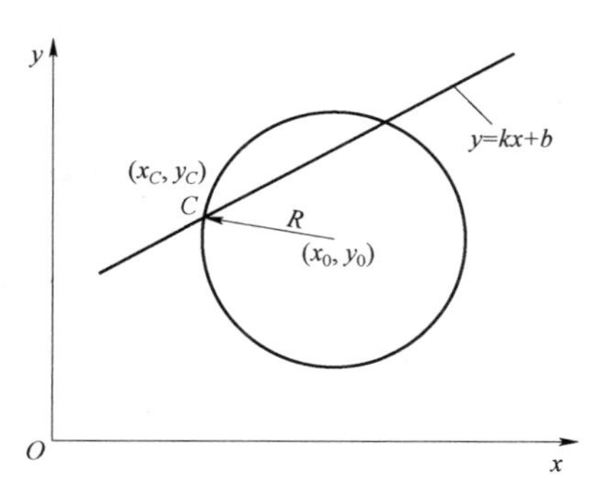

图 2－3－1　直线与圆弧相交

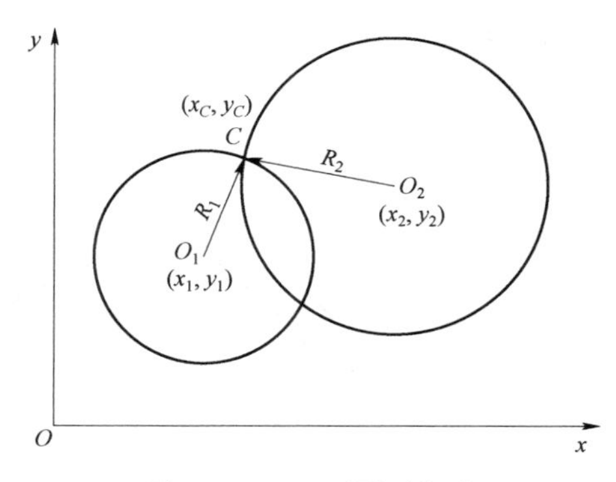

图 2－3－2　两圆弧相交

$$\begin{cases}(x-x_1)^2+(y-y_1)^2=R_1^2\\ (x-x_2)^2+(y-y_2)^2=R_2^2\end{cases}$$

联立两圆方程求解即可。

（2）三角函数法求解基点坐标

对于由直线和圆弧组成的零件轮廓，也可以直接利用图形间的几何三角关系求解基点坐标，计算过程相对简单一些。

① 直线与圆相切求切点坐标。如图 2－3－3 所示，已知通过圆外一点（x_1，y_1）的直线 l 与一已知圆相切，圆的圆心坐标为（x_2，y_2），半径为 R，求切点坐标（x_C，y_C）。计算公式如下：

$$\Delta x=x_2-x_1,\ \Delta y=y_2-y_1$$

$$d=\sqrt{\Delta x^2+\Delta y^2}$$

$$\alpha_1=\arctan\frac{\Delta y}{\Delta x}$$

$$\alpha_2=\arcsin\frac{R}{d}$$

$$\beta=|\alpha_1\pm\alpha_2|$$

$$x_C=x_2\pm R|\sin\beta|$$

$$y_C=y_2\pm R|\cos\beta|$$

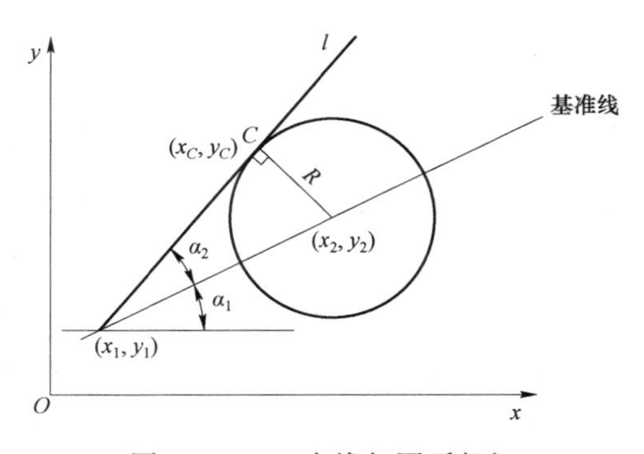

图 2－3－3　直线与圆弧相切

② 直线与圆相交求交点坐标。如图 2－3－4 所示，设过已知点（x_1，y_1）的直线 l 与 x 轴的夹角为α_1，已知圆的圆心坐标为（x_2，y_2），半径为 R，求直线与圆交点坐标（x_C，y_C）。计算公式如下：

$$\Delta x = x_2 - x_1,\ \Delta y = y_2 - y_1$$

$$\alpha_2 = \arcsin\left|\frac{\Delta x \sin\alpha_1 - \Delta y \cos\alpha_1}{R}\right|$$

$$\beta = |\alpha_1 \pm \alpha_2|$$

$$x_C = x_2 \pm R|\cos\beta|$$

$$y_C = y_2 \pm R|\sin\beta|$$

③ 两圆相交求交点坐标。如图 2－3－5 所示，两已知圆圆心坐标及半径分别为（x_1，y_1），R；（x_2，y_2），R_2，求交点坐标（x_C，y_C）。计算公式如下：

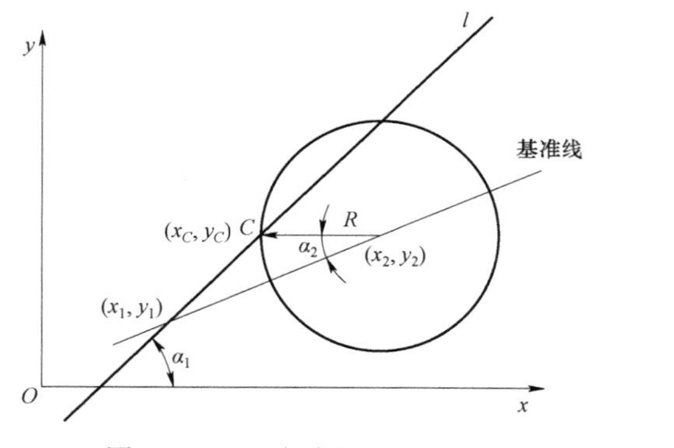

图 2－3－4　直线与圆弧相交

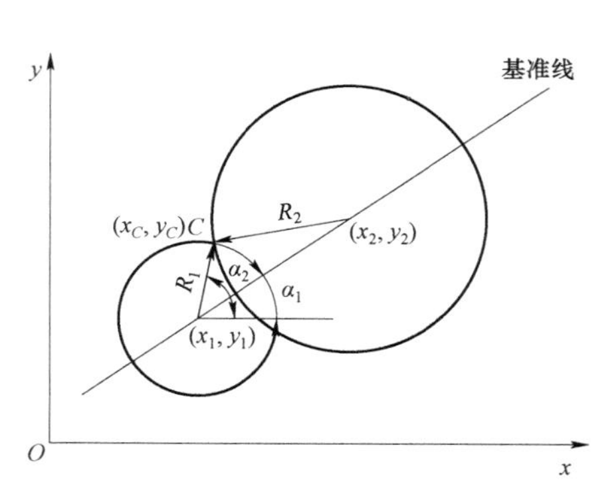

图 2－3－5　圆弧与圆弧相交

$$\Delta x = x_2 - x_1,\ \Delta y = y_2 - y_1$$

$$d = \sqrt{\Delta x^2 + \Delta y^2}$$

$$\alpha_1 = \arctan\frac{\Delta y}{\Delta x}$$

$$\alpha_2 = \arccos\frac{R_1^2 + d^2 - R_2^2}{2R_1 d}$$

$$\beta = |\alpha_1 \pm \alpha_2|$$

$$x_C = x_1 \pm R_1|\cos\beta|$$

$$y_C = y_1 \pm R_1|\sin\beta|$$

④ 直线与两圆相切求切点坐标。如图 2－3－6 所示，两已知圆圆心坐标及半径分别为（x_1，y_1），R_1；（x_2，y_2），R_2，一直线与两圆相切，求交点坐标（x_{C_1}，y_{C_1}），（x_{C_2}，y_{C_2}）。计算公式如下：

$$\Delta x = x_2 - x_1,\ \Delta y = y_2 - y_1$$

$$d = \sqrt{\Delta x^2 + \Delta y^2}$$

$$\alpha_1 = \arctan\frac{\Delta y}{\Delta x}$$

$$\alpha_2 = \arcsin\frac{R_2 \pm R_1}{\sqrt{\Delta x^2 \pm \Delta y^2}}$$

$$\beta = |\alpha_1 \pm \alpha_2|$$

$$x_{C_1} = x_2 \pm R_1 \sin\beta$$

$$y_{C_1} = y_2 \pm R_1|\cos\beta|$$

$$x_{C_2} = x_2 \pm R_2 \sin\beta$$

$$y_{C_2} = y_2 \pm R_2|\cos\beta|$$

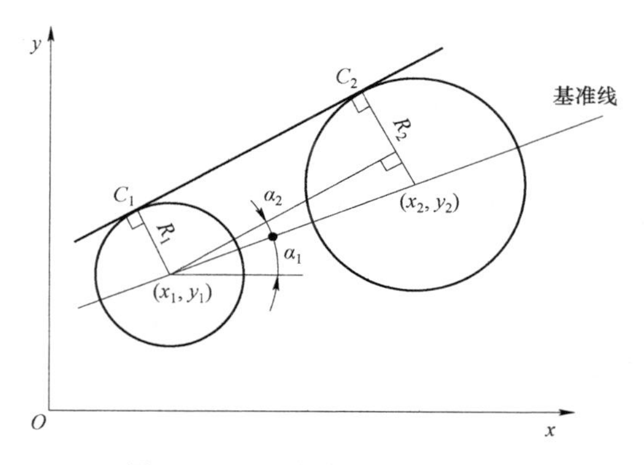

图 2－3－6 直线与两圆弧相切

任务实施

① 加工图 2－3－7 所示的工件，工件厚度为 10 mm，试计算图中 C 点坐标。

设 R01＝α，R02＝β，R03＝BO_1。

α 角及斜边计算：在 Rt△BKO_1 中，R01＝ATAN（(26－12）/80），ATAN 为反正切函数（Rt 表示直角）。

斜边 BO_1：R03＝SQRT（POT（26－12）＋POT（80）），SQRT 为平方根函数；

β 角计算：在 Rt△BCO_1 中，R02＝ASIN（30/R03），ASIN 为反余弦函数。

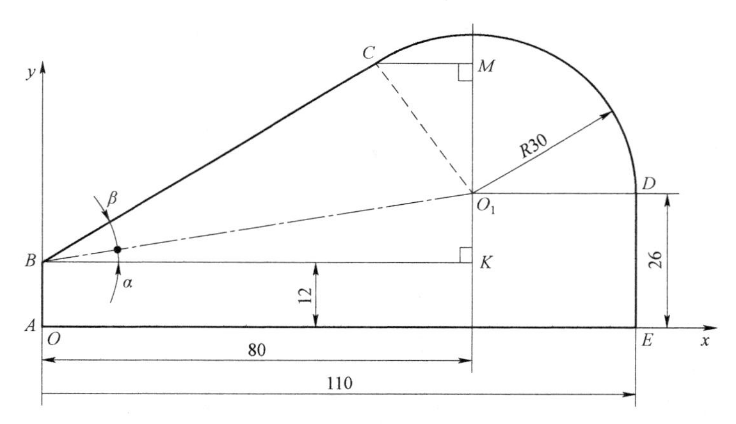

图 2－3－7 简单平面件

② 利用三角函数法求解图 2－3－8 所示的直线和圆弧的切点，求切点 A 的坐标。

试题分析：

在 Rt△OEC 中，已知 R01＝OE＝OA＋AE＝31＋38＝69；

R02＝CE＝CD＋DE＝10/2＋38＝43，R03＝OC＝65－20＝45。

在 Rt△AOB 中，已知 R04＝OA＝31，Rt△AOB∽Rt△OEC，可得

$$OA/OE = AB/CE，即 R04/R01 = AB/R02，AB = (R02 \cdot R04)/R01$$

$$OB/OC = OA/OE，即 OB/R03 = R04/R01，OB = (R03 \cdot R04)/R01$$

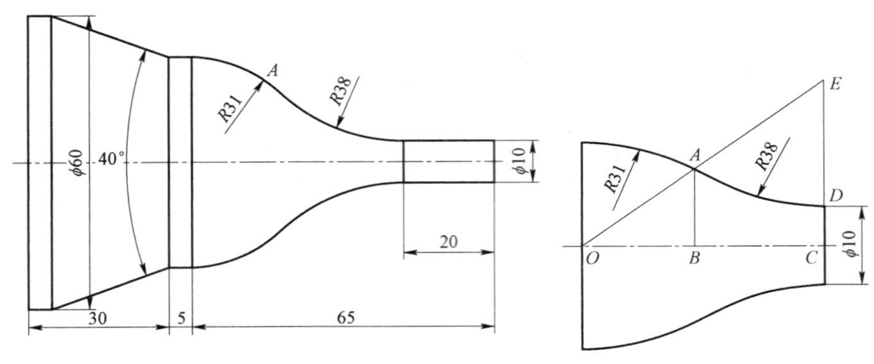

图 2－3－8　基点的计算

A 点的 *x* 坐标：

$$2AB = 2 \cdot (\mathrm{R02} \cdot \mathrm{R04})/\mathrm{R01}$$

A 点的 *z* 坐标：

$$65 - OB = 65 - (\mathrm{R03} \cdot \mathrm{R04})/\mathrm{R01}$$

2－4　数控编程基础

在数控机床上加工工件时，要把加工工件的全部工艺过程、工艺参数和位移数据，以信息的形式记录在控制介质（数控电脑）上，然后用控制介质上的信息控制机床，实现工件的全部加工过程。这里把从工件图样到获得数控机床所需控制介质的全部过程，称为程序编制。

1. 程序编制的内容及过程

使用数控机床加工工件时，程序编制是一项重要的工作。迅速、正确而经济地完成程序编制工作，对于有效地利用数控机床是具有决定意义的一环。

（1）数控编程及程序调试

利用数控机床完成零件数控加工的过程如图 2－4－1 所示，主要包括下列步骤。

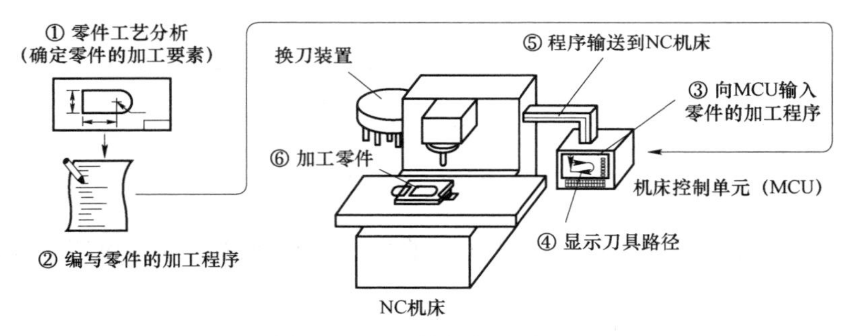

图 2－4－1　数控加工过程

① 根据零件加工图样进行工艺分析，确定加工方案、工艺参数和坐标计算。

② 用规定的程序代码和格式编写零件加工程序单，或用自动编程软件进行 CAD/CAM 工作，直接生成零件的加工程序文件。

③ 程序的输入或传输，由手工编写的程序，可以通过数控机床的操作面板输入程序；由编程软件生成的程序，通过计算机的串行通信接口直接传输到数控机床的数控单元（MCU）。

④ 将输入/传输到数控单元的加工程序，进行试运行、刀具路径模拟等。

⑤ 校对程序，检查由于人工造成的错误。

⑥ 首件试加工，根据加工情况测试编写的程序，直到加工出满足要求的工件为止。

用数控机床对零件进行加工时，首先对零件进行加工工艺分析，以确定加工方法、加工工艺路线以及正确地选择数控机床刀具和装夹方法。

（2）数控编程的内容与方法

程序编制的内容如图 2-4-2 所示，一般包括以下几个方面的工作。

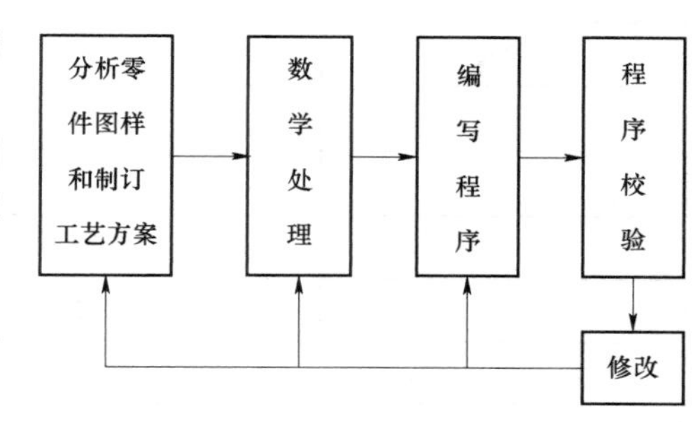

图 2-4-2 数控程序编制的内容及步骤

① 加工工艺分析。编程人员首先要根据零件图纸，对零件的材料、形状、尺寸、精度和热处理要求等，进行加工工艺分析。

② 合理地选择加工方案，确定加工顺序、加工路线、装夹方式、刀具及切削参数等。

③ 同时还要考虑所用数控机床的指令功能，充分发挥机床的效能，注意加工路线要短。

④ 正确地选择对刀点、换刀点，以减少换刀次数。

⑤ 数值计算。根据零件图的几何尺寸确定工艺路线及设定坐标系，计算零件粗、精加工运动的轨迹，得到刀位数据。对于形状比较简单的零件（如直线和圆弧组成的零件）的轮廓加工，要计算出几何元素的起点、终点、圆弧的圆心、两几何元素的交点或切点的坐标值，有的还要计算刀具中心的运动轨迹坐标值。

2. 数控程序编制的基本规则

（1）数控程序语言的构成元素

① 文字设置。下列文字在数控程序中是有效的。

大写字母：A、B、C、D、E、F、G、H、I、J、K、L、M、N、（O）、P、Q、R、S、T、U、V、W、X、Y、Z。

小写字母：a、b、c、d、e、f、g、h、i、j、k、l、m、n、o、p、q、r、s、t、u、v、w、x、y、z。

注：大、小写字母之间没有明显的区别。

阿拉伯数字：0、1、2、3、4、5、6、7、8、9。

特殊字符见表 2-4-1。

表 2-4-1 特殊字符

字符	含 义
%	程序开始字符（只用于外部的 PC 程序编制）
( )	用于参数或注释的符号
[ ]	用于索引或地址的括号

续表

字符	含　义
;	程序段结束
Tab	分隔符
Space	空格
=	赋值号：=表示存入；如 X=5，X=X+12
==	“==”表示等于，“等于意思是完全相符”
/	除；程序段跳过执行
*	乘
+	加
–	减
“	双引号；字符串标记
‘	单引号；特殊数值标记；十六进制数
$	系统数据标记
_	下划线，字母属性
?	保留（暂不指定）
!	保留（暂不指定）；非、否 !=，〈〉
.	小数点
,	逗号，参数分隔符
;	说明、注释开始
&	文字格式，与空格字符相同
注：无打印字符可作为空白字符。	

② 功能字。数控程序是由程序段组成的，每一个程序段是由功能字组成的。数控语言中的一个功能字包含一个地址字符和一个数字或表达一个数值的数字变量。

a. 地址功能字。地址有固定地址或可变地址，如轴（X、Y、Z）、主轴转速（S）、进给速度（F）、圆弧半径（CR）等。

b. 模态地址/非模态地址。在编程中，同一地址在出现新的数值以前一直有效的地址叫作模态地址。

③ 扩展地址。扩展地址使在一个系统中同时存在几个坐标轴和几个主轴成为可能。一个扩展地址由一个具有引申意义的数字或由一个包含在中括号内的有效名称和一个带有“=”的算术表达式组成。例如：

X7 或 X=7，不需要“=”，7 是一个数值，但在这儿有一个赋值号“=”也是允许的；

X4=20，将值赋给 X4 轴（需要“=”）；

CR=7.3，两个字母的地址（需要“=”）；

M3=5，3#主轴停止。

④ 系统固定地址。表 2-4-2 所列地址为系统固定的地址。

表 2-4-2　系统固定地址

地址	含　　义	地址	含　　义
D	刀具偏置号	N	程序
F	进给功能	P	程序编号
G	准备功能	R	参数变量
H	辅助功能	S	主轴转速
L	子程序调用	T	刀具顺序号
M	辅助功能	:	主程序

⑤ 地址变量。地址也可以用一个地址字母（或地址字母以外的具有引申意义的数字）或者一个空余的符号定义。变量地址在一个程序中必须是唯一的。相同的地址名称不允许用于不同类型的地址。

注意下列地址类型的区别：轴值和终点地址 A、B、C、X、Y、Z、U、V、W。

⑥ 地址名称。地址名称的标记可以通过增加具有特征含义的字母加以扩展，如 CR：圆弧半径。操作/算术功能见表 2-4-3。

⑦ 地址赋值。如果地址名是一个单一的字母和数值，只有一个常量，则“=”号可以省略。在地址字母的后面加引导字符和分隔符也是允许的。地址赋值见表 2-4-4。

表 2-4-3　操作/算术功能

代码	含　　义
+	加
-	减
*	乘
/实数	除，（整数/整数）= 实数；如 3/4 = 0.75　FLOAT
DIV 整数	除，只限于可变化的整数类型（整数 DIV 整数）= 整数；如 3/4 = 0　INT
MOD 取余数	模数相除生成一个整除后的余数；如 3MOD4 = 3 取余数
:	链操作
SIN(　)	正弦函数
COS(　)	余弦函数
TAN(　)	正切函数
ASIN(　)	反正弦函数
ACOS(　)	反余弦函数
SQRT(　)	平方根
ABS(　)	绝对值

续表

代码	含　义
POT( )	平方
TRUNC( )	取整，如 3.98 或 3.12，结果为 3，只取整数部分，无四舍五入
ROUND( )	圆整（最后一位四舍五入），如 3.98 结果为 4，有四舍五入
LN( )	自然对数
EXP( )	指数输入功能

表 2-4-4　地址赋值

X = 10 与 X10 意义一样	将数值 10 赋给地址 X，不需要“=”号
X1 = 10,CR = 23	将数值 10 赋给地址 X1，需要“=”号
FGROUP(X1,Y2)	通过二维数组参数赋值
AXDATA[X1]	将地址 X1 的值直接赋值给 AX
AX[X1]	在程序中间接地将地址 X1 的值赋给地址 AX
X = 10*(5 + SIN(37.5))	通过带有“=”号的算术表达式赋值

（2）重要地址

地址名可用一个单词来描述，同一个程序中，地址名称必须是唯一的。地址名代表含义见表 2-4-5。

表 2-4-5　地址名

地址	含　义	备注
A	旋转轴	变量
B	旋转轴	变量
C	旋转轴	变量
D	刀偏顺序号	定量
F	进给速度	定量
I	插补参数 I = 圆心的 X 坐标 − 圆弧起点的 X 坐标	变量
J	插补参数 J = 圆心的 Y 坐标 − 圆弧起点的 Y 坐标	变量
K	插补参数 K = 圆心的 Z 坐标 − 圆弧起点的 Z 坐标	变量
L	子程序调用	定量
M	辅助功能	定量
R	数学参数	定量
S	主轴转速	定量
T	刀具顺序号	定量
AC	圆弧角度	变量

续表

地址	含　　义	备注
CR	圆弧半径	变量
AP	极坐标角度	变量
RP	极坐标半径	变量
:	主程序	定量

（3）程序段和程序结构

一个 NC 程序由各个独立的 NC 程序段组成，一个 NC 程序段一般由各功能字组成。一个 NC 程序段包含一个操作步骤的所有需要的数据和一个检测字符“;”(换行)。“;”字符不必手动插入，它一般是在换行时自动生成的。

① 程序段长度。一个程序段最多包含 242 个字符（包括注释和结束字符“;”在内)。

② 程序段中各个功能字的顺序。为了程序段结构的清晰，程序段中功能字一般按下列顺序排列。例如：

N10　G__X__Y__Z__F__S__T__D__M__H__;

各功能字说明见表 2－4－6。

表 2－4－6　各功能字说明

地址	含　　义
N	子程序段的顺序号地址
10	程序段号
G	准备功能
X、Y、Z	位置数据
F	轴的进给速度
S	主轴转速
T	刀具号
D	刀具偏置号
M	辅助功能
H	辅助功能（次要）

（4）主程序段/子程序段

在以主程序段开始的 NC 程序部分中，主程序段必须包含所有的完成操作所需要的信息的功能字。一个子程序段包含每一个操作步骤的所有需要的信息。

主程序段通过一个主程序段序号来定义。一个 NC 主程序段的顺序号包含字符“:”和一个整数（程序段顺序号），这个程序段序号总是出现在程序段的开始。例如：

:10　D02　F200　S900　M03;

注：主程序段顺序号在一个程序文档中必须是唯一的。

子程序段通过一个程序段顺序号来定义。一个 NC 子程序段的顺序号包含字符“N”和一个整数（程序段顺序号），这个程序段顺序号总是出现在程序段的开头。例如：

N20 G01 X14 Y35；

N30 X20 Y40；

子程序段顺序号在一个程序中必须是唯一的。例如：

：10 D02 F200 S900 M03；

N20 G01 X14 Y35；

N30 X20 Y40；

N40 Y－10；

学 习 小 结

通过本单元的学习，知道了：

（1）数控机床的组成及工作原理。

（2）编程时所需的基本知识，其中包括坐标系的建立以及它们之间的相互关系；编程时常用的函数及表达式等。

企业家点评

数控编程是工艺基础、数学知识、计算机原理及控制理论相结合的产物，要综合运用这些基础理论来解决机械零件的加工制造。本单元从数控原理、编程过程、数学运算等方面进行了深入分析，首先要了解数控机床的结构、工作原理，其次打好数学这个基础，也对学好数控编程有很大帮助，尽管有自动编程，手工编程还是必不可少，离开数学这个工具还是不行的。

思考与练习

一、简答题

1. 数控机床由哪些部分组成？各组成部分有什么作用？
2. 解释绝对坐标系与相对坐标系，并举例说明它们之间的关系。
3. 什么是机床原点、机床参考点、编程原点以及工件原点？
4. 简述数控编程的内容。

二、填空题

1. 从零件图开始，到获得数控机床所需控制（　　）的全过程称为程序编制，程序编制的方法有（　　）和（　　）。

2. 数控机床中实现插补运算较为成熟并得到广泛应用的是（　　）插补和（　　）

插补。

3. 编程时的数值计算，主要是计算零件的（　　）和（　　）的坐标，或刀具中心轨迹的（　　）和（　　）的坐标。直线段和圆弧段的交点和切点是（　　），逼近直线段或圆弧小段轮廓曲线的交点和切点是（　　）。

4. 自动编程根据编程信息的输入与计算机对信息的处理方式不同，分为以（　　）为基础的自动编程方法和以（　　）为基础的自动编程方法。

5. 为了保证精度和编程方便，通常需要刀具（　　）和（　　）补偿功能。

6. 数控机床按控制运动轨迹可分为（　　）、点位直线控制和（　　）等几种。按控制方式又可分为（　　）、（　　）和半闭环控制等。

教学单元 3　SINUMERIK 数控系统车床编程

3－0　任务引入与相关知识

任务引入

如图 3－0－1 所示的工件，*C*、*K*、*D* 三点构成一段圆弧，用 SINUMERIK 802S 数控系统格式编写车削加工程序，通过阅读下面的程序，试比较与 FANUC 数控系统格式有哪些差异。

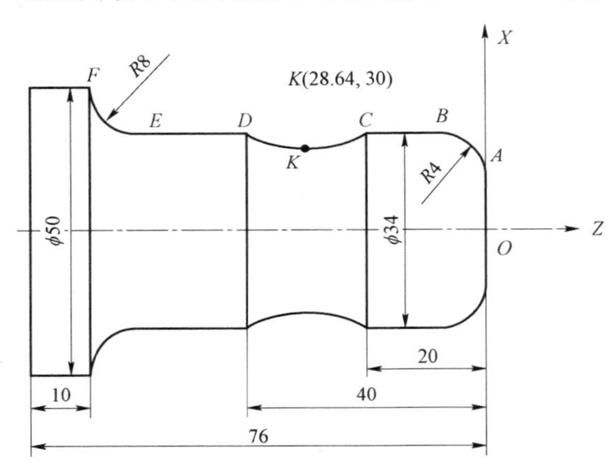

图 3－0－1　SINUMERIK 数控系统编程

CHE_JG.MPF;	程序名（M：main；P：program；F：function）
N05 G90 G54;	X 轴为直径数据方式
N10 G00 X60 Z50 S500 M03;	起刀点
N15 T01 D01;	刀具号 01，刀具补偿号 01
N20 G00 X0 Z5;	刀具快速接近工件
N25 G01 X0 Z0 F100;	走刀开始切入工件
N30 X26;	车端面
N35 G03 X34 Z－4 CR＝4 F50;	车 *R*4 圆角 *A*－*B*，半径用 *CR* 表示
N40 G01 Z－20;	车外圆 *B*－*C*
N45 G05 Z－40 X34 KZ＝－30 IX＝28.64;	已知三点编写圆弧
N50 G01 Z－58;	车外圆 *D*－*E*

```
N55 G02 X50 Z-66 CR=8;          车 R8 圆角 E—F
N60 G01 X55 M05;                出刀
N65 G00 X60 Z50;                退刀到起点
N70 M30;                        程序结束
```

相关知识

学习 SINUMERIK 的编程格式，编写的程序格式要符合 SINUMERIK 格式，这是最重要的一点，下面讲解 SINUMERIK 数控车削的基础编程。

3-1 认识 SINUMERIK 802S 数控车床系统

很多人已学习过 FANUC 数控系统，基本上掌握了数控车床编程加工的一般规律与要求，下面请慢慢体会 SINUMERIK 格式与编程特点。由于编程往往是针对特定的数控系统的，学习编程通常应选择编程功能较强的系统，法那科（FANUC）和西门子（SINUMERIK）是典型的主流系统。

西门子数控系统进入我国市场较晚，早期市场占有率并不很高。近年来，西门子公司看到了中国市场的巨大潜力，加强了对中国市场的攻势。新推出的西门子系统从低层次的经济型 802S/C 系统到中档次的 802D 及高档次的 840D 系统形成了一个完整的系列，这使其市场占有率直逼 FANUC。其中，西门子 802D 系统属于一种较为经济的高性价比普及型交流伺服系统，无论在教学还是生产领域都具有一定的市场占有率并拥有较好的市场前景。

1. 数控车床与卧式车床的区别

数控车床与卧式车床的加工对象结构及工艺有着很大的相似之处，但由于数控系统的存在，也存在很大的区别，数控车床如图 3-1-1 所示。

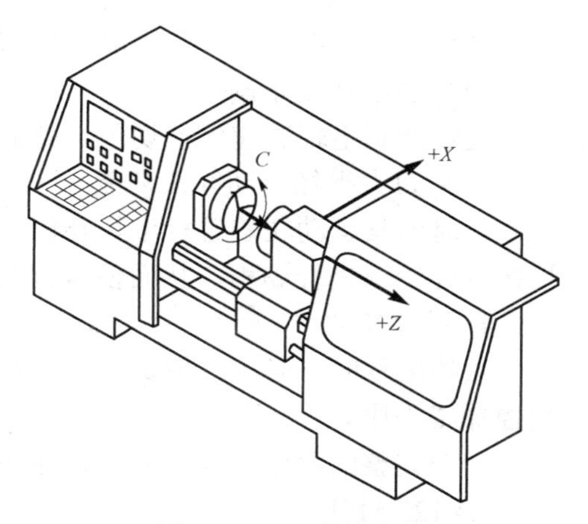

图 3-1-1 数控车床

与卧式车床相比，数控车床具有以下特点：

① 采用了全封闭或半封闭防护装置。数控车床采用封闭防护装置可防止切屑或切削液飞出，给操作者带来意外伤害。

② 采用自动排屑装置。数控车床大都采用斜床身结构布局，排屑方便，便于采用自动排屑机。

③ 主轴转速高，工件装夹安全可靠。数控车床大都采用液压卡盘，夹紧力调整方便可靠，同时也降低了劳动强度。

④ 可自动换刀，采用自动回转刀架，可自动换刀，连续完成多道工序的加工。

⑤ 主运动、进给运动分离。数控车床的主传动与进给传动采用了各自独立的伺服电机，使传动链变得简单、可靠，同时，各电机既可单独运动，也可实现多轴联动。

2. 数控车床的主要加工对象

与传统车床相比，数控车床比较适合于车削具有以下要求和特点的回转体零件。

（1）精度要求高的零件

由于数控车床的刚性好，制造和对刀精度高，并且能方便和精确地进行人工补偿甚至自动补偿，所以它能够加工尺寸精度要求高的零件。另外，由于数控车削时刀具运动是通过高精度插补运算和伺服驱动来实现的，再加上机床的刚性好和制造精度高，所以它能加工对母线直线度、圆度、圆柱度要求高的零件。

（2）表面粗糙度好的回转体零件

数控车床能加工出表面粗糙度小的零件，不但是因为机床的刚性好和制造精度高，还由于它具有恒线速度切削功能。在材质、精车留量和刀具已定的情况下，表面粗糙度取决于进给速度和切削速度。使用数控车床的恒线速度切削功能，就可选用最佳线速度来切削端面，这样切出的粗糙度既小又一致。

（3）轮廓形状复杂的零件

数控车床具有圆弧插补功能，因此可直接使用圆弧指令来加工圆弧轮廓。数控车床也可加工由任意平面曲线所组成的轮廓回转零件，既能加工可用方程描述的曲线，也能加工列表曲线。如果说车削圆柱零件和圆锥零件既可选用传统车床也可选用数控车床，那么车削复杂转体零件就只能使用数控车床。

3. 数控车床主要功能

不同数控车床其功能也不尽相同，各有特点，但都应具备以下主要功能。

（1）直线插补功能

控制刀具沿直线进行切削，利用该功能，车床可加工圆柱面、圆锥面和倒角。

（2）圆弧插补功能

控制刀具沿圆弧进行切削，在数控车床中利用该功能可加工圆弧面和曲面。

（3）固定循环功能

固化了机床常用的一些功能，如切螺纹、切槽、钻孔等，使用该功能可以简化编程。

（4）恒线速度车削

通过控制主轴转速保持切削点处的切削速度恒定，可获得一致的加工表面。

（5）刀尖半径自动补偿功能

可对刀具运动轨迹进行半径补偿，具备该功能的机床在编程时可不考虑刀具半径，直接按零件轮廓进行编程，从而使编程变得方便简单。

4. 程序格式

数控编程时，必须了解数控加工程序的结构、语法和编程规则等规定，才能正确编写数控加工程序。

一个完整的程序由程序号、程序内容和程序结束三部分组成。例如：

```
XY123.MPF;                      程序号（MPF：主程序名扩展名）
N10 G90 G94 G00 X150 Z200;
N20 T01;                        ┐
N30 M03 S600;                   │ 程序内容
N40 G00 X40 Z50;                │
N50 G01 Z30 F100;               │
N60 G00 X150 Z200;              ┘
N70 M02;                        程序结束
```

（1）程序号

为了区别存储器中的程序，每个程序都有程序号。SINUMERIK 802S 程序名可以自由选取程序号，但必须符合以下规定：

① 开始两个符号必须是字母；

② 其他符号为字母、数字或下划线；

③ 程序名要“见名知意”，即程序名要反映程序的内容。

（2）程序内容

程序内容部分是整个程序的核心。它由许多程序段组成，每个程序段由一个或多个程序字构成，它表示数控机床要完成的全部动作。

（3）程序结束

程序结束是以程序结束指令 M02（主程序结束）、M17（子程序结束）、M30（主程序结束并返回程序开头）。RET（子程序结束并返回程序调用处）作为整个程序结束的符号，来结束整个程序的运行，一般用 M30。

5. 编程规则

（1）坐标尺寸方式

数控车床编程时，可以用绝对值编程、增量值编程或二者混合编程。

（2）小数点编程

数控车床编程时，可以用小数点编程。

（3）自保持功能（模态）

大多数 G 代码和 M 代码具有自保持（模态）功能，除非是被取代或取消，否则一直保持有效。

6. M、S、F、T 功能

（1）M 功能（辅助功能）

编程格式：M_；

SINUMERIK 802S 系统常见 M 功能在坐标轴运行程序段中的作用情况如下：

① 如果 M00、M01、M02、M05 等辅助功能和坐标轴运行指令位于同一程序段中，则只有在坐标轴运行之后这些辅助功能才会执行。

② 如果 M03、M04 等辅助功能和坐标轴运行指令位于同一程序段中，则只有这些辅助功能执行之后，坐标轴运行才会执行。

③ 在一个程序段中最多可以有 5 个 M 功能，有些 M 功能不能同时出现在同一个程序段中，如 M00、M01。

（2）主轴转速 S 功能

数控机床的主轴转速可以编程在地址 S 下，用于指定主轴的转速。有恒转速和恒线速度两种方式，并可限制主轴的最高转速。

$$v_c = 3.14dn/1\ 000$$

（3）刀具功能 T

编程格式：T_ D_；

刀具号取值范围为 1～32 000，当偏置号 D 省略时，默认为 D01。

编程举例：

N10 T01 D01;　　　　　　刀具号 01，刀具偏置号 01

N70 T04 D02;　　　　　　刀具号 04，刀具偏置号 02

（4）进给速度 F 功能

进给速度 *F* 是指刀具运动速度，它是所有移动坐标轴速度的矢量和。坐标轴速度是刀具轨迹速度在坐标轴上的分量。F 指令在 G01、G02、G03、G05 插补方式中生效，并且一直有效，直到被一个新的地址 F 取代为止。进给速度功能 F 的单位由 G94（分进给：$mm \cdot min^{-1}$）和 G95（转进给：$mm \cdot r^{-1}$）指令确定。

数控车床编程通常习惯采用每转进给速度编程。而且 G94 和 G95 的作用会扩展到恒定切削速度 G96 和 G97 功能，它们还会对主轴转速 *S* 产生影响。

编程示例：

N10 G94 F120;　　　　　　分进给，速度为 120 $mm \cdot min^{-1}$（最常用）

N20 G95 F0.5;　　　　　　转进给，0.5 $mm \cdot r^{-1}$（螺纹加工）

…

N110 S200　M03;　　　　　主轴旋转

注：G94 和 G95 更换时要求写入一个新地址 F。

3－2　SINUMERIK 相关状态设定

1. 尺寸状态设定

尺寸状态通过尺寸字设定。它的指令含义分绝对坐标尺寸和增量坐标尺寸两种。绝对坐标尺寸是指在指定的坐标系中，机床运动位置的坐标值是相对于工件坐标原点给出的；增量坐标尺寸是指机床运动位置的坐标值是相对于前一位置给出的。在加工程序中，绝对尺寸与增量尺寸有两种表达方式。一类是用 G 指令作规定，一般用 G90 指令绝对尺寸，用 G91 指令增量尺寸，这是一对模态（续效）指令。这类表达方式有两个特点：一是绝对尺寸与增量尺寸在同一程序段内只能用一种，不能混用；二是无论是绝对尺寸还是增量尺寸，在同一坐标轴的尺寸字的地址符要相同。第二类不是用 G 指令作规定，而直接用地址符来区分是绝对尺寸还是增量尺寸。

（1）G90、G91 设定

G90：绝对尺寸，指机床运动部件的坐标尺寸值相对于坐标原点给出。

G91：增量尺寸，指机床运动部件的坐标尺寸值相对于前一位置给出。

（2）X、Z 或 U、W

绝对尺寸可用尺寸字 X、Z 表示，增量尺寸用 U、W 表示。X、Z 或 U、W 可以在同一程序段中混用，这给编程带来很大方便。

2. 零点偏置功能

① 设定的零点偏置。

G54～G57、G500、G53 用于指令可设定的零点偏置，常用 G54，如图 3－2－1 所示。

G54：第一可设定零点偏置。

G55：第二可设定零点偏置。

G56：第三可设定零点偏置。

G57：第四可设定零点偏置。

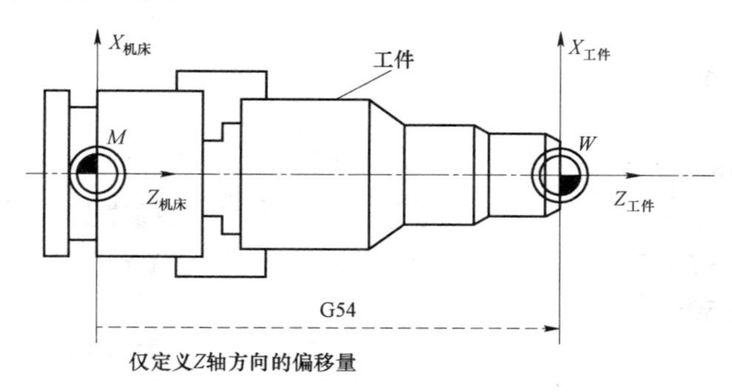

图 3－2－1　数控车床中建立第一可设定零点偏置

② 编程示例。

```
LWQ1.MPF;
N10 G90 G54 G95 G23;          调用第一可设定零点偏置值
N20 G01 X__ Z__ F__;          加工工件
…
N90 G500 G00 X__;             取消可设定零点偏置
…
```

3. 进给速度单位设定指令 G94、G95

SINUMERIK 系统：G94——分进给；G95——转进给。

进给速度的单位常用 G94、G95 来设定：G94 表示分进给，单位为毫米/分（mm/min），G95 表示转进给，单位为毫米/转（mm/r）。对于车削之外的控制，一般只用每分钟进给。F 地址符在螺纹切削程序段中还常用来指令螺纹导程。

4. G22/G23 半径/直径设定

编程格式：G22——半径编程方式；G23——直径编程方式。

用 G22 或 G23 指令把 X 轴方向的终点坐标作为半径数据尺寸或直径数据尺寸处理时，数控系统的 CRT 将显示工件坐标系中相应的半径值或直径值。需要特别注意的是，可编程的零点偏移 G158 X__ 始终作为半径数据尺寸处理。如图 3－2－2 所示零件，分别采用直径编程方式和半径编程方式编写精加工程序。

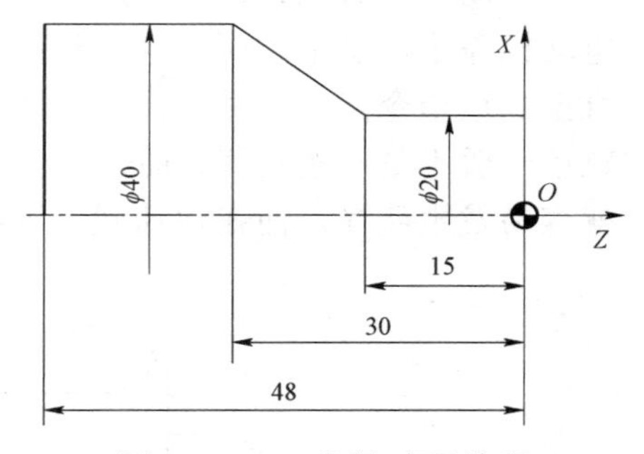

图 3－2－2　半径/直径编程

① 直径编程示例。

```
ZHIJING.MPF;                  程序名
N1 G90 G54 G95 G23;           X 轴为直径数据方式
N05 G00 X60 Z50;
N10 T01 D01;                  刀具号 01，刀具补偿号 01
N15 S500 M03;
```

N20 G00 X20 Z3;
N25 G01 X20 Z－15 F0.2;
N30 X40 Z－30;
N35 G00 X60 Z50;
N40 M30;

② 半径编程示例。

BANJING.MPF;	程序名
N100 G90 G54 G95 G22;	*X* 轴为半径数据方式
N105 G00 X30 Z50;	
N110 T01 D01;	刀具号 01，刀具补偿号 01
N115 S500 M03;	
N120 G00 X10 Z3;	
N125 G01 X10 Z－15 F0.2;	
N130 X20 Z－30;	
N135 G00 X30 Z50;	
N40 M30;	

3－3　直线运动指令 G00、G01

1. G00 指令

G00 指令命令刀具以点位控制方式从刀具所在点快速移动到目标位置，无运动轨迹要求，不需特别指定移动速度。

G00 的速度一般是用参数来设定的。假定三个坐标方向都有位移量，那么三个坐标的伺服电动机同时按设定的速度驱动刀架或工作台位移，当某一轴向完成了位移时，该轴的电动机停止，余下的两轴继续移动。当又有一轴完成位移后，只剩下最后一个轴向移动，直至到达指令点。这种单向趋进的方法有利于提高定位精度。由此可见，G00 指令的运动轨迹一般不是一条直线，而是三条或两条直线段的组合，如图 3－3－1 所示。忽略这一点，就容易发生碰撞，而在快速状态下的碰撞又相当危险。

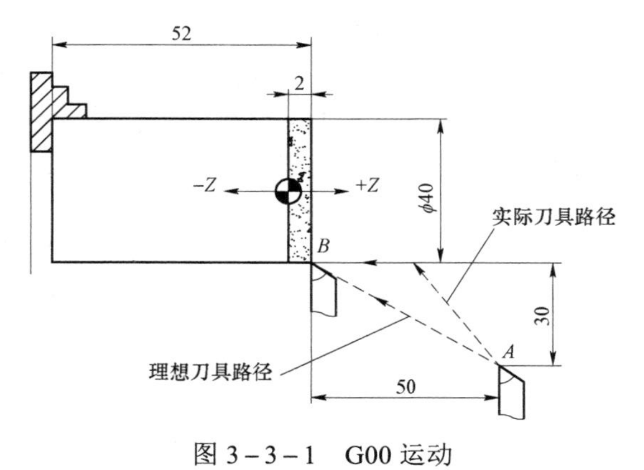

图 3－3－1　G00 运动

编程格式：

G00　X__　Y__　Z__;

其中，X__、Y__、Z__表示刀具目标控制点位置的坐标值，车刀的控制点是车刀刀尖圆弧中心，如图 3－3－2 所示。

车刀刀尖控制点

图 3－3－2　刀具运动控制点

2. 直线插补指令 G01

编程格式：

G01　X__　Z__　F__;

如图 3－3－3 所示，利用 G00、G01 编写程序片段。

（1）绝对坐标编程

…

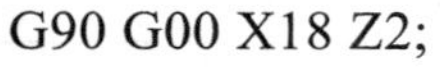

G90 G00 X18 Z2;　　*A—B*

G01 X18 Z－15 F50;　　*B—C*

G01 X30 Z－26;　　*C—D*

G01 X30 Z－36;　　*D—E*

G01 X42 Z－36;　　*E—F*

…

（2）增量坐标编程

…

G90 G00 X80 Z60;

G91 X－62 Z－58;　　*A—B*

G01 Z－17 F50;　　*B—C*

G01 X12 Z－11;　　*C—D*

G01 Z－10;　　*D—E*

G01 X12;　　*E—F*

…

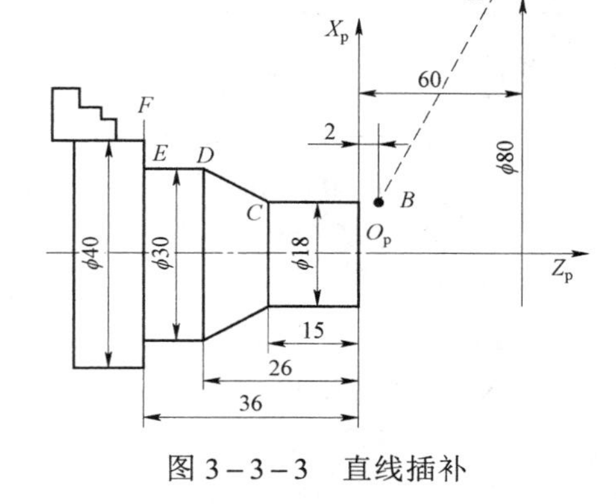

图 3－3－3　直线插补

［例 **3－3－1**］简单直线轨迹编程

图 3－3－4（a）所示支撑钉零件，是由圆柱面和圆锥面组成的简单回转体零件，而且零件的形状较简单。除圆锥面尺寸和精度要求较高，需要进行粗车和精车分开加工外，其余部分的尺寸和表面精度要求都不高。

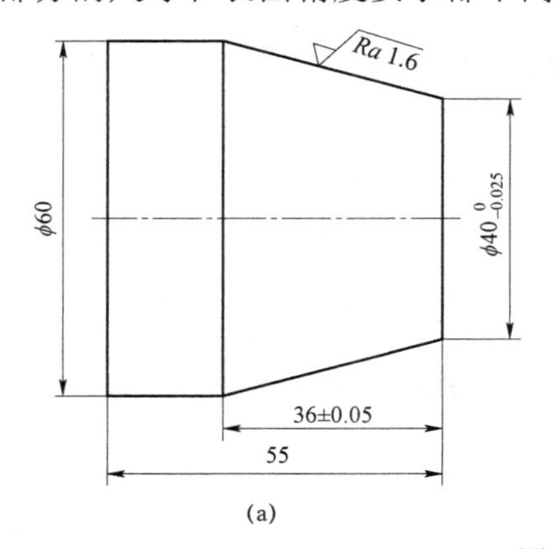

(a)

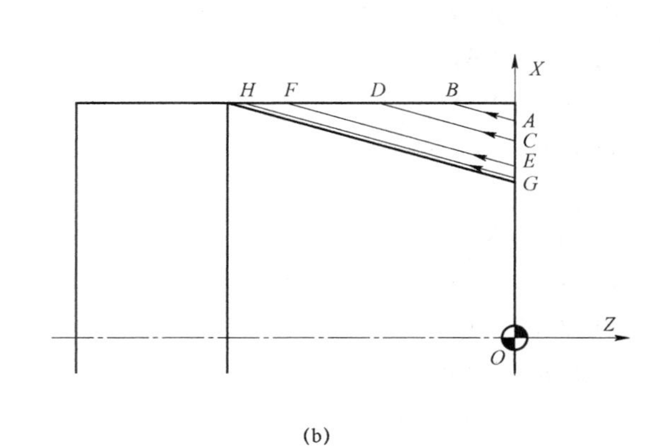

(b)

图 3－3－4　支撑钉零件

① 工步内容及切削用量见表 3－3－1。

表 3－3－1 工步内容及切削用量

工步号	工步内容	刀具号	切削用量		
			主轴转速/（r·min^{-1}）	进给速度（mm·r^{-1}）	背吃刀量/mm
1	车端面	T01：45°端面车刀	500	0.1	—
2	粗车外圆	T02：95°外圆车刀	600	0.2	2.5
3	精车外圆	T03：93°外圆车刀	1 000	0.06	0.5
4	切断	T04：5 mm 刀宽	400	0.1	—

② 尺寸计算。原点设在工件右端面和轴心线交点上，外圆锥车削走刀路线如图 3－3－4（b）所示，*A*→*B*、*C*→*D*、*E*→*F*、*G*→*H* 为粗车圆锥轨迹。根据走刀路线确定粗车圆锥各点坐标：*A*（55，0），*B*（60，－9），*C*（50，0），*D*（60，－18），*E*（45，0），*F*（60，－27），*G*（41，0），*H*（60，－34.2）。

③ 加工程序。

```
ZCD.MPF;                     程序名
N02 M03 S500;                主轴正转，转速 500 r·min^-1
N03 T01 D01;                 换端面车刀
N04 G00 X65.0 Z0;            车端面
N05 G01 X－1 F0.1;
N06 G00 X100 Z100;
N07 T01 D00;
N08 T02 D02;                 换 95°粗车外圆车刀
N09 M03 S600;                主轴正转，转速 600 r·min^-1
N10 G00 X60 Z1;              车削毛坯到φ60
N11 G01 Z－63 F0.2;
N12 G00 X61 Z0;              第一次进刀粗车外圆锥
N13 G00 X55;
N14 G01 X60 Z－9;
N15 G00 Z0;                  第二次进刀粗车外圆锥
N16 G00 X50;
N17 G01 X60 Z－18;
N18 G00 Z0;                  第三次进刀粗车外圆锥
N19 G00 X45;
N20 G01 X60 Z－27;
N21 G00 Z0;                  第四次进刀粗车外圆锥
```

```
N22 G00 X41;
N23 G01 X60 Z-34.2;
N24 G00 X100 Z100;              退刀，并换 93° 精车外圆车刀
N25 T02 D00;
N26 T03 D03;
N27 M03 S1000;                  主轴正转，转速 1 000 r·min⁻¹
N28 G00 X40 Z1;                 精车外圆锥
N29 G01 Z0 F0.06;
N30 G01 X60 Z-36;
N31 G00 X100 Z100;              退刀，并换切断车刀
N32 T03 D00;
N33 T04 D04;
N34 M03 S400;                   主轴正转，转速 400 r·min⁻¹
N35 G00 X63 Z-60;               切断并安全退刀
N36 G01 X-1 F0.1;
N37 G00 X100;
N38 Z100;
N39 M30;                        程序结束
```

说明：以 F 指令给定速度进行切削加工，在无新的 F 指令替代前一直有效。

3-4 圆弧插补指令

1. 车床刀架的布局

操作者与刀架在同一侧的布局为前置刀架，不在同一侧的为后置刀架，如图 3-4-1 所示，圆的插补方向均按后置刀架来判断，前置刀架判断结果相反。

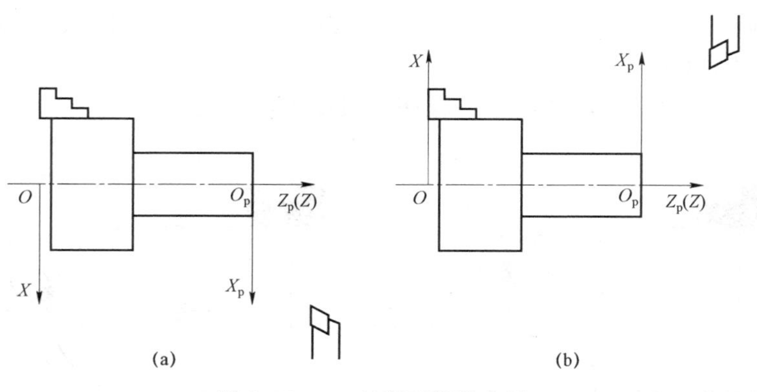

图 3-4-1 车床刀架的布局

（a）前置刀架；（b）后置刀架

2. 顺圆、逆圆判别

按后置刀架，沿着刀具前进方向看，顺时针方向为 G02，逆时针方向为 G03，如图 3－4－2 所示。

图 3－4－2　顺逆方向的判别

（a）顺时针方向；（b）逆时针方向

3. 圆心坐标地址符 *I*、*K* 的几何意义

如图 3－4－3 所示，圆心坐标 *I*、*K* 是起点至圆心的矢量在 *X* 轴和 *Z* 轴上的分矢量，方向一致取正，相反取负。

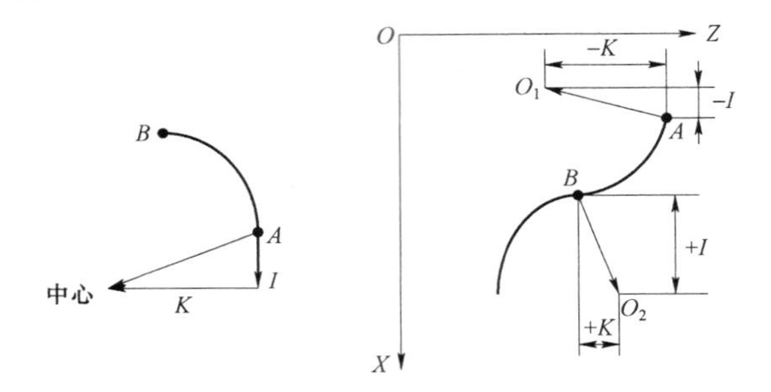

图 3－4－3　地址符 *I*、*K* 的几何意义

圆弧编程格式：

G18 G02/G03　X__ Z__ I__ K__ F__;　　*X*、*Z* 是圆弧终点坐标值

G18 G02/G03　X__ Z__ CR＝__ F__;　　*CR* 是圆弧半径

G18 G02/03　AP＝__RP＝__F__;　　极坐标编程

其中，*I*＝圆心 *X* 坐标－圆弧起点 *X* 坐标，*K*＝圆心 *Z* 坐标－圆弧起点 *Z* 坐标。

4. 圆弧编程示例

圆弧编程示例如图 3－4－4 所示，程序片段如下。

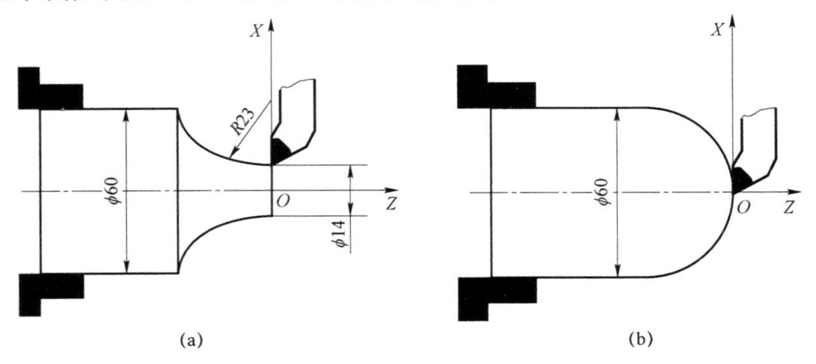

图 3－4－4　圆弧编程示例

（1）绝对坐标编程

半径法：G02 X60 Z－23 CR＝23 F30;

圆心法：G02 X60 Z－23 I23 K0 F30;

（2）相对坐标编程

半径法：G02 G91 X46 Z－23 CR＝23 F30;

圆心法：G02 G91 X46 Z－23 I23 K0 F30;

（3）绝对坐标编程

半径法：G03 X60 Z－30 CR＝30 F30;

圆心法：G03 X60 Z－30 I0 K－30 F30;

（4）相对坐标编程

半径法：G03 G91 X60 Z－30 CR＝30 F30;

圆心法：G03 G91 X60 Z－30 I0 K－30 F30;

5. 三点圆弧编程

已知圆弧上三个点的坐标，则用 G05 指令编程，如图 3－4－5 所示。

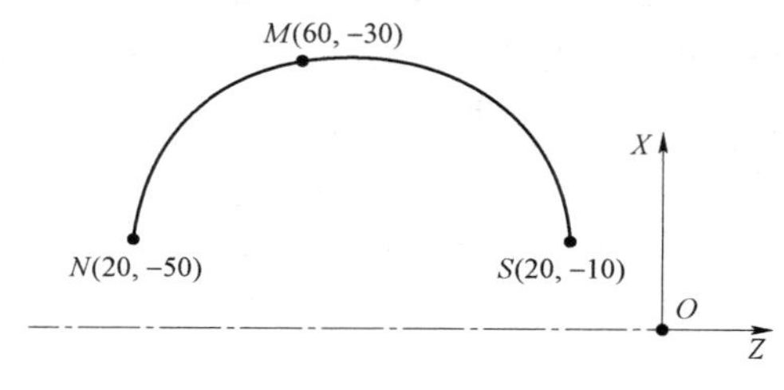

图 3－4－5　圆弧编程示例

编程格式：

G05　Z__　X__　KZ＝__　IX＝__；

其中，Z__ X__ ——圆弧终点坐标；KZ＝__ IX＝__ ——圆弧中间点坐标。

程序片段如下：

SANDIAN.MPF；三点圆弧编程

…

N05 G00 X100 Z50;

N10 T01 D01;　　刀具号 01，刀具补偿号 01

N15 S500 M03 F110;

N20 G01 X20 Z－10;　走到圆弧起点

N25 G05 Z－50 X20 KZ＝－30 IX＝60;　已知三点编写圆弧程序

…

［例 3－4－1］ 简单圆弧轨迹编程

如图 3－3－6 所示零件，编写加工程序。

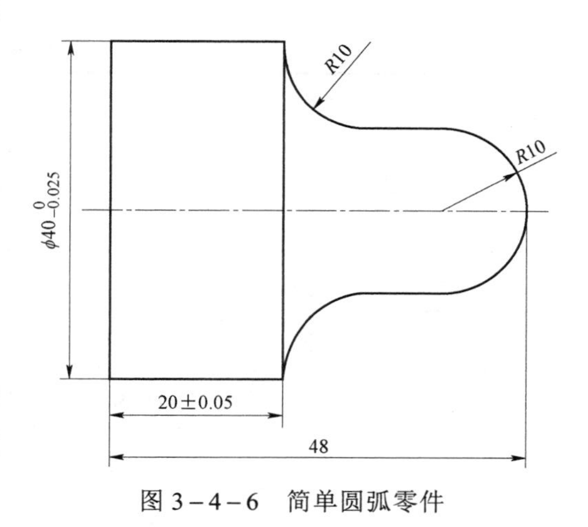

图 3－4－6　简单圆弧零件

（1）零件分析

该零件加工包含车端面，粗、精车外圆，切断四个工步，从右至左粗加工各表面，留精加工余量 0.5 mm，根据零件要求，所有面需要精车。工步内容及切削用量见表 3－4－1。

表 3-4-1 工步内容及切削用量

工步号	工步内容	刀具号	主轴转速/（r·min^{-1}）	进给速度/（mm·r^{-1}）	背吃刀量/mm
1	平端面	T01	500	0.1	—
2	粗车外圆	T01	600	0.2	2.5
3	精车外圆	T02	1 000	0.06	0.5
4	切断	T03	400	0.1	—

（2）走刀路线及坐标计算

加工该零件时设定工件原点在工件左端面和轴心线交点，背吃刀量 a_p 为 2.5 mm，精车单边余量为 0.5 mm，设计车外圆锥走刀路线如图 3-3-7 所示。根据走刀路线，确定出粗车圆锥各点坐标，见表 3-4-2。

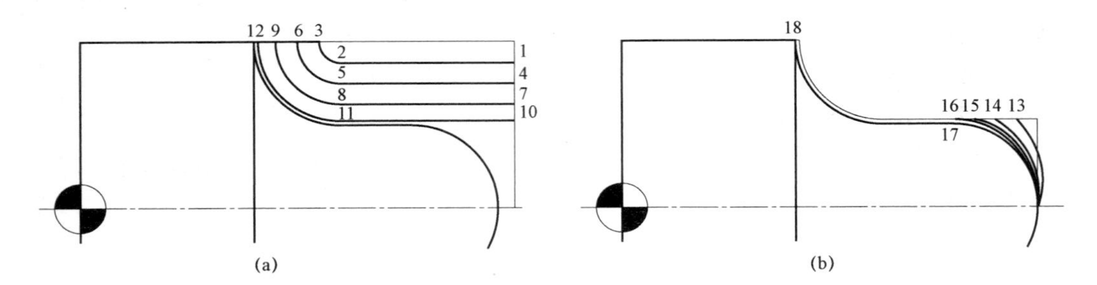

图 3-4-7 车外圆走刀路线

（a）凹圆弧加工及粗加工；（b）凸圆弧加工及精加工

表 3-4-2 基点坐标值

基点	绝对坐标（X，Z）	基点	绝对坐标（X，Z）
P_1	（35，52）	P_{10}	（21，52）
P_2	（35，30）	P_{11}	（21，30）
P_3	（40，27.5）	P_{12}	（40，20.5）
P_4	（30，52）	P_{13}	（21，45.5）
P_5	（30，30）	P_{14}	（21，43）
P_6	（40，25）	P_{15}	（21，40.5）
P_7	（25，52）	P_{16}	（21，38.5）
P_8	（25，30）	P_{17}	（20，38）
P_9	（40，22.5）	P_{18}	（40，20）

（3）编制程序

```
MJZ.MPF;                     程序名
G54 G00 X100 Z150;           快速移动至 G54 坐标下（X100，Z100）
T01   D01;                   调用 1 号端面车刀，刀补使用 1 号
S600 M13;                    主轴正转，切削液开，转速 600 r/min
G00 X41 Z50;                 平端面
G01 X–1 F0.4;
G00 X41 Z52;
G01 Z–4;                     直线插补至 Z–4
G00 X42;                     快速移动至 X42
Z52;                         快速移动至 Z52
X35;                         快速移动至 X35
G01 Z30;                     直线插补至 Z30
G02 X40 Z27.5 CR=2.5;        顺圆弧插补至（X40，Z27.5），圆弧半径 2.5 mm
G01 X42;                     快速移动至 X42
G00 Z52;                     快速移动至 Z52
X30;                         快速移动至 X30
G01 Z30;                     直线插补至 Z30
G02 X40 Z25 CR=5;            顺圆弧插补至（X40，Z25），圆弧半径 5 mm
G01 X42;                     快速移动至 X42
G00 Z52;                     快速移动至 Z52
X25;                         快速移动至 X25
G01 Z30;                     直线插补至 Z30
G02 X40 Z22.5 CR=7.5;        顺圆弧插补至（X40，Z22.5），圆弧半径 7.5 mm
G01 X42;                     快速移动至 X42
G00 Z52;                     快速移动至 Z52
X21;                         快速移动至 X21
G01 Z30;                     直线插补至 Z30
G02 X40 Z20.5 CR=9.5;        顺圆弧插补至（X40，Z20.5），圆弧半径 9.5 mm
G01 X42;                     快速移动至 X42
G00 Z52;                     快速移动至 Z52
X0;                          快速移动至 X0
G01 Z50;                     直线插补至 Z50
G03 X21 Z45.5 CR=10;         逆圆弧插补至（X21，Z45.5），圆弧半径 10 mm
G00 Z52;                     快速移动至 Z52
X0;                          快速移动至 X0
G01 Z50;                     直线插补至 Z50
G03 X21 Z43 CR=10;           逆圆弧插补至（X21，Z43），圆弧半径 10 mm
G00 Z52;                     快速移动至 Z52
```

X0;	快速移动至 *X*0
G01 Z50;	直线插补至 *Z*50
G03 X21 Z40.5 CR = 10;	逆圆弧插补至（*X*21，*Z*40.5），圆弧半径 10 mm
G00 Z52;	快速移动至 *Z*52
X0;	快速移动至 *X*0
G01 Z50;	直线插补至 *Z*50
G03 X21 Z38.5 CR = 10;	逆圆弧插补至（*X*21，*Z*38.5），圆弧半径 10 mm
G00 X100 Z150 T01 D00;	快速退刀并取消刀补
T02 D02;	调用 2 号刀
M03 S800;	主轴正转，转速 800 r/min
G00 X0 Z52;	快速移动至（*X*0，*Z*52）
G01 Z50 F0.15;	直线插补至 *Z*50，进给速度 0.15 mm • r^{-1}
G03 X20 Z38 CR = 10;	逆圆弧插补至（*X*20，*Z*38），圆弧半径 10 mm
G01 Z30;	直线插补至 *Z*30
G02 X40 Z20 CR = 10;	顺圆弧插补至（*X*40，*Z*20），圆弧半径 10 mm
G01 Z – 4;	直线插补至 *Z* – 4
X42;	直线插补至 *X*42
G00 X100 Z150 T02 D00;	快速退刀并取消刀补
T03 D03;	调用 3 号切断车刀
M03 S500;	主轴正转，转速 500 r/min
G00 X4 2Z – 4;	切断
G01 X – 1 F0.1;	
G00 X42;	
X100 Z150 T03 D00;	快速退刀并取消刀补
G74 X0 Z0;	返回 *X*、*Z* 参考零点
M30;	接续结束

3 – 5 CHF = /RND = 倒角/倒圆指令

机器零件常出现倒角或倒圆，用 CHF、RND 指令可实现倒角、倒圆，如图 3 – 5 – 1 所示。

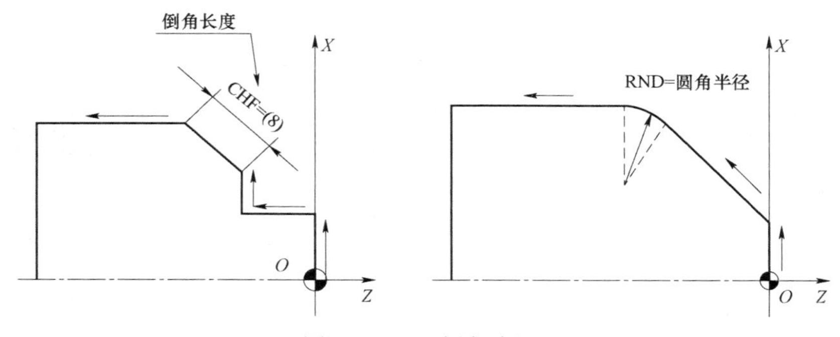

图 3 – 5 – 1 倒角/倒圆

1. 编程格式

CHF = __；　　插入倒角，数值表示倒角轮廓边长

RND = __；　　插入倒圆，数值表示倒圆半径

2. 编程示例

如图 3－5－2 所示的零件，编写加工程序，应用指令进行倒角或倒圆。

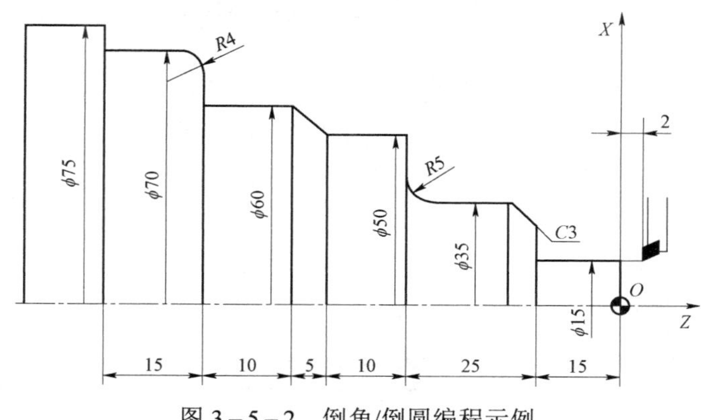

图 3－5－2　倒角/倒圆编程示例

程序片段如下：

QAZ123.MPF;	
N10 G90 G54 G23 G95;	初始化，说明工作状态
N15 T02 D02;	选择 02 号刀，刀补为 D02
N20 G00 X30 Z50;	刀具到安全位置
N25 G96 S80 LIMS = 2 000 F0.1;	恒线速度 80 m • min^{-1}，最高限速 2 000
N30 G00 X15 Z2 S800 M03;	刀具接近工件，开始切削
N35 G01 Z－15;	加工 ϕ15 的外圆
N40 X35 CHF = 4.242;	车 ϕ35 的外圆端面倒角 *C*3
N45 Z－35;	加工 ϕ35 的外圆
N50 X45 RND = 5;	车 ϕ35 的外圆端面，并倒圆 *R*5
N55 X50;	车 ϕ50 的外圆右端面
N56 Z－50;	车 ϕ50 的外圆
N60 X60 CHF = 5/SIN(45);	倒 5 × 45° 角
N70 Z－65;	车 ϕ60 的外圆
N75 X70 RND = 4;	车 ϕ70 的外圆端面 1 mm 高的台阶，并倒圆 *R*4
N80 Z－80;	车 ϕ70 的外圆到 *Z*－80
N85 X75;	半径方向退刀到 ϕ75
N90 G97 S800;	取消恒线速度，转速 800r • min^{-1}
N95 G00 X120 Z50;	刀具快速退回到安全位置
N100 M30;	程序结束

3－6　G33 恒螺距螺纹切削

SINUMERIK 系统的 G33 功能在主轴上配有角度位移测量系统的前提下，可以加工各种类型的恒螺距螺纹，如圆柱螺纹、端面螺纹、圆锥螺纹等。

1. 编程格式

G33 Z__ K__;　　　　车削圆柱螺纹

G33 Z__ X__ I__;　　车削圆锥螺纹，*X* 轴尺寸变化较大

G33 Z__ X__ K__;　　车削圆锥螺纹，*Z* 轴尺寸变化较大

G33 X__ I__;　　　　车削端面螺纹

式中，X__ Z__表示螺纹终点的坐标；I__ K__表示螺距。

普通螺纹切削深度及走刀次数见表 3－6－1。

表 3－6－1　螺纹车削进刀次数和每层切深　　mm

螺距	牙深（半径）	切削深度（直径值）								
		1 次	2 次	3 次	4 次	5 次	6 次	7 次	8 次	9 次
1.0	0.649	0.7	0.4	0.2						
1.5	0.974	0.8	0.6	0.4	0.16					
2.0	1.299	0.9	0.6	0.6	0.4	0.1				
2.5	1.624	1.0	0.7	0.6	0.4	0.4	0.15			
3.0	1.949	1.2	0.7	0.6	0.4	0.4	0.4	0.2		
3.5	2.273	1.5	0.7	0.6	0.6	0.4	0.4	0.2	0.15	
4.0	2.598	1.5	0.8	0.6	0.6	0.4	0.4	0.4	0.3	0.2

注释：

① 螺纹长度中要考虑足够的导入量和退出量。

② 在具有两个坐标轴尺寸的圆锥螺纹加工中，螺距地址 I 或 K 下必须设置为较大位移方向（较大螺纹长度）的螺距尺寸，另一个较小的螺距尺寸不用给出。

③ 起始点偏移角度 SF 指令：在加工螺纹中，切削位置偏移以后以及在加工多头螺纹时均要求起始点偏移一位置。G33 螺纹加工中，在起始点偏移角度 SF 指令下编程起始点偏移量（绝对位置）。如果没有编程起始点偏移量，则默认设定数据中的值。

④ 如果多个螺纹段连续编程，则起始点偏移只在第一个螺纹段中有效，也只有在这里才适用 SF 参数。

⑤ 在 G33 螺纹切削中，进给速度由主轴转速和螺距的大小确定。

⑥ 在螺纹加工期间，主轴修调开关必须保持不变。

⑦ 在螺纹加工期间，进给修调开关无效。

［**例 3－6－1**］螺栓螺纹加工

如图 3－6－1 所示螺栓零件，单件加工（总长、六方以及底径在前道工序中已完成）。要求确定螺纹车削起点、终点以及牙深计算方法，并用 G33、SF＝指令格式编程。

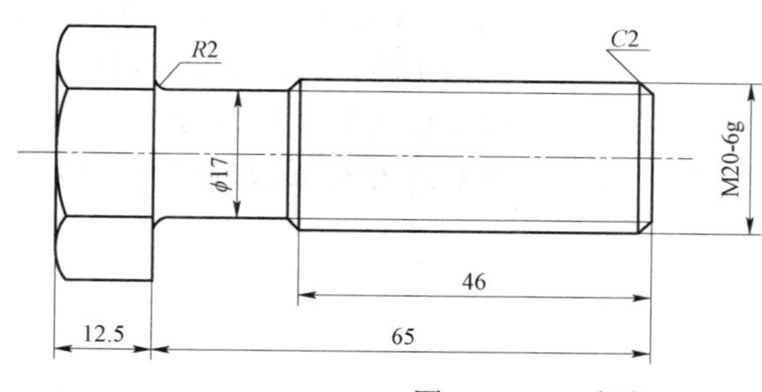

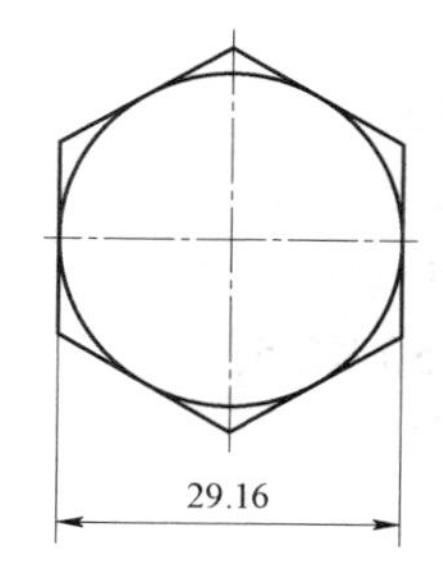

图 3－6－1　螺栓

工艺分析与具体过程

本例仅需螺纹车削，为保证螺纹加工精度，采用直进、等面积进刀法。工、量、刀具清单见表 3－6－2，进刀次数和每层切深见表 3－6－1。

走刀路线如图 3－6－2 所示，采用等面积分层车削及 6 次分层车削。编程坐标见表 3－6－3。

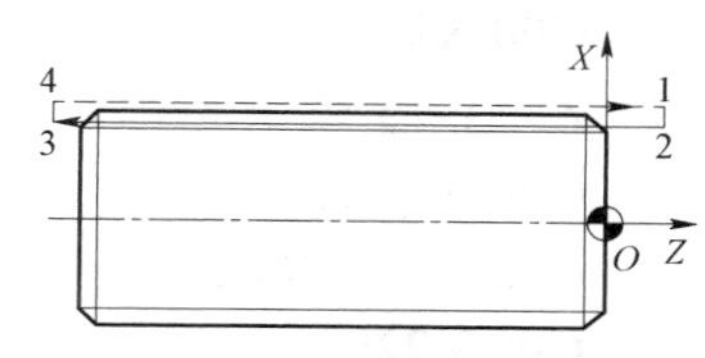

图 3－6－2　螺纹车削走刀路线

表 3－6－2　工、量、刀具清单

名称	规格	精度	数量
螺纹车刀	刀尖角 60°	—	1
游标卡尺	0～100 mm	0.02 mm	1
数显千分尺	25～50 mm	0.001 mm	1
其他	常用数控车床辅具	—	若干

表 3－6－3　基点坐标值

基点	绝对坐标（*X*，*Z*）	基点	绝对坐标（*X*，*Z*）
P_1	（22，5）	P_3	（19，－50）
P_2	（19，5）		（18.3，－50）
	（18.3，5）		（17.7，－50）
	（17.7，5）		（17.3，－50）
	（17.3，5）		（16.9，－50）
	（16.9，5）		（16.75，－50）
	（16.75，5）	P_4	（21.38，－50）

参考程序：

```
CHELUOWEN.MPF;                程序名：车螺纹
G54 G00 X100 Z100;            快速移动至G54坐标下（X100，Z100）
T03 D01;                      调用03号螺纹车刀，刀补使用01号
S800 M03;                     主轴正转，转速800 r/min
G00 X22 Z5;                   快速移动至（X22，Z5）
G00 X19;                      用G33车外螺纹底径至X19
G33 Z-50 K2.5;
G00 X22;
Z5;
G00 X18.3;                    用G33车外螺纹底径至X18.3
G33 Z-50 K2.5;
G00 X22;
Z5;
G00 X17.7;                    用G33车外螺纹底径至X17.7
G33 Z-50 K2.5;
G00 X22;
Z5;
G00 X17.3;                    用G33车外螺纹底径至X17.3
G33 Z-50 K2.5;
G00 X22;
Z5;
G00 X16.9;                    用G33车外螺纹底径至X16.9
G33 Z-50 K2.5;
G00 X22;
Z5;
G00 X16.75;                   用G33车外螺纹底径至X16.75
G33 Z-50 K2.5;
G00 X22;
Z5;
G00 X100 Z100 T03 D00;        快速退刀，取消刀补
M30;
```

2. 普通螺纹切削深度及走刀次数

螺纹加工中各参数如图3-6-3所示，走刀次数和进刀量可参照表3-6-1。

［**例3-6-2**］单头直螺纹加工

车削如图3-6-4所示的圆柱螺纹，螺纹长度（包括导入空刀量7 mm和退出空刀量3 mm，M40×2）60 mm，螺距2 mm。右旋螺纹，圆柱表面已经加工完成。

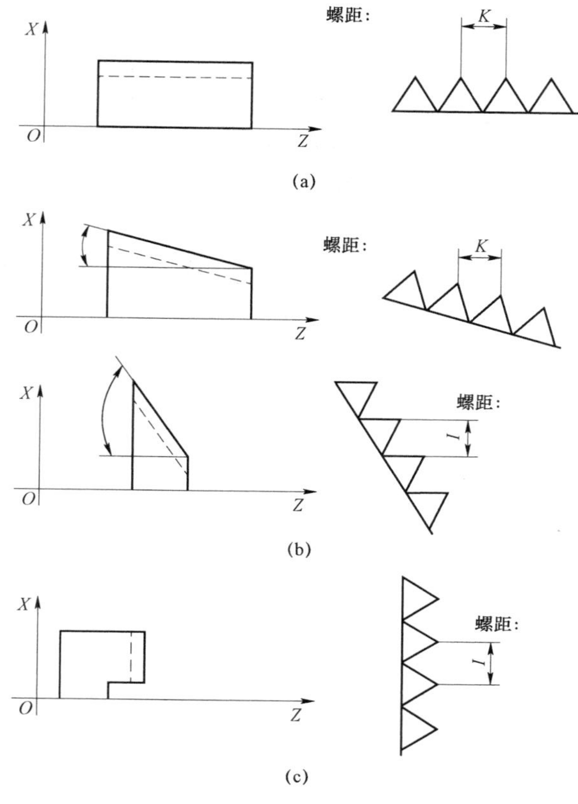

图 3－6－3 螺纹编程

（a）圆柱螺纹；（b）圆锥螺纹；（c）端面螺纹

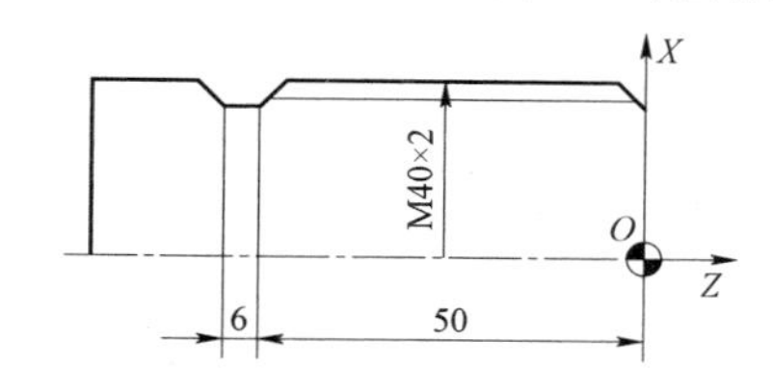

图 3－6－4 车削恒螺距螺纹

（1）螺纹参数计算

牙深＝0.649 5P＝0.649 5×2＝1.299（mm）（半径），0.9＋0.6＋0.6＋0.4＋0.1＝2.6（mm）（直径）

（2）直螺纹加工程序

```
ZHILUOWEN.MPF;              程序名：直螺纹加工
N05 G54 G90 S500 M03;
N10 G00 X100 Z50;
N15 T01 D01;
N20 G00 X50 Z7;             开始加工的位置
N25 X39.1;                  第一次循环，第一次切削螺纹深度
N30 G33 Z－53 K2;           开始第一次切削螺纹
```

```
N35 G00 X50;            直径退刀X=50
N40 Z7;                 Z退刀到开始加工的位置
N45 X38.5;              第二次循环，第二次切削螺纹深度
N50 G33 Z-53 K2;        开始第二次切削螺纹
N55 G00 X50;            直径退刀X=50
N60 Z7;                 退刀到开始加工的位置
N65 X37.9;              第三次循环，第三次切削螺纹深度
N70 G33 Z-53 K2;
N75 G00 X50;
N80 Z7;
N85 X37.5;
N90 G33 Z-53 K2;
N95 G00 X50;
N100 Z7;
N105 X37.4;
N110 G33 Z-53 K2;
N115 G00 X50;
N120 G00 X100 Z50;
N125 M30;
```

[例 3-6-3] 双线直螺纹加工

如图 3-6-5 所示，车削双线螺纹 M24×Ph3P1.5（螺距 $P=1.5$ mm），编写加工程序。

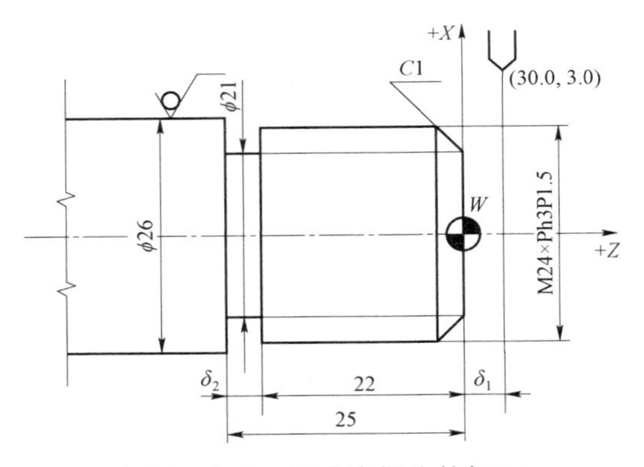

图 3-6-5　双线直螺纹的加工

（1）工艺分析

加工多线螺纹的关键在于起始点偏移量的设置，除第一线螺纹外，后续螺纹的起始点偏移量是以第一线螺纹的位置为基准进行设置的。本例为双线螺纹，第二线螺纹的起始点偏移量为 180°，通过 SF 指令设定。

（2）相关计算

① 空刀导入量$\delta_1=3$ mm，空刀导出量$\delta_2=2$ mm。

② 计算螺纹小径：$d_1 = d - 2 \times 0.62P = (24 - 2 \times 0.62 \times 1.5) = 22.14$（mm）

③ 确定背吃刀量分布：1 mm、0.5 mm、0.36 mm。

（3）加工程序

SHUANTOULW.MPF;	双头直螺纹的加工
N05 G54 G90 S500 M03;	程序初始化
N10 G00 X100 Z50;	
N15 T01 D01;	调用 01 号螺纹车刀，刀补使用 01 号
N20 S300 M03;	主轴正转，转速 300 $r \cdot min^{-1}$
N25 G00 X23 Z3;	快速进刀至螺纹起点
N30 G33 Z－24 K3 SF＝0;	切削第一条螺纹，SF 定位在 0°，背吃刀量 1 mm
N35 G00 X30;	X 轴向快速退刀
N40 G00 Z3;	Z 轴快速返回螺纹起点处
N45 G00 X22.5;	X 轴快速进刀至螺纹起点处
N50 G33 Z－24 K3 SF＝0;	切削第一条螺纹，背吃刀量 0.5 mm
N55 G00 X30;	X 轴向快速退刀
N60 G00 Z3;	Z 轴快速返回螺纹起点处
N65 G00 X22.14;	X 轴快速进刀至螺纹起点处
N70 G33 Z－24 K3 SF＝0;	切削第一条螺纹，背吃刀量 0.36 mm
N75 G00 X30;	X 轴向快速退刀
N80 G00 Z3;	Z 轴快速返回螺纹起点处
N85 G00 X23;	X 轴快速进刀至螺纹起点处
N90 G33 Z－24 K3 SF＝180;	切削第二条螺纹，SF 定位在 180°，背吃刀量 1 mm
N95 G00 X30;	X 轴向快速退刀
N100 G00 Z3;	Z 轴快速返回螺纹起点处
N105 G00 X22.5;	X 轴快速进刀至螺纹起点处
N110 G33 Z－24 K3 SF＝180;	切削第二条螺纹，背吃刀量 0.5 mm
N115 G00 X30;	X 轴向快速退刀
N120 G00 Z3;	Z 轴快速返回螺纹起点处
N125 G00 X22.14;	X 轴快速进刀至螺纹起点处
N130 G33 Z－24 K3 SF＝180;	切削第二条螺纹，背吃刀量 0.36 mm
N135 G00 X100;	退回换刀点
N140 G00 Z90 M30;	程序结束

3－7 数控车床中的补偿

1. 刀具半径补偿的目的

数控车床按刀尖对刀，但车刀的刀尖总有一段小圆弧，因此对刀时刀尖的位置是假想刀尖 P，如图 3－7－1 所示。

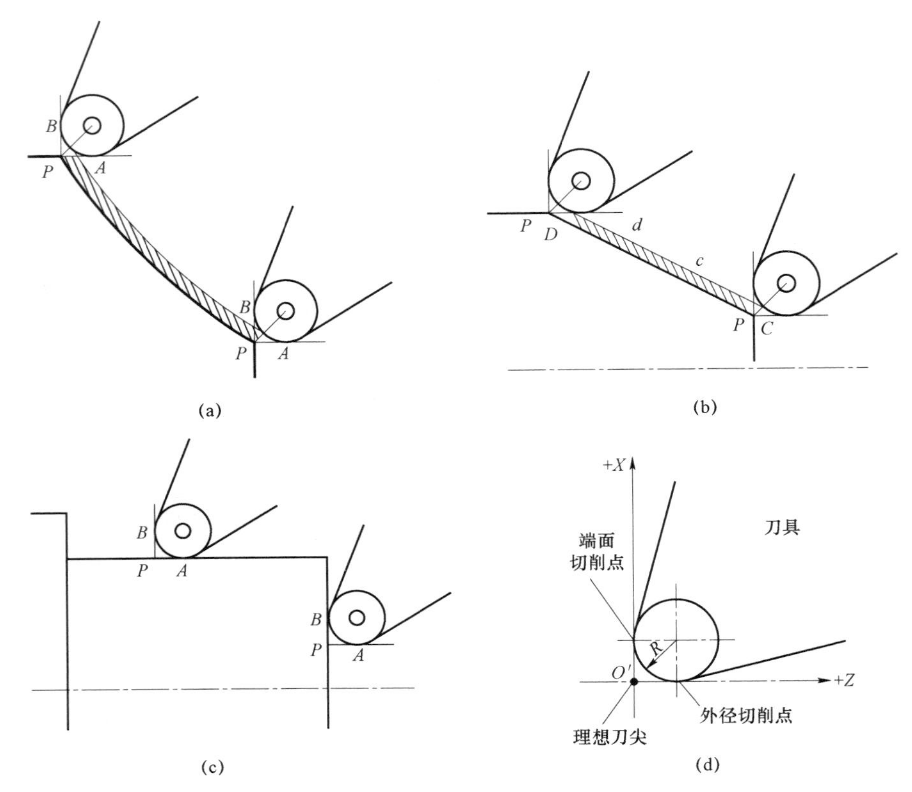

图 3－7－1　刀具半径补偿

若用假想刀尖点编程加工斜面，则在加工中会出现部分的残留，图 3－7－1（a）所示是加工圆弧时的残留情况；图 3－7－1（b）所示是加工圆锥面时的残留情况；图 3－7－1（c）所示是加工端面或外圆时的情况。同样，用假想刀尖点编程加工圆弧时，在加工中也会出现部分残留，这样会引起加工表面的形状误差。在实际生产中，若工件加工精度要求不高或留有精加工余量时，可忽略此误差，否则应考虑刀尖圆弧半径对工件形状的影响，采用刀具半径补偿，图 3－7－1（d）为车刀刀尖情况。

采用刀具半径补偿功能后可按工件的轮廓线编程，数控系统会自动计算出刀心轨迹并按刀心轨迹运动，从而消除了刀尖圆弧半径对工件形状的影响。半径补偿功能为程序编制提供了方便，有无半径补偿两种情况的对比，如图 3－7－2 所示。

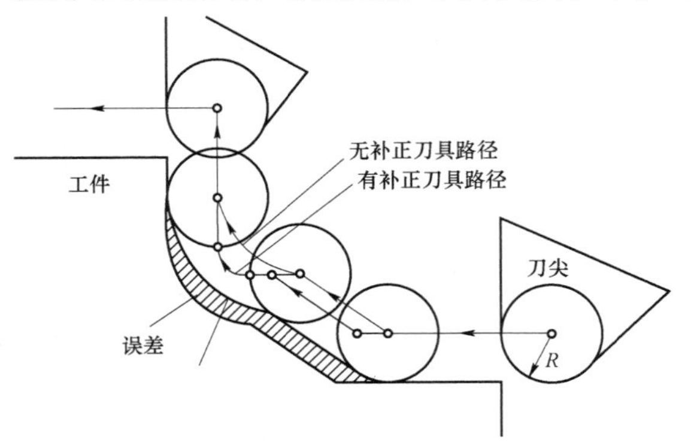

图 3－7－2　有无半径补偿两种情况对比

编程时，不需计算刀具中心运动轨迹，只需按零件轮廓编程。刀具半径补偿值在控制面板上人工输入，数控系统便能自动地计算出刀具中心的偏移量，进而得到偏移后的刀具中心轨迹，并使系统按刀具中心轨迹控制刀具运动。

2. 刀具半径补偿指令

G41——左偏刀具半径补偿，假设工件

不动，沿刀具前进方向看，刀具位于工件的左侧；G42——右偏刀具半径补偿，沿刀具前进方向看，刀具位于工件的右侧，如图 3－7－3 所示。G40——取消半径补偿。

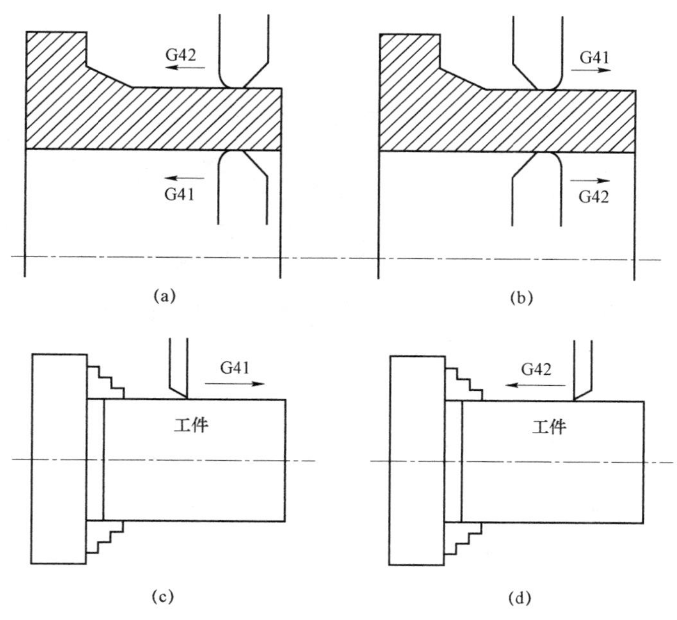

图 3－7－3　半径补偿

程序格式：

$$\begin{Bmatrix}G41\\G42\\G40\end{Bmatrix}\begin{Bmatrix}G01\\G00\end{Bmatrix}X(U)\_\qquad Z(W)\_;$$

其中，X__、Z__表示建立刀具半径补偿直线段的终点坐标值。

G41、G42、G40 指令需在 G01 或 G00 指令状态下，通过直线运动建立或取消刀补。X（U）、Z（W）指令为建立或取消刀补段中刀具移动的终点坐标。刀具半径补偿应当在切削进程启动之前完成，同样地，要在切削进程完成之后取消。G41、G42、G40 指令均为模态指令。

刀具半径补偿功能可实现自动尖角过渡，只要给出零件轮廓的尺寸数据，数控系统就能自动地进行拐角处的刀具中心轨迹交点的计算，如图 3－7－4 所示。因此，刀具半径补偿功能可用于内、外轮廓的加工，而且在程序中可以不考虑尖角过渡。

刀具补偿过程的运动轨迹分为三个组成部分：刀具补偿的建立补偿程序段，零件轮廓切削程序段和补偿撤销程序段。必须同时满足以下三个条件，系统才能建立刀具半径补偿。

① G41 或 G42 被指定，系统即进入 G41 或 G42 状态；

② D00 只取消刀具半径补偿，G40 同时取消刀具半径与长度补偿；

③ 在工作平面内必须有任意一轴的一定的移动量。

当建立起正确的偏移量后，要注意，在补偿状态中不得变换补偿平面，否则将出现系统报警。并且，刀具半径补偿的终点应放在刀具切出工件以后，否则会发生碰撞。

另外，当加工处在偏置状态时，如果一个满足下列任意一条件的程序段被执行，那么系统就进入补偿撤销状态：指定了 G40；指定了 D00 为刀具补偿的偏置号。

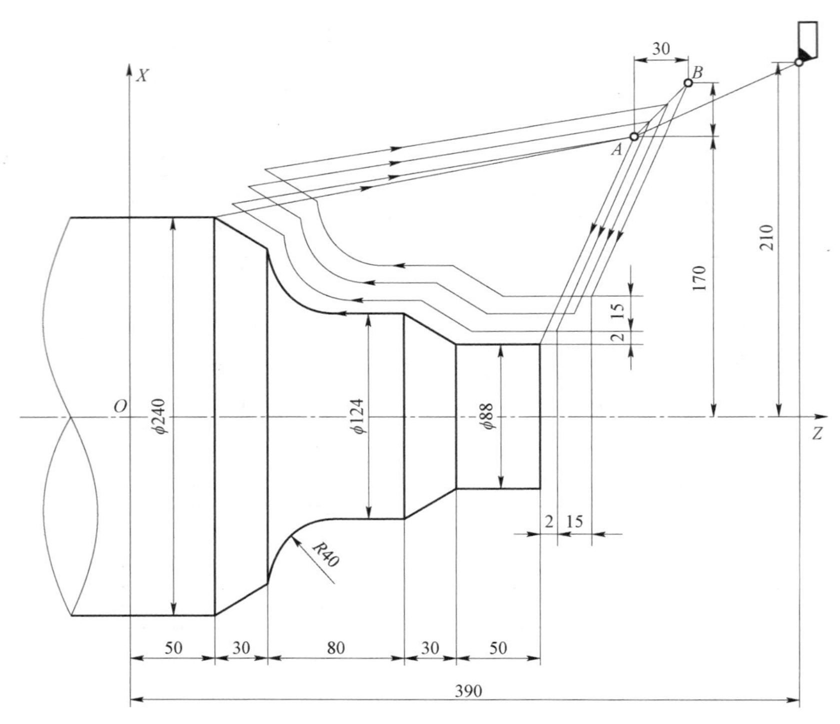

图 3－7－4　半径补偿

在使用刀具半径补偿功能时，还应注意以下几个问题：

① 偏置量的改变。偏置量一般是在补偿撤销状态下通过重新设定偏置量进行改变，但也可以在已偏置状态下改变。

② 偏置量的符号。如果偏置值的符号为负，那么 G41 和 G42 指令将相互取代。

3. 补偿指令的应用

［**例 3－7－1**］半径补偿（一）编程

半径补偿（一）如图 3－7－5 所示。

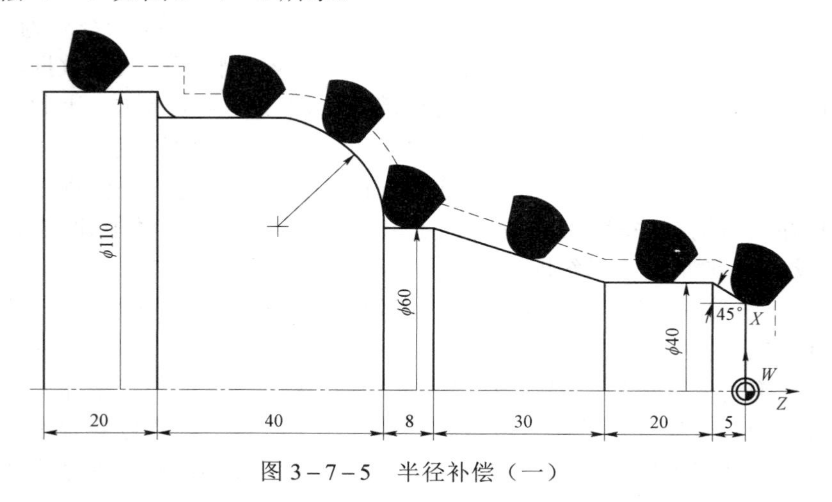

图 3－7－5　半径补偿（一）

程序如下：

```
DAOBU1.MPF;                          刀尖半径补偿实例一
N10 G54 G451 G22 S500 M04;           工艺数据设定（后置刀架）
N20 G96 S120 LIMS = 3 000 F0.15;     恒线速度设定
N30 G00 X0 Z5;                       快速引刀接近工件
N40 G01 G42 Z0;                      切入并建立刀尖半径补偿
N50 X20 CHF = 5*1.414;               倒角
N60 Z-25;
N70 X30 Z-55;
N80 Z-63;
N90 G03 X50 Z-83 CR = 20;
N100 G01 Z-103;
N110 X55;
N120 Z-130;
N130 G00 G40 X100 Z150;              切出并取消刀尖半径补偿
N140 M02;                            程序结束
```

［**例 3-7-2**］半径补偿（二）编程

半径补偿（二）如图 3-7-6 所示。

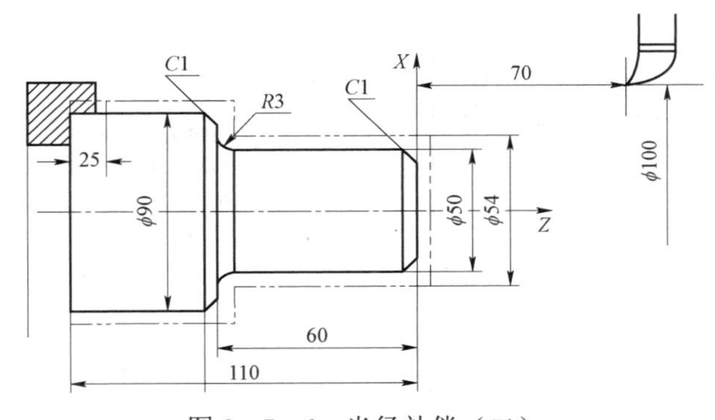

图 3-7-6　半径补偿（二）

程序如下：

```
DAOBU2.MPF;                          刀尖半径补偿实例二
N10 G54 G22 S500 M04;                工艺数据设定（后置刀架）
N20 G00 G42 X0 Z10 F100;             切入并建立刀尖半径补偿
N30 G01 Z0;                          准备切入工件
N40 X48;                             车端面
N50 X50 Z-1;                         倒角
N60 Z-57;                            车φ50 外圆
N70 G02 X56 Z-60 CR = 3;             车 R3 圆角
N80 G01 X88;                         车端面
```

N90 X90 Z−61;	倒角
N100 Z−85;	车ϕ90 外圆
N110 G00 X95 M05;	出刀
N120 G00 G40 X100 Z0;	切出并取消刀尖半径补偿
N130 M30;	程序结束

［**例 3−7−3**］酒杯外形件的加工

酒杯外形件如图 3−7−7（a）所示，是以外轮廓作为回转母线，绕回转轴旋转一周而形成的，其外形轮廓的各点坐标如图 3−7−7（b）所示，外形轮廓上 6 个槽的尺寸如图 3−7−8 所示，槽宽均为 2 mm，毛坯为ϕ 65 mm × 110 mm 的长棒料，材料为 45 钢，编写车削加工程序。

（1）工艺分析

加工该件时，采用一次装夹加工完成，工件外伸长度到 86 mm，选用 35°菱形机装夹车刀，其主偏角为 93°，则其副偏角为 52°，选拔调用酒杯外形轮廓子程序（JIU）加工外轮廓之后，再加工 6 个槽（从右起向左为第 1 个槽），最后直接用切断刀切断。

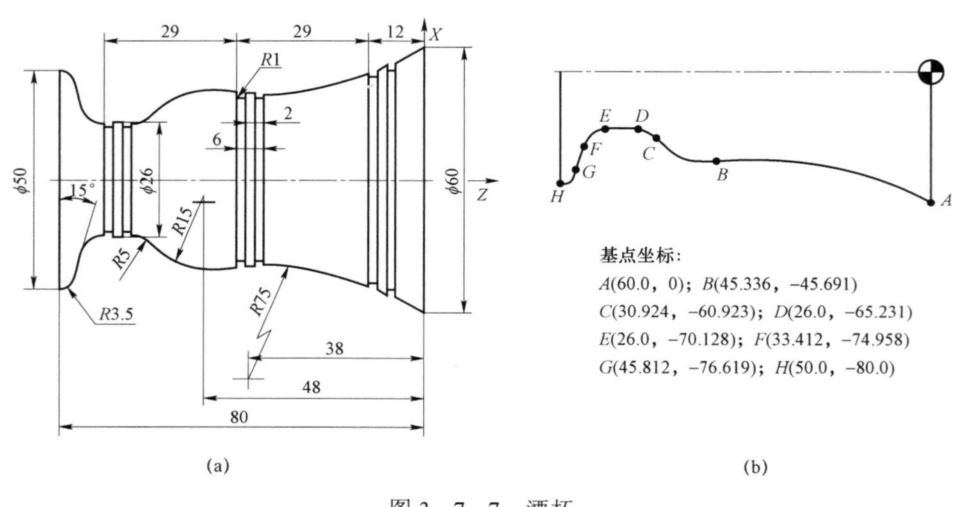

图 3−7−7 酒杯

（2）编制程序

JIUBEIWAI.MPF;	加工酒杯外形右阶梯轴主程序
N05 G90 G95 G40 G71;	
N10 T01 D01;	
N15 M03 S800 F0.1 M08;	
N20 G00 X62 Z2;	调用酒杯外形轮廓子程序 JIU

N25 CYCLE95（“JIU”,1,0, 0.3, ,0.1,0.1,0.05,9, , ,0.5);

［CYCLE95（NPP，MID，FALZ，FZLX，FAL，FF1，FF2，FF3，VARI，DT，DAM，VRT］；N25 中各参数一定要对号入座，有 12 个参数要与 N25 一一对应，FAL、DT、DAM 之处的逗号个数不能少，也不能多！）

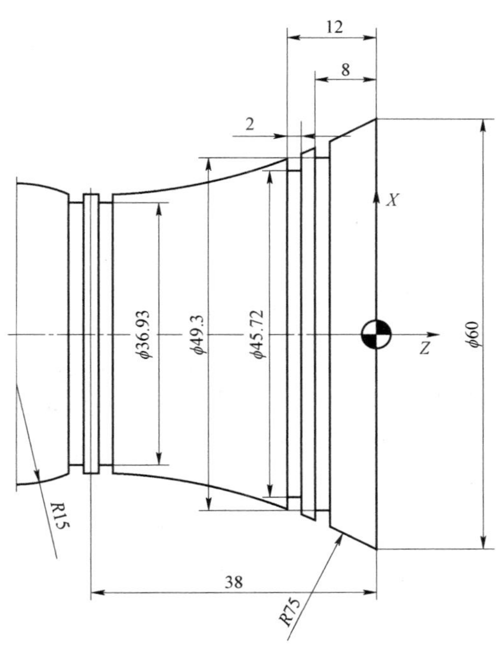

图 3－7－8　酒杯参数

```
N30 T02 D02;              调用圆角 R 为 1 mm、宽 2 mm 的成形刀
N35 G00 X6;
N40 G00 Z8;               走到第 1 个槽的位置
N45 G01 X49.3 F0.06;      切第 1 个槽
N50 G04 X0.5;             暂停 0.5 s
N55 G00 X55;              退刀
N60 G00 Z－12;            走到第 2 个槽的位置
N65 G01 X45.72 F0.06;     切第 2 个槽
N70 G04 X0.5;             暂停 0.5 s
N75 G00 X55;              退刀
N80 G00 Z－37;            走到第 3 个槽的位置
N85 G01 X36.93 F0.06;     切第 3 个槽
N90 G04 X0.5;             暂停 0.5 s
N95 G00 X55;              退刀
N100 G00 Z－41;           走到第 4 个槽的位置
N105 G01 X36.93 F0.06;    切第 4 个槽
N110 G04 X0.5;            暂停 0.5 s
N115 G00 X55;             退刀
N120 G00 Z－66;           走到第 5 个槽的位置
N125 G01 X22 F0.06;       切第 5 个槽
N130 G04 X0.5;            暂停 0.5 s
```

```
N135 G00 X55;                         退刀
N140 G00 Z-70;                        走到第 6 个槽的位置
N145 G01 X22 F0.06;                   切第 6 个槽
N150 G04 X0.5;                        暂停 0.5 s
N155 G00 X65;                         退刀
N160 Z100;
N165 M30;
JIU.SPF;                              外形轮廓子程序
N05 G01 X60 Z0;                       走到工件右端 A 点
N10 G02 X45.336 Z-45.691 CR=75;       加工 R75，走到 B 点
N15 G03 X30.924 Z-60.923 CR=15;       加工 R15，走到 C 点
N20 G02 X26 Z-65.231 CR=5;            加工 R5，走到 D 点
N25 G01 Z-70.128;                     加工直线段，走到 E 点
N30 G02 X33.412 Z-74.958 CR=5;        加工 R5，走到 F 点
N35 G01 X45.812 Z-76.619;             加工直线段，走到 G 点
N40 G03 X50 Z-80 CR=3.5;              加工 R3.5，走到 H 点
N45 G01 Z-86;                         工件延长到 86 mm，毛坯余量足够
N50 X62;                              退刀
N55 RET(M17);                         RET 子程序结束并返回程序调用处，M17 仅
                                      为子程序结束
```

3-8　恒切削速度控制指令

1. 恒切削速度的概念

切削速度也称线速度，是切削用量三要素之一。切削用量三要素是指切削速度、进给量和背吃刀量。

切削速度 v_c 是指在切削加工中，刀刃上选定点相对于工件的主运动速度。线速度是由加工零件材料、刀具材料、切深和表面粗糙度决定的。并有如下关系式：

$$v_c = \frac{\pi d n}{1000}$$

式中　d——完成主运动的刀具或工件的最大直径（mm）；

　　n——主运动的转速（r/min）。

进给量 f 是指工件和刀具在进给运动中的相对位移量。

恒切削速度是指在切削过程中，线速度保持恒定不变。由上式可知，v_c 要保持恒定不变，则 d 与 n 要成反比。数控车床主轴的切削速度的控制通常采用 G96 和 G97 指令来实现。

编程格式：

G96 S__　LIMS=__;　设定恒切削速度，限制最高转速

G97 S__;取消恒切削速度

其中，S__为切削速度，单位 $r\cdot min^{-1}$；LIMS＝__为主轴转速上限，只在 G96 中生效，在 G00 方式下，G96 无效。编程极限值 LIMS＝__后，设定数据中的数值被覆盖，但不允许超出 G26 编程的或机床数据中设定的上限值，用 G97 指令取消“恒线速度”功能。如果 G97 生效，则地址 S 下的数值又恢复为 $r\cdot min^{-1}$。

G97：主轴恒转速控制指令，S 单位为 $r\cdot min^{-1}$，该指令是系统开机默认指令，用于加工光轴一类的零件（直径不变）。

G96：主轴恒线速度控制指令，S 单位为 $m\cdot min^{-1}$。$v_c=3.14dn/1\,000$，用于加工直径发生变化的零件，如阶梯轴。

G96、G97 均为模态指令。

G96 功能生效以后，主轴转速随当前加工工件直径的变化而变化，从而始终保证刀具切削点处编程的切削速度 S 为常数。

2. 恒切削速度的应用

［例 3－8－1］ 求各处的转速

如图 3－8－1 所示零件，为保持 *A*、*B*、*C* 各处的线速度为 150 m/min，试求各处的转速。

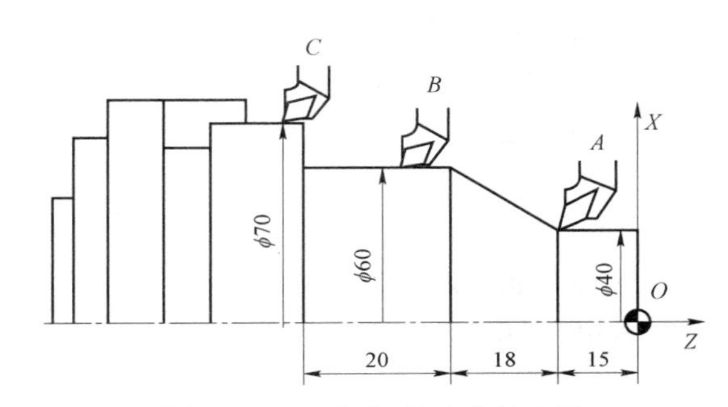

图 3－8－1 恒切削速度的应用

由 G96 S150 及公式 $v_c=\dfrac{\pi dn}{1000}$，得

A 处：$n=1\,000\times150\div(\pi\times40)=1\,193$（$r\cdot min^{-1}$）

B 处：$n=1\,000\times150\div(\pi\times60)=795$（$r\cdot min^{-1}$）

C 处：$n=1\,000\times150\div(\pi\times70)=682$（$r\cdot min^{-1}$）

［例 3－8－2］ 半轴零件编程

零件图见图 3－8－2，材料为 45 钢，毛坯尺寸为 ϕ120 mm × 65 mm，毛坯调质硬度为 200 HB～220 HB，编写车削加工程序，要求考虑恒线速度。

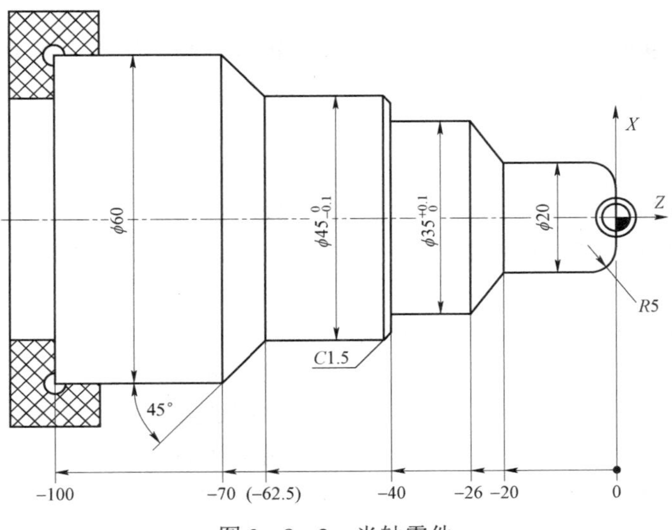

图 3－8－2 半轴零件

（1）工艺分析

该零件为长轴零件，因毛坯直径大于$\phi 50$ mm，不能将毛坯伸入机床主轴孔中，采用一次装夹加工完成，编程用两种方案。

方案一：基本编程。

```
HENXIAN1.MPF;                          恒线速车削实例一
N10 G00 G54 S300 M03 M06 T01;          选择刀具，设定工艺数据
N20 G00 G96 S50 LIMS=3 000 F0.3;       设定粗车恒线速度，最高速度为3 000 r·min-1
N30 G00 X65 Z0.2;                      快速引刀接近工件，准备粗车端面
N40 G01 X-2;                           粗车端面，留余量 0.2 mm
N50 G00 X52 Z1;                        退刀，准备切外圆
N60 G01 Z-65.7;                        粗切外圆第一刀至φ52
N70 X62;                               径向退刀切出
N80 G00   Z1;                          轴向返回
N90 X45.4;                             径向进刀
N100 G01  Z-62.4;                      粗切外圆第二刀至φ45.4
Nl10 X60.5 Z-70;                       45° 锥面余料切削
N120 G00 Z1;                           轴向返回
N130 X35.4;                            径向进刀
N140 G01 Z-39.8;                       粗切外圆第三刀至φ35.4
N150 X46;                              径向退刀切出
N160 G00 Z1;                           轴向返回
N170 X28;                              径向进刀
N180 G01  Z-22.9;                      粗切外圆第四刀至φ28
N190 X36;                              径向退刀切出
N200 G00 Z1;                           轴向返回
N210 X20.4;                            径向进刀
N220 G01  Z-9.9;                       粗切外圆第五刀至φ20.4
N230 X35.5 Z-26;                       锥面余料切削
N240 G00 Z1;                           轴向返回
N250 X10;                              径向进刀
N260 G01  Z0.2;                        轴向进刀
N270 G03 X20.4 Z-5 CR=5.2;             粗切 R5 圆弧至 R5.2
N280 G00 Z1;                           轴向返回
N290 G00 G96 S80 LIMS=3 000 F0.15;     设定精车恒线速度
N300 G00 X-2;                          径向进刀
N310 G01  Z0;                          轴向进刀
N320 X10;                              精车端面
N330 G03 X20 Z-5 CR=5;                 精车 R5
N340 G01  Z-20;                        精车φ20
```

N350 X35.05 Z－26;	精车锥面
N360 Z－40;	精车 $\phi 35$
N370 X44.95 CHF＝1.5*SQRT（2）;	倒角
N380 Z－62.5;	精车 $\phi 45$
N390 X60 Z－70;	精车锥面
N400 G00 X100 Z150 M09;	快速退刀，关切削液
N410 M30;	程序结束

方案二：循环编程，特点：程序简洁。

HENXIAN2.MPF;	恒线速车削实例二
N10 G54 S300 M03 M06 T01;	选择刀具，设定工艺数据
N20 G00 G96 S50 LIMS＝3 000 F0.3;	粗车恒线速度，最高速度为 3 000 $r \cdot min^{-1}$
N30 X65 Z0.2;	快速引刀接近工件，准备粗车端面
N40 G01 X－2;	粗车端面
N50 G00 X65 Z2;	退刀
N60 G96 S80 LIMS＝3 000 F0.15;	设定精车端面恒线速度
N70 G01 Z0;	进刀
N80 X－2;	精车端面
N90 G00 X65 Z20;	退刀
N100 G96 S50 LIMS＝3 000 F0.3;	设定粗车轮廓恒线速度
N110 CNAME＝"LK1";	调用轮廓加工子程序
N120 R105＝1 R106＝0.2 R108＝4 R109＝0; R110＝2 R111＝0.3 R112＝0.15;	循环参数设定
N130 LCYC95;	调用 LCYC95 循环轮廓粗加工
N140 G96 S80 LIMS＝3 000 F0.15;	设定精车轮廓恒线速度
N150 G01 R105＝5;	循环参数调整
N160 LCYC95;	调用 LCYC95 循环轮廓精加工
N170 G00 X100 Z150 M09;	快速退刀，关切削液
N180 M30;	程序结束

LK1.SPF;	轮廓加工子程序
N10 G01 X10 Z0;	轮廓起点
N20 G03 X20 Z－5 CR＝5;	$R5$ 圆弧轮廓
N30 G01 Z－20;	圆柱轮廓
N40 X35.05 Z－26;	圆锥轮廓
N50 Z－40;	$\phi 35$ 圆柱轮廓
N60 X44.95 CHF＝1.5*SQRT（2）;	端面与倒角轮廓
N70 Z－62.5;	$\phi 45$ 圆柱轮廓
N80 X60 Z－70;	圆锥轮廓
N90 M17;	程序结束

3-9 SINUMERIK 802S 的子程序与循环

问题：若有 100 个大小不同的正五边形，边长从 100～199，这 100 个大大小小不同的正五边形你怎么编程？

1. 子程序的定义及格式

子程序用于编写经常重复进行的加工，如某一确定的轮廓形状。子程序在需要时，可以在主程序任意位置调用、运行，这样可以简化编程，减少编程工作量。

子程序有标准子程序和参数子程序之分，参数子程序中含有使用参数的指令，用于在参数子程序的程序段中定义相应的参数值，而标准子程序采用常量编程，不具备这些功能。

2. 子程序的结构

子程序的结构和主程序是一样的，用 M17 或 RET 结束，只是在子程序结束时，除了用 M02 指令结束外，还可以用 RET 指令结束子程序，且 RET 要求占用一个独立的程序段。二者之间的区别在于用 RET 指令结束子程序，返回主程序时不会中断 G64 连续路径运行方式；而用 M02 指令结束子程序，返回主程序时则会中断 G64 连续路径运行方式，因此不能用 M02。

3. 子程序的调用

在一个程序中（主程序或子程序）可以直接用 L 调用子程序名，后跟调用次数。子程序调用要求占用一个独立的程序段。例如：

N10　LAB66;　　　　调用子程序 L66
N20　ABC002;　　　调用子程序 ABC002

如果要求多次连续地执行某一个子程序，则在编程时必须在所调用子程序的程序名后的地址 P 后写入调用次数，最大调用次数为 9999。例如：

N10　LAB66　P3;　　调用子程序 L66 三次

注意：地址字 L 之后的每个零都有意义，不可省略，如 L128 并非 L0128 或 L00128。以上表示三个不同的子程序。

4. 子程序的嵌套

子程序不仅可以从主程序中调用，也可以从其他子程序中调用，这个过程称为子程序的嵌套。子程序的嵌套深度可以达到 3 级，即形成 4 级程序界面（包括主程序界面）。子程序的嵌套如图 3-9-1 所示。

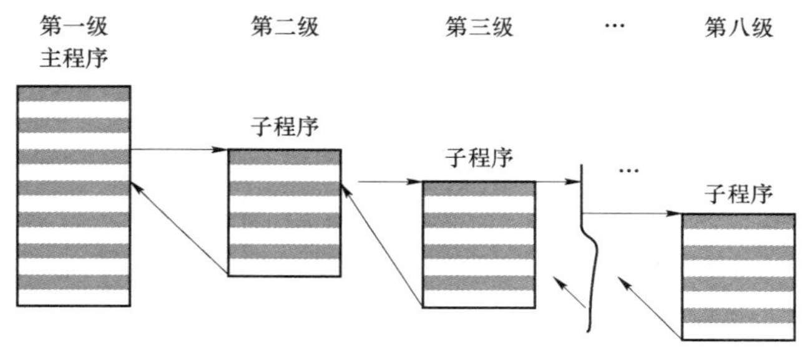

图 3-9-1　子程序的嵌套

5. 编程实例

如图 3－9－2 所示，已知工件直径为ϕ40 mm，长度为 130 mm，T02 为切断刀，刀宽为 4 mm，试编写切槽加工程序。

切槽加工子程序：

ZICHEN.SPF;	子程序名
N10 G00 G91 Z－24;	走到ϕ30×4（mm）槽的位置，即第一个槽 $Z-24$
N12 G01 X－12.0 F0.15;	切 4 mm 的槽，半径方向刀具移动了 6 mm
N14 G04 X1.0;	暂停 1 s，使槽的底面光滑，铁屑断根
N16 G00 X12.0;	刀具退出ϕ30×4（mm）槽的位置
N18 Z－16.0;	刀具走到ϕ30×4（mm）槽，即第二个槽的位置 $Z-40$
N20 G01 X－12.0;	切 4 mm 的槽，半径方向刀具移动了 6 mm
N22 G04 X1.0;	暂停 1 s，底面光滑，铁屑断根
N24 G00 X12.0;	刀具退出ϕ30×4（mm）槽的位置
N26 RET;	子程序结束并返回

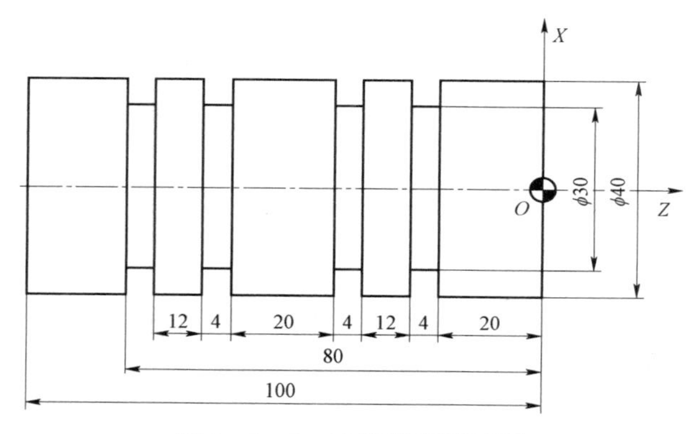

图 3－9－2　子程序应用示例

切槽加工主程序：

CAOJG.MPF;	槽加工主程序名
N05 G90 G54;	初始化，说明工作状态
N08 X100 Z50;	刀具走到起点
N10 T02;	
N12 G96 S80 LIMS＝1 500 F0.1;	
N14 G00 X42 Z0 S800 M03;	
N16 ZICHEN P2;	调用 ZICHEN 子程序两次
N18 G00 X100 Z50;	
N20 M30;	

6. 程序跳转功能

（1）程序跳转目标

标记符是用于标记程序中所跳转的目标（位置）程序段，用跳转功能可以实现程序运行分支。标记符可以自由选取，但必须由2～8个字母或数字组成，其中，开始两个符号必须是字母或下划线。跳转目标程序段中标记符后面必须为冒号。标记符位于程序段段首。如果程序段有段号，则标记符紧跟着段号。在一个程序中，标记符不能有其他意义。

编程示例：

N10 MARKE1：G01 X20;　　　　MARKE1为标记符，跳转目标程序段

…

TR789：G00 X10 Z20;　　　　TR789为标记符，跳转目标段没有段号

（2）无条件跳转GOTOF（尾）、GOTOB（首）

编程方式：

GOTOF　Label;　　　　向前跳转（向程序结束方向转）

GOTOB　Label;　　　　向后跳转（向程序开始方向转）

说明：Label为所选的标记符。

编程示例：

N10 G0 X__ Z__;

…

N20 GOTOF　MARKE0;　　　　跳转到标记符MARKE0

…

N50 MARKE0：R1　=R2+R3;

…

（3）有条件跳转

编程方式：

IF 条件　GOTOF　Label；　　向前跳转（程序结束方向）

IF 条件　GOTOB　Label；　　向后跳转（程序开始方向）

说明：

① Label：所选的标记符；

② 条件：作为条件的计算参数、计算表达式或比较运算。

常用比较运算的运算符如下：= =（等于）；＜ ＞（不等于）；＞（大于）；＜（小于）；＞=（大于或等于）；＜=（小于或等于）。

编程示例：

N10 IF R1＜＞0 GOTOF MARKE1;　　　　R1不等于零时，跳转到MARKE1程序段

…

N20 IF R1＞1 GOTOF MARKE2;　　　　R1大于1时，跳转到MARKE2程序段

…

N50 IF R45=　=R7+1 GOTOB MARKE3;　R45等于R7加1时，跳转到MARKE3程序段

…

7. SINUMERIK 802S 车床固定循环功能

（1）钻孔、沉孔加工（LCYC82）

LCYC82主要用于数控车床上一般孔加工和沉孔加工。加工时，刀具以编程的主轴速

度和进给速度钻孔，直至到达给定的最终钻削深度。在到达最终钻削深度时可以编程设置一个停留时间。退刀时以快速移动速度进行。

① 参数说明。LCYC82 循环参数的含义及说明见表 3－9－1。

表 3－9－1　LCYC82 循环参数

参数	含义及说明
R101	退回平面（绝对平面）。在此平面内，刀具移动不会与工件、夹具等发生碰撞
R102	安全距离，即距离加工表面的数值，通常为 2～5 mm
R103	参考平面（绝对平面），一般即待加工表面
R104	最后钻深（绝对值），即刀具零点最终到达的位置
R105	为了断屑，在钻削深度位置的停留时间，单位为 s

② 执行过程示例。LCYC82 钻孔循环如图 3－9－3（a）所示。首先让刀具在退回平面快速定位到加工的位置，然后以 G00 的速度移动到安全平面，按照调用程序中编程的进给量以 G01 进行钻削，直至最终钻削深度，在此钻削深度停留 R105 设定的时间，最后快速移动到退回平面，结束循环。

现在 *ZX* 平面 *ZOX* 位置，加工一个直径为 ϕ16 mm、深度为 25 mm 的孔，在孔底停留 2 s，钻孔坐标轴方向安全距离为 5 mm。循环结束后刀具处于（*X*0，*Z*100）的位置。如图 3－9－3（b）所示，使用 LCYC82 固定循环加工，程序片段如下：

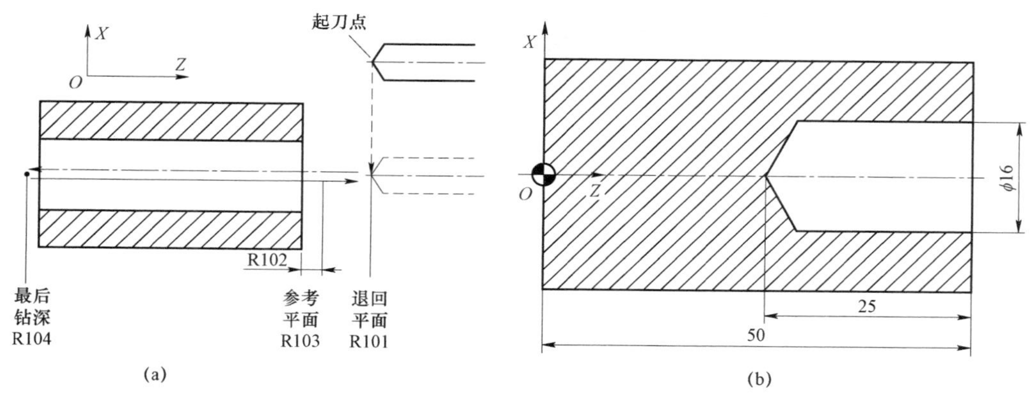

图 3－9－3　LCYC82 钻孔循环

（a）循环参数；（b）加工示例

```
…
N10 G00 G17 G90;
N15 F100 T02 D02 S500 M04;
N20 X0 Y0 Z100;                                  定位到钻孔位置
N25 R101＝100 R102＝5 R103＝50 R104＝25 R105＝2;  设定参数
N30 LCYC82;                                      调用循环
…
```

由此可知，使用循环结束只需要正确地将所需参数给定即可。

（2）钻深孔固定循环（LCYC83）

所谓深孔只是相对而言的。一般将深径比大于5以上的孔称为深孔。深孔加工时，由于刀具接触刃较长，摩擦严重且排屑困难，因此，相对来讲工作条件较差，容易引起刀具折断。

采用深孔加工循环将总深分多次进行钻削，通过中间停留（R127＝0）或退刀（R127＝1）确保断屑和切屑的顺利排出。钻削进给量通过R108（首钻）和R107（钻削）分别给定。

通常情况下，采用麻花钻钻孔时，由于钻头横刃等因素，起钻定心会不准。如果起钻进给量大，将导致较大的刀具引偏量，并且随着钻孔深度的增加，引偏量将进一步放大，严重者可能最终导致刀具折断。因此，一般将首钻进给量设定得小一些，以确保起钻定心精度。数控加工是自动加工，其工艺工作应考虑得十分仔细，当达到一定的深径比时，应尽可能考虑采用深孔循环的形式进行加工。

① LCYC83循环参数的含义及说明见表3－9－2。

车床上，加工深孔的特点是不能一次钻出，要逐次加深多次加工，直至到达给定的最终钻削深度。每次有断屑、排屑等动作，因而参数较多。LCYC83钻孔循环如图3－9－4所示。

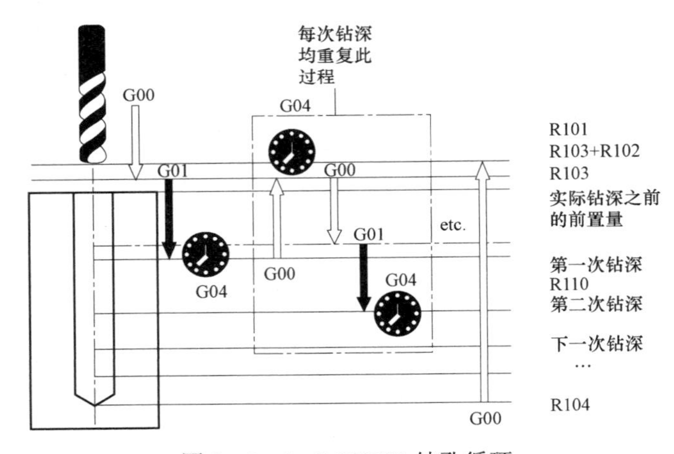

图3－9－4 LCYC83钻孔循环

② 执行过程。首先将刀具定位到循环开始之前的位置，即调用程序中最后所回的钻削位置。

a. 用G00指令将刀具定位到安全平面。

b. 用G01执行第一次钻深，钻孔进给速度依据参数R108所给定的进给量。然后执行钻深停留时间（参数R105）。

c. 在断屑时，用G01按调用程序中所编程的进给量，从当前所钻孔的深度位置，回退1 mm，以便断屑。

d. 在排屑时，用G00返回到安全平面，以便排屑，执行起始点停留时间（参数R109），然后用G00返回上次钻深，但留出一个前置量（此量的大小由循环内部计算所得）。

e. 用 G01 按参数 R107 所给定的进给率执行下一次钻深切削，该过程一直进行下去，直至到达最终钻削深度。

f. 用 G00 返回到退回平面。

表 3－9－2　LCYC83 循环参数

参数	含义及说明
R101	退回平面（绝对平面）。即在此平面内，刀具移动不会与工件、夹具等发生碰撞
R102	安全距离，无符号，即距离加工表面的数值；通常为 2～5 mm
R103	参考平面（绝对平面），一般即待加工表面
R104	最后钻深（绝对值），与循环调用之前的状态 G00 或 G01 无关
R105	在此钻削深度停留时间（断屑）
R107	第一次钻削之后的进给率
R108	第一次钻削的进给率
R109	在起始点和排屑时停留的时间
R110	第一次钻削深度（绝对值）
R111	递减量，无符号，在递减量参数 R111 下确定递减弯曲大小，从而保证以后的钻削量小于当前的钻削量。用于第二次钻削的量如果大于所编程的递减量，则第二次钻削量应等于第一次钻削量减去递减量。否则，第二次钻削量就等于递减量。当最后的剩余量大于两倍的递减量时，则在此之前的最后钻削量应等于递减量，所剩下的最后剩余量平分为最终两次钻削行程。如果第一次钻削量的值与总的钻削深度量相矛盾，则显示报警，从而不执行循环
R127	加工方式设定： 值 0：用于断屑，钻头在到达每次钻削深度后，回退 1 mm 空转； 值 1：用于捧屑，钻头在到达每次钻削深度后，返回到参考平面

［例 3－9－1］使用 LCYC83 循环

在车床上，Z 向加工深度为 145 mm 的孔，如图 3－9－5 所示。采用排屑加工方式，钻孔坐标轴方向安全距离为 2 mm，程序片段如下：

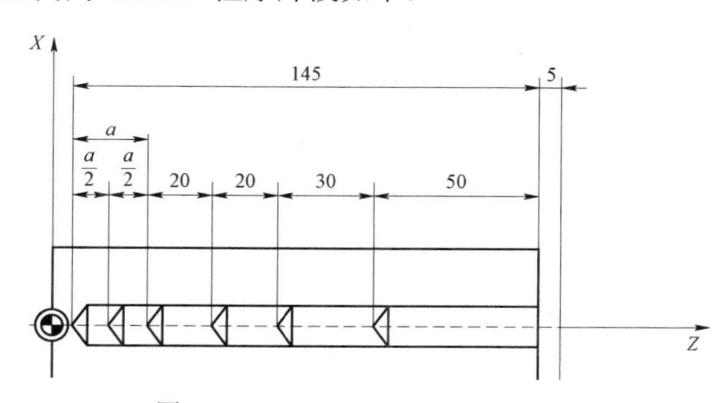

图 3－9－5　LCYC83 循环钻孔示例

```
…
N10 G00 G17 G90;
N15 F100 T02 D02 S500 M04;
N20 Z155 X0;                                                    到钻孔位置
N25 R101 = 155 R102 = 2 R103 = 150 R104 = 5 R105 = 0 R127 = 1;  设定循环参数
N30 R107 = 0.3 R108 = 0.2 R109 = 0 R110 = 100 R111 = 20;        设定循环参数
N35 LCYC83;                                                     调用循环钻孔
…
```

3－10　SINUMERIK 车削任务实施

［**例 3－10－1**］手柄加工程序

如图 3－10－1 所示的手柄，毛坯件的尺寸为ϕ60 mm × 200 mm，材料为 45 钢，试进行分析并应用 R 参数编写加工程序。

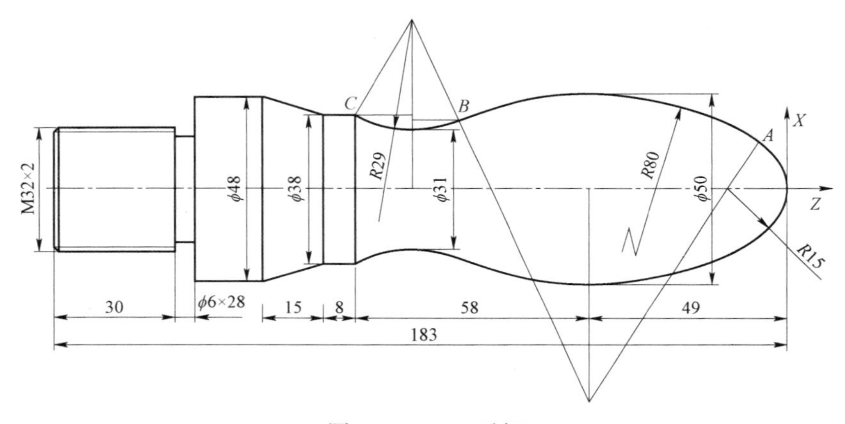

图 3－10－1　手柄

1. 工艺分析

按零件图样要求和毛坯情况，按先主后次的加工原则，确定工艺方案和加工路线。

（1）确定工艺路线

以工件右端面中心为坐标系原点，设定工件坐标系。根据零件尺寸精度及技术要求，本例将粗、精加工分开来考虑，确定的加工工艺路线如下：

卡棒料毛坯一端，车削右端面。粗车手柄外形，精车手柄外形，螺纹大径按ϕ44 车削并与ϕ48 形成台阶，该台阶作为工件调头后长度方向的测量基准控制工件总长。

工件调头，手柄外形伸入机床主轴孔内，卡ϕ48 外圆，垫铜皮，夹紧工件，按ϕ44 车削与ϕ48 形成的台阶面控制 M32 × 2 退刀槽及螺纹长度，达到控制工件总长的目的，车退刀槽、循环车削 M32 × 2 螺纹、切断，最后完成加工。

（2）工件装夹

采用数控车床本身的标准卡盘，棒料伸出卡盘外 105 mm 左右，找正后夹紧。

（3）刀具的选择

选择 1 号刀具为 90° 硬质合金机夹车刀，用于粗车加工；选择 2 号刀具为 90° 硬质合金机夹车刀（使用可转位刀片），用于精车加工；选择 3 号刀具为硬质合金机夹切断车刀，其刀片宽度为 4 mm，用于切槽、切断等车削加工；选择 4 号刀具为 60° 硬质合金机夹螺纹车刀，用于螺纹车削加工。

（4）切削用量的选择

选用切削用量时主要考虑加工精度要求，兼顾提高刀具寿命、机床寿命等因素。确定切削用量见表 3－10－1。

表 3－10－1 切削用量

工步	主轴转速/（$r \cdot min^{-1}$）	进给速度/（$mm \cdot r^{-1}$）
粗车外圆	720	0.2
精车外圆	1 090	0.08
切槽	470	0.08
车螺纹	600	2

2. 计算坐标点

计算 A、B 两点坐标。

设 R01＝(80－25)/(80－15), R02＝SQRT(1－R01 • R01);

则 A 点：X＝2×15×R01，Z＝－15×R02。

设 R03＝SQRT{29×29－[29－(19－15.5)]×[29－(19－15.5)]}，R04＝58－R03，R05＝R04/(29＋80), R06＝SQRT(1－R05 • R05);

则 B 点：X＝2×(15.5＋29－29×R06)，Z＝－(49＋R04－29×R05)。

3. 手柄外形加工程序

```
SHUOBING1.MPF;
N05 G54 G90 G00 G22 X100 Z100;                到换刀点
N10 T01 D01;                                  车端面
N15 X60 Z0;
N20 M03 S600 F0.15;
N25 G01 X－0.2;
N30 G00 X100 Z100;                            到换刀点
N35 T02 D02;                                  粗精车外形
N40 M03 S600;
N45 G00 G42 X0 Z10;
N50 G01 X0 Y0 F0.15;
N55 R01＝(80－25)/(80－15), R02＝SQRT(1－R01×R01);
N60 G03 X＝2×15×R01   Z＝－15×R02 CR＝15;
N65 X＝2× (15.5＋29－29×R06)  Z＝－(49＋R04－29×R05)  CR＝80;
```

```
N70 G02 X38 Z=-(58+49)  CR=29;
N75 G01 Z=-IC(8);                      IC 增量坐标
N80  X=48 Z=-IC(15);
N85  Z-183;
N90 G00 X100 Z100;                     到换刀点
N95 M30;
```

工件调头，外垫铜皮，夹ϕ48 外圆，另设坐标零点。

```
SHUOBING2.MPF;
N05 G54 G90 G00 G22 X100 Z100;         到换刀点
N10 T01 D01;                           车端面，控制工件总长
N15 M03 S600;
N20 X60 Z0;
N25 G01 X-0.2 F0.15;
N30 G00 X100 Z100;                     到换刀点
N35 T03 D03;                           粗精车 M32 外圆
N40 X32 Z20;
N45 M03 S600 F0.15;
N50 G01 Z-36;
N55 X80;
N60 G00 X100 Z100;                     到换刀点
N65 T04 D04;                           切槽刀
N70 M03 S600 F0.15;
N75 G00 X50 Z-30;
N80 G01 X-28;
N85 X80;
N90 G00 Z100;
N95 M30;
```

4. 手柄螺纹加工程序

加工手柄 M32×2 的螺纹，螺距 P 为 2 mm。右旋螺纹，圆柱表面已经加工完成。牙深=0.649 5P=0.649 5×2=1.299（mm）（半径表示），深度 0.9+0.6+0.6+0.5=2.6（mm）（直径表示），螺纹长度为 30 mm（包括导入空刀量 7 mm 和退出空刀量 3 mm，共计 40 mm。）

```
SHUOLUO.MPF;                     手柄螺纹加工程序
N05 G54 G90 G00 G22 X100 Z100;   到换刀点
N10 T05 D05;                     螺纹车刀
N15 G00 X-50 Z5 M03 S600;
N20 G00 X50 Z7;                  第一次循环加工开始的位置
N25 X39.1;                       第一次切削螺纹深度 32-0.9=31.1
N30 G33 Z-33 K2;                 开始第一次切削螺纹
N35 G0 X50;                      直径退刀 X=50
```

```
N40 Z7;                              Z 退刀到开始加工的位置
N45 X30.5;                           第二次切削螺纹深度 31.1－0.6＝30.5
N50 G33 Z－53 K2;                    开始第二次切削螺纹
N55 G00 X50;                         直径退刀 X＝50
N60 Z7;                              直径退刀 X＝50
N65 X29.9;                           第三次切削螺纹深度 30.5－0.6＝29.9
N70 G33 Z－53 K2;
N75 G00 X50;
N80 Z7;
N85 X29.4;                           第四次切削螺纹深度 29.9－0.5＝29.4
N90 G33 Z－53 K2;
N95 G00 X50;
N100 Z7;
N120 G00 X100 Z50;
N125 M30;
```

用循环编写螺纹程序：

```
SHUOLUO.MPF;                         手柄螺纹加工程序
N05 G54 G90 G00 G22 X100 Z100;       到换刀点
N10 T05 D05;                         螺纹车刀
N15 G00 X－50 Z5 M03 S600;
N20 G00 X50 Z7;                      开始加工的位置
N23 R10＝32－0.649 5*2/4;            分四刀加工螺纹
N25 KK：X＝R10;                      第一次切削螺纹深度
N30 G33 Z－33 K2;                    开始第一次切削螺纹
N35 G00 X50;                         直径退刀 X＝50
N40 Z7;                              Z 退刀到开始加工的位置
N45 R10＝R10－0.649 5*2/4;
N50 REPEAT KK P＝3;                  程序段重复三次
N55 G00 X100 Z50;
N60 M30;
```

3－11 车削毛坯、螺纹、切槽固定循环

数控车床上，一些典型的加工工序，如毛坯（轮廓）粗车、螺纹切削、切槽等，所需完成的动作十分典型，因此，可应用 SINUMERIK 802S 固定循环功能 CYCLE93～CYCLE97。

1. CYCLE93——切槽循环

CYCLE93（SPD，SPL，WIDG，DIAG，STA1，ANG1，ANG2，RCO1，RCO2，RCI1，

RCI2，FAL1，FAL2，IDEP，DTB，VRTI)，各参数见表 3－11－1。

表 3－11－1 CYCLE93 切槽循环指令参数

符号	意 义	符号	意 义
SPD	切槽起始点直径	RCO2	槽沿另一倒角
SPL	切槽起始点 *Z* 坐标（切槽刀的左刀点）	RCI1	槽底倒角，位于起始点的一边
WIDG	槽底宽度	RC12	槽底另一倒角
DIAG	槽的最大深度	FAL1	槽底精加工余量
STA1	槽的斜线角	FAL2	槽侧面精加工余量
ANG1	右侧面角	IDEP	切槽进给量最大值
ANG2	左侧面角	DTB	槽底停顿时间
RCO1	槽沿倒角，位于起始点的一边	VRTI	加工类型（纵向、外部、右边）

2. CYClE95——毛坯（轮廓）粗车循环

CYCLE95（NPP，MID，FALZ，FZLX，FAL，FF1，FF2，FF3，VARI，DT，DAM，__VRT)，各参数见表 3－11－2。

表 3－11－2 毛坯（轮廓）粗车循环指令参数

符号	意 义
NPP	轮廓子程序名称
MID	最大粗加工背吃刀量（无符号输入）
FALZ	沿纵向轴（*Z* 向）的精加工余量（无符号输入）
FZLX	沿横向轴（*X* 向）的精加工余量（无符号输入），半径量
FAL	沿轮廓的精加工余量（无符号输入）
FF1	非退刀槽加工的进给速度
FF2	进入凹凸切削时的进给速度
FF3	精加工的进给率
VARI	加工类型，数值：1～12
DT	粗加工时，用于断屑的停顿时间
DAM	粗加工因断屑而中断时所经过的路径长度
__VRT	粗加工时从轮廓的退刀距离、增量，以 *X* 向为半径（无符号输入）：即刀具在粗加工中，每车削完一层后，在 *X* 向与 *Z* 向同时退回__VRT 的距离，称为退刀行程。如果不赋值或设为 0 值，则默认退刀量为 1 mm。一般情况下，维持默认值即可

3. CYCLE97 螺纹切削循环

CYCLE97（PIT，MPIT，SPL，FPL，DMl，DM2，APP，ROP，TDEP，FAL，IANG，NSP，NRC，NID，VARI，NVMT），各参数见表 3－11－3。

表 3－11－3　CYCLE97 切槽循环指令参数

符号	意　　义	符号	意　　义
PIT	螺纹导程	TDEP	螺纹深度
MPIT	用螺纹公称直径来表示螺距	FAL	精加工余量（半径值）
SPL	螺纹起始点的纵坐标	IANG	切入进给角
FPL	螺纹终点的纵坐标	NSP	首牙螺纹的起始点偏移
DM1	起始点螺纹直径	NRC	粗加工切削次数
DM2	终点螺纹直径	NID	停顿时间
APP	空刀导入量	VARI	螺纹的加工类型
ROP	空刀退出量	NVMT	螺纹线数

［**例 3－11－1**］曲线方程式连接轴的加工

如图 3－11－1 所示零件，材料为 45 钢，毛坯尺寸为ϕ 60 mm × 120 mm，先根据图样要求，分析该零件的数控加工工艺，然后编制加工程序。

1. 工艺分析

加工本例工件时，难点有两点：一是由曲线方程构成的回转面（椭圆体、抛物体）的加工，二是内螺纹的加工。内螺纹的加工主要难在孔径小、刀杆细、刚性差，也不便于观察；曲线方程构成的回转体轮廓的加工难在插补、编程复杂，其次是车刀的副偏角不能太小，否则加工到椭圆结束时会与工件的已加工表面发生干涉，为了方便车内孔，应预先钻出相应直径和深度的孔，可手动完成。零件加工工艺制定如下：

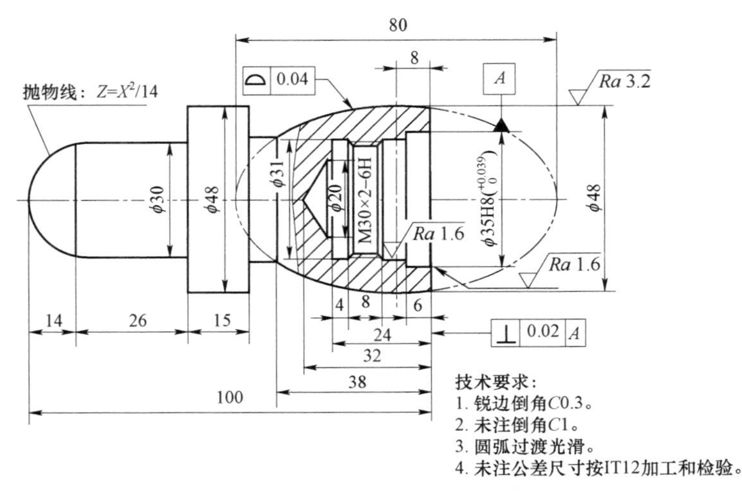

图 3－11－1　曲线方程式连接轴

① 夹右端，粗精车左端外形轮廓ϕ48 mm、ϕ30 mm 及抛物体。

② 工件调头，用自定心卡盘装夹，夹ϕ30 mm 外圆，为避免夹伤，应垫铜皮，注意夹持长度不能太长，否则将形成过定位。在装夹时应注意精基准面应垫铜皮，以ϕ40 mm 外圆为找正基准，打表找正，误差小于 0.02 mm。手动车端面，保证工件的总长为 100 mm，钻出ϕ20 mm 相应直径和深度的孔。

③ 粗精镗孔。

④ 用内切槽刀切ϕ31 mm × 4 mm 内孔退刀槽。

⑤ 用内螺纹车刀车削 M30 × 2 – 6H 内螺纹，采用 LCYC97 螺纹车削循环。

⑥ 计算参数 R，用程序跳转指令车削椭圆曲面。

2. 刀具的选择

本零件加工内容较多，所需刀具的种类也多，主要有 20 mm 麻花钻、93° 左偏刀、切槽刀、60° 外螺纹车刀、内孔镗刀、内切槽刀及 60° 内螺纹车刀。

3. 相关计算

螺纹总切削深度：$h = 0.6495P = 0.6495 \times 2 = 1.299$（mm）；

内螺纹小径：$D_1 = D - 2h = 30 - 2 \times 1.299 = 27.402$（mm）。

4. 参数设定

用椭圆标准方程以及直角坐标方式编程。编程时以 Z 值为自变量，每次变化 0.2 mm，X 值为应变量，通过变量运算计算出相应的 X 值。

5. 加工程序

（1）左端加工程序

```
ZUODUAN.MPF;                    左端加工程序名
N05 G90 C94;                    绝对编程，分进给
N10 T0101 S800 M03;             转速 800 r/min，换 1 号 93° 菱形外圆车刀
N15 G00 X51 Z2;                 快进到左端外径，粗车循环起刀点
    CYCLE95(NPP,MID,FALZ,FZLX,FAL,FF1,FF2,FF3,VARI,DT,DAM,__VRT)
N20 CYCLE95("TOUY",1,0,0.2, ,0.1,0.1,0.05,11, , ,0.5);
N25 G00 X100 Z50;                           退刀
N30 M05;                                    主轴停转
N35 M00;                                    程序暂停
N40 T0101;                                  换 T01 车刀
N45 S1500 M03 F80;                          精车转速 1 500 r·min-1，进给速度
                                            80 mm·min-1
N50 G00 X5 Z2;                              快进
N55 R21 = 0;                                抛物线 X 坐标初始值
N60 ROOL ：R22 = –R21 × R21/14;             计算 Z 坐标
N65 G01 X = 2 × R21 Z = R22;                抛物线插补
N70 R21 = R21 + 0.3;                        X 步距 0.25 mm
N75 IF R21 <= 15 GOTOB ROOL;                满足条件时循环结束
N80 G01 Z – 40;                             车 26 mm 端面
```

```
N85 X48;                              加工φ48 mm 外圆
N90 Z－62;                            N50～N90 外径轮廓循环程序
N95 G00 X55 M05;                      退刀
N100 X100 Z50;                        退刀
N105 M30;                             程序结束。
```

（2）右端加工主程序

```
YOUDUAN.MPF;                          右端加工程序名
N05 G90 G94;                          绝对编程，分进给
N10 T0404 S800 M03;                   主轴转速 800 r·min⁻¹，换 4 号内孔镗刀
N15 G00 X19.5 Z2;                     快进到内孔，粗车循环起刀点
N20 CYCLE95("KK:MM",1,0,0.2, ,0.1,0.1,0.05,11, , ,0.5);
N25 G00 Z100;
N30 X50;                              退刀
N35 M05;                              主轴停转
N40 M00;                              程序暂停
N45 S1200 M03 T0404 F80;              精车转速 1 200 r·min⁻¹，进给速度
                                      80 mm·min⁻¹
N50 G00 X39 Z1;                       进刀
N55 KK：G01 X37 Z0;                   进到内径循环起点
N60 X35.02 Z－1;
N65 Z－6;
N70 X31;
N75 Z－12;
N80 X28.5 Z－13;
N85 MM：Z－24;                        N50～N85 内径轮廓循环程序
N90 X25;                              X 向退刀
N95 G00 Z100;
N100 X50;                             退刀
N105 M05;                             主轴停转
N110 M00;                             程序暂停
N115 S600 M03 T0505 F25;              换 5 号内切槽刀
N120 G00 X26 Z5;                      快进
N125 Z－23;                           快进到切槽起点
N130 G01 X31;                         切槽
N135 X26;                             退刀
N140 Z－24;                           进刀
N145 X31;                             切槽
N150 X26;                             退刀
N155 G00 Z100;                        返回起点
```

```
N160 X50;                                  退刀
N165 M05;                                  主轴停转
N170 M00;                                  程序暂停
N175 S1000 M03 T0606;                      换 6 号内螺纹车刀
N180 G00 X26;
N185 Z3;                                   快进到内螺纹复合循环起刀点
CYCLE97(PIT,MPIT,SPL,FPL,DM1,DM2,APP,ROP,TDEP,FAL,IANC,NSP,NRC,NID,VA
RI,NUMT);                                  N190 中的各项参数对照，必须一一对应
N190 CYCLE97(2, ,0,－20,30,30,3,2,1.3,0.05,30,0,6,1,3,1);
N195 G00 Z100;
N200 X50;                                  退刀
N205 M05;                                  主轴停转
N210 M00;                                  程序暂停
N215 T0101 S800 M03 F150;                  换 1 号 93° 菱形外圆车刀
N220 G00 X51 Z2;                           快进
N225 R25＝50;                              设置最大切削余量
N230 STR：TUOY;                            调用椭圆加工子程序
N235 R25＝R25－2;                          每次切深双边 2 mm
N240 IF R25＜＝1 GOTOB STR;                判断毛坯余量是否大于等于 1
N245 G00 X100 Z50;                         退刀
N250 M05;                                  主轴停转
N255 M30;                                  程序停止
```

（3）右端加工椭圆子程序

```
TUOY.SPF;                                  椭圆加工子程序
N05 R11＝40;                               椭圆长半径
N10 R12＝24;                               椭圆短半径
N15 R13＝8;                                Z 轴起始尺寸
N20 STR:R14＝24×SQRT
(R11×R11－R13×R13)/40;                    计算 X 轴坐标
N25 G01 X＝2×R14 Z＝R13－8;               椭圆插补
N30 R13＝R13－0.4;                         Z 轴步距，每次 0.4 mm
N35 IF R13＞＝－30 GOTOB STR;              判断是否走到 Z 轴终点
N40 G01 Z＝－IC(7);                        增量方式加工 φ31 mm 外圆
N45 X＝AC(50);                             绝对方式加工 φ48 mm 外圆端面并出刀
N50 Z2;                                    退回起点
N55 RET;                                   子程序结束
```

本例的抛物线、椭圆是用标准方程编程的，也可用参数方程编且更加方便。

［**例 3－11－2**］车削加工综合实例

编制图 3－11－2 所示零件的加工程序，材料为 45 钢，棒料直径为 45 mm。

1. 刀具设置

1 号刀：93° 正偏刀；2 号刀：切槽刀（刀宽 4 mm，对刀点为切槽刀的左刀点）；3 号刀：60° 外螺纹车刀；4 号刀：内孔镗刀；5 号刀：内切槽刀（刀宽 3 mm）；6 号刀：60° 内螺纹车刀。

2. 工艺路线

① 夹右端，手动车左端面，用ϕ20 mm 麻花钻钻ϕ20 mm 底孔。

② 用 1 号外圆车刀粗精车左端外形轮廓。

③ 用 4 号内孔镗刀粗精镗孔。

④ 用 5 号内切槽刀切ϕ26 mm × 8 mm 内孔退刀槽。

⑤ 用 6 号内螺纹车刀车削 M24 × 2 内螺纹。

⑥ 调头夹ϕ36 mm 外圆，用 1 号外圆刀车右端面，车削总长，用 LCYC95 轮廓循环粗精车右端外形轮廓。

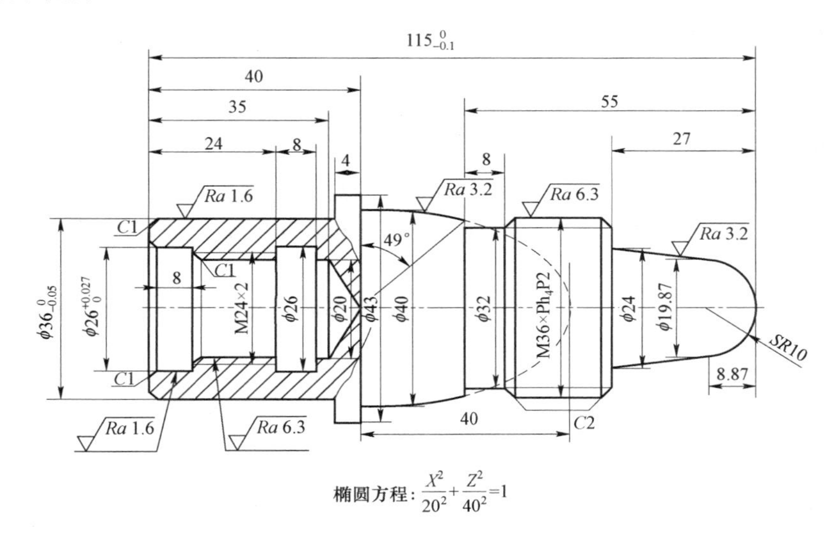

图 3-11-2 车削加工综合实例

⑦ 用 2 号切槽刀、LCYC93 切槽循环切ϕ32 mm × 8 mm 螺纹退刀槽，并用切槽刀右刀尖倒出 M36 × 4 螺纹左端 $C2$ 倒角。

⑧ 计算参数 R 和程序跳转指令，用 1 号外圆车刀车削椭圆曲面。

⑨ 用 3 号外螺纹车刀、LCYC97 螺纹车削循环车 M36 × 4 外螺纹。

3. 加工程序

（1）左端加工程序

```
ZUODUAN.MPF;                       左端加工程序名
N05  G54  G90;                     采用绝对值编程，分进给
N10  TRANS  X0  Z60;               采用可编程零点偏移
N15  S600  M03  T01  D01;          主轴正转，转速 600 r/min，换 1 号刀
N20  G00  X48  Z0  M08;            快速进刀，切削液开
N25  G01  X18  F80;                车端面
```

```
N30   G00   X43.5   Z2;              快速退刀
N35   G01   Z－45   F100;            车外圆至直径为φ43 mm
N40   G00   X45   Z2;                快速退刀
N45   X39;                           进刀
N50   G01   Z－35.8;                 车外圆至直径为φ39 mm
N55   X44;                           X 向退刀
N60   G00   Z2;                      快速退刀
N65   X35;                           进刀
N70   G01   Z0;                      进刀
N75   X37   Z－l;                    倒角 C1
N80   Z－35.8;                       车外圆至直径为φ37 mm
N85   X44;                           退刀
N90   G00   Z2;                      快速退刀
N95   S850   F100;                   转速 850 r·min⁻¹
N100   X33.975;                      进刀
N105   G01   Z0;                     进刀
Nll0   X35.975   Z－1;               倒角 C1
N115   Z－36;                        精车φ36 mm 的外圆至尺寸
N120   X43;                          进刀
N125   Z－45;                        精车φ43 mm 的外圆至尺寸
N130   X47;                          退刀
N135   G00   X100   Z150;            快速退刀
N140   S500   T04   D01;             转速 500 r·min⁻¹，换 4 号刀
N145   G00   X21;                    进刀
N150   Z2;                           进刀
N155   G01   Z－31.9;                粗车 M24×2 的内孔
N160   X19;                          退刀
N165   G00   Z2;                     退刀
N170   X25;                          进刀
N175   G01   Z－8;                   粗车直径为 26 mm 的内孔
N180   X20;                          退刀
N185   G00   Z2;                     退刀
N190   S1 000   F50;                 转速 600 r·min⁻¹
N195   X28.015;                      进刀
N200   G01   Z0;                     进刀
N205   X26.0135   Z－1;              倒角 C1
N210   Z－8;                         精车直径为φ26 mm 的内孔至尺寸
N215   X24;                          进刀
N220   X21.9   Z－9;                 倒角 C1
```

N225 Z－32;	精车 M24×2 的内孔至尺寸
N230 X18;	退刀
N235 G00 Z150;	快速退刀
N240 S400 T05 D01;	转速 400 r・min^{-1}，换 5 号刀
N245 G00 X20;	快速进刀
N250 Z－31;	快速进刀
N255 G01 Z－32;	进刀
N260 X26;	切内槽至尺寸
N265 X20;	退刀
N270 Z－29;	退刀
N272 X26;	切内槽至尺寸
N274 X20;	进刀
N276 Z－27;	车削
N278 X26;	退刀
N280 Z－32;	拉平槽底
N285 X20;	退刀
N290 G00 Z15;	快速退刀
N295 T06 D01;	换 6 号刀
N300 X22.9;	进刀
N305 Z－6;	进刀
N310 G33 Z－26 K2;	车削内螺纹 M24×2
N315 G00 X21;	退刀
N320 Z－6;	退刀
N325 X23.6;	进刀
N330 G33 Z－26 K2;	车削内螺纹 M24×2
N335 G00 X21;	退刀
N340 Z－6;	退刀
N345 X23.8;	进刀
N350 G33 Z－26 K2;	车削内螺纹 M24×2
N355 G00 X21;	退刀
N360 Z－6;	退刀
N365 X23.9;	进刀
N370 G33 Z－26 K2;	车削内螺纹 M24×2
N375 G00 X21;	退刀
N380 Z－6;	退刀
N385 X24;	进刀
N390 G33 Z－26 K2;	车削内螺纹 M24×2
N395 G00 X21;	退刀
N400 Z150;	*Z* 向快速退刀

N405　X100　M09;　　X 向快速退刀，切削液关
N410　M30;　　程序结束并返回起点

（2）右端加工程序

YOUDUAN.MPF;　　右端加工程序名
N10　G94　G90;　　采用绝对值编程，分进给
N20　TRANS　X0　Z60;　　采用可编程零点偏移
N30　S600　M03 T01　D01　F80;　　主轴正转，转速 600 $r\cdot min^{-1}$，换 1 号刀
N40　G00　X45　Z0　M08;　　快速进刀，切削液开
N50　G01　X-0.5;　　车端面（取总长）
N60　G00　X45　Z2;　　快速退刀
N70　CYCLE95("ZXL",2,0.2,0.3,0.5,200,50,100,9,0,0,2);
N80　S1 200　F50;　　转速 1 200 $r\cdot min^{-1}$
N90　ZXL;　　调用子程序
N100　G00　X100　Z100;　　快速退刀
N110　S400　T02　D01;　　转速 400 $r\cdot min^{-1}$，换 2 号刀
N115　G00　X42;　　快速进刀
N120　Z-55;　　快速进刀
N130　CYCLE93(40,-51,8,4,0,0,0,0,0,0,0,0.3,0.2,2,1,5);
N140　X33;　　进刀
N150　G01　X32;　　进刀
N160　Z-51;　　进刀
N170　X36　Z-49;　　倒角 *C*2
N180　G00　X50;　　快速退 *X*
N190　Z150;　　快速退 *Z*
N200　S650　T03　D01;　　转速 650 $r\cdot min^{-1}$，换 3 号刀
N210　X35.8　Z-25;　　快速进刀
N220　CYCLE97(4,0,-27,-47,36,36,4,3,1.24,0.05,0,0,2);
N230　G00　X100　Z150;　　快速退刀
N240　M30;　　程序结束并返回起点

（3）右端外圆循环子程序

ZXL.SPF;　　子程序名
N10　G01　X0　Z0;　　进刀
N20　G03　X19.87　Z-8.87　CR=10;　　车 *SR*10 的圆弧
N30　G01　X24　Z-27;　　车锥度
N40　X32;　　进刀
N50　X35.8　Z-29;　　倒角 *C*2
N60　Z-55;　　车 M36×4 的外圆
N70　X40;　　进刀
N80　Z-74.95;　　车 ϕ40 mm 的外圆

```
N90   X45;                                 退刀
N100   RET;                                子程序结束
```

（4）右端椭圆主程序（以工件的右端面为编程坐标系）

```
TUOYUAN.MPF;                               椭圆主程序名
N10   G54   G90   G94;                     采用绝对值编程，分进给
N20   T01   D01;                           调用 1 号刀 1 号刀补
N30   M03   S600;                          主轴正转，转速 600 r·min^-1
N35   G00   X42   Z-53;                    快速进刀定位
N40   R20=5   F100;                        设置 X 向偏移值
N50   MA1：TRANS   X=R20;                  用可编程零点偏移 X 值
N60   TYJG01;                              调用子程序
N70   R20=R20-1;                           每走一刀后，X 向缩刀 1 mm
N80   IF：R20＞＝0.3 GOOTOB   MA1;
N85   G00   X45   Z-53;                    快速定位
N90   TRANS;                               取消可编程零点偏移
N100   X=0;                                X 偏移值设置为零
N120   S1 200   M03;                       主轴正转，转速 1 200 r·min^-1
N130   TYJG01;                             调用子程序
N140   G00   X100 Z100;                    快速退刀
N150   M30;                                程序结束
```

（5）椭圆子程序

```
TYJG01.SPF;                                子程序名
N10   G64   G90   G00   X34.771   Z-53;    进刀
N20   G01   Z-55   F50;                    起刀点
N30   R1=40   R2=20   R3=41;               赋长半轴、短半轴、起始角、终止角的值
N40   MA2：R4=2*R2*SIN(R3)
R5=R1*COS(R3)-75;                          X 表达式，Z 表达式
N50   G01   X=R4   Z=R5;                   车削椭圆
N60   R3=R3+1;                             每走一刀后 Z 方向增加 1 mm
N70   IF R6＞42   GOTOF   MA3;
N80   IF：R3＜＝R4   GOTOB   MA2;
N90   MA3：G91   G00   X2;                 退刀
N100   G90   Z2;                           退刀
N110   RET;                                子程序结束
```

学习小结

通过本教学单元的学习，知道了：

① 数控车床的组成及工作原理。
② 数控编程时所需的基本知识，其中包括数控车床坐标系的建立。
③ SINUMERIK 数控系统车削编程的程序格式及实例分析。
④ 应用常用的函数及表达式编写程序。

生产学习经验

从生产一线的普通工人，成长为具有丰富实践经验的数控加工工程师，谢贤斌传奇般的人生历程，对于很多人来说，无疑是一个神话。成就这个神话的不是别人，就是谢贤斌自己。他以 20 多年如一日坚忍不拔的毅力，通过不断学习，改变了自己的人生轨迹。多年的学习历程使谢贤斌深刻地认识到，学习必须立足于本职岗位，在学习中工作，在工作中学习，只有把所学的知识运用于生产实践，才能不断提高技术水平，提升创新能力。

企业家点评

数控车削编程是数控编程的基础。大多数车削编程程序只有两个坐标轴，相对其他编程要简单一些，套类零件、偏心零件、曲轴等零件的车削加工与编程编制就要复杂得多。只有先掌握了基本零件的车削编程与加工，才能完成上述零件的编程与加工任务。

思考与练习

一、简答题

1. 程序段号是否必需？程序段号一般为何不连续？程序段号与程序执行顺序有无必然联系？
2. 程序段前加上“/”有何作用？举例说明其应用意义？
3. 编程圆弧时其插补方向 G02/G03 如何判定？
4. 车螺纹时，左旋螺纹或右旋螺纹由主轴的旋向决定吗？攻螺纹时情况如何？
5. 在数控车床上如何车削多线螺纹？
6. 经济型机床编程返回参考点有何意义？
7. 子程序与主程序有何区别？何种情况下使用子程序？使用子程序有何意义？
8. 刀具半径补偿有何意义？如何建立刀具半径补偿？在圆弧程序段能建立刀具半径补偿吗？
9. 在 G41/G42 有效的情况下，拐角过渡有哪两种形式？如何合理进行选择？
10. 辅助功能 M00 与 M01 的作用是什么？它们有何区别？试举例说明其应用。

二、根据下面程序作出程序执行后的运动轨迹

SHOUBING.MPF;　　　　　　　　主程序名

N05 G54 G90 G00 X65 Z20;	设立坐标系，定义对刀点的位置
N10 G01 X0 Z0 F100;	刀到切削起点处
N15 G03 X25.32 Z−7.994 CR=15;	加工 $R15$ 圆弧段，半径编程
N20 X35.98 Z−81.43 CR=80;	加工 $R80$ 圆弧段
N25 G02 X38 Z−107 CR=29;	加工 $R29$ 圆弧段
N30 G00 X65;	离开已加工表面
N35 Z20 M05;	回到起点 Z 轴处
N40 M30;	程序结束

三、编程题

1. 根据习题图 3－1、习题图 3－2 编写圆弧程序片断。

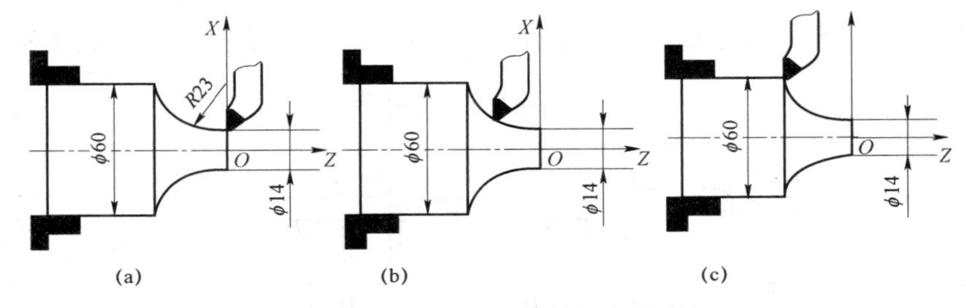

习题图 3－1　G02 顺时针圆弧插补

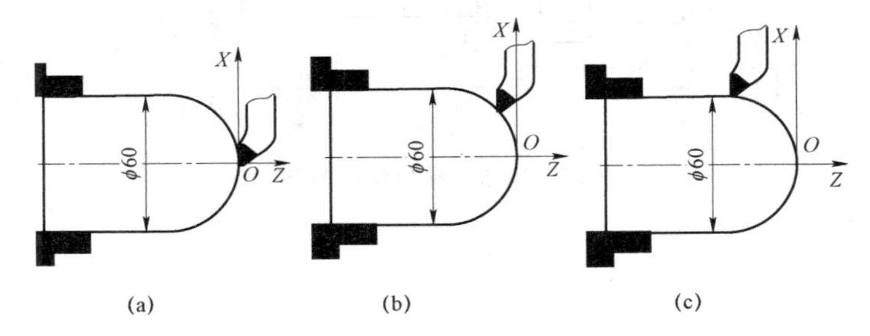

习题图 3－2　G03 逆时针圆弧插补

2. 如习题图 3－3 所示，毛坯为 ϕ65 mm × 150 mm 的棒料，材料为 45 钢，试编写粗、精车削程序。

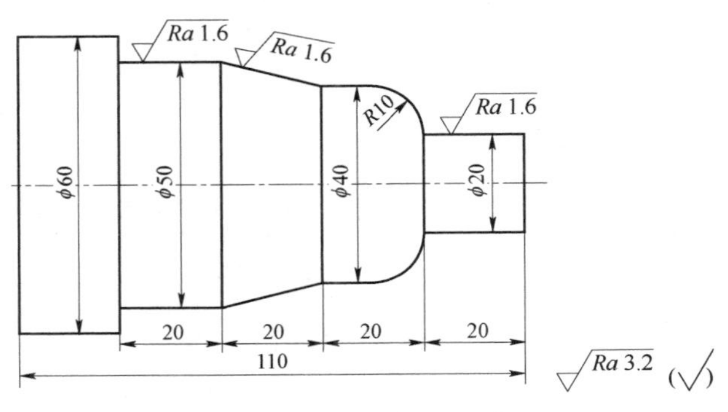

习题图 3－3　加工尺寸

3. 如习题图 3-4 所示，毛坯为ϕ55 mm × 500 mm 的棒料，材料为 45 钢，试编写程序。

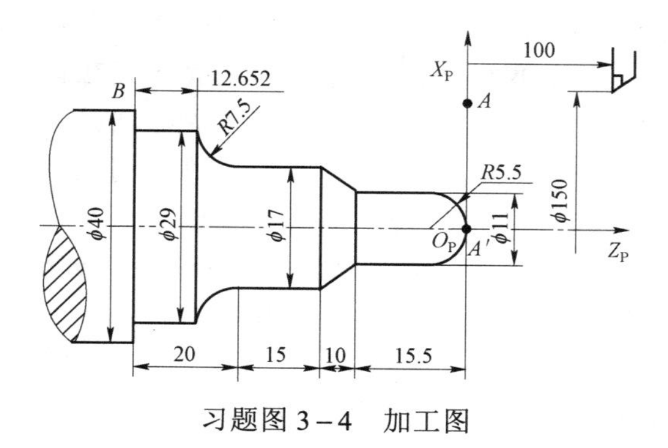

习题图 3-4　加工图

4. 习题图 3-5 所示为梯形螺纹轴零件，材料为 45 钢，单件加工，试编写程序。

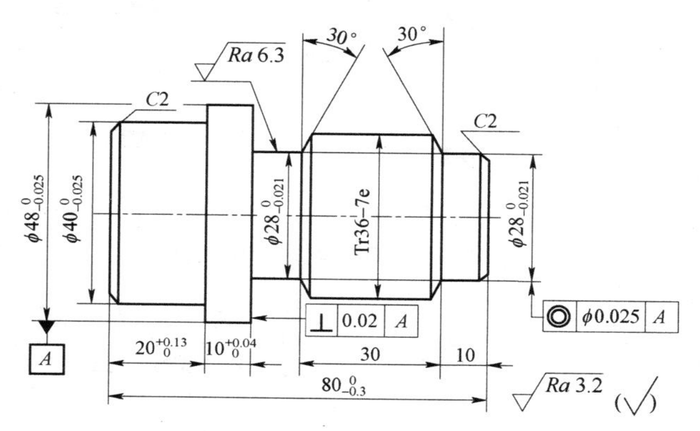

习题图 3-5　梯形螺纹轴零件

教学单元4　SINUMERIK 数控铣镗床基础编程

4-0　任务引入与任务分析

任务引入

应用SINUMERIK格式编写图4-0-1所示的鱼形零件加工编程,并能够在SINUMERIK数控系统的铣镗床上进行实施(模拟或加工)。

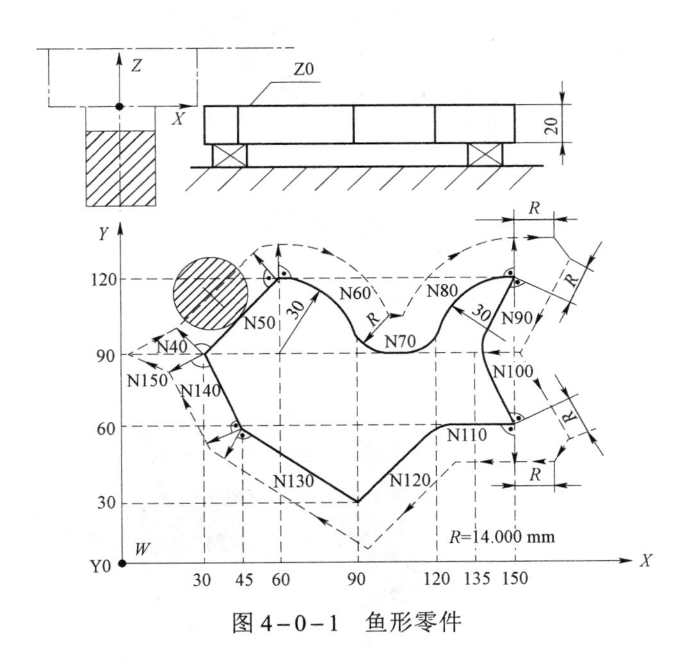

图4-0-1　鱼形零件

任务分析

鱼形零件的外形像一条鱼,厚度为20 mm,加工中要考虑工件的装夹、刀具补偿、进刀与出刀的方式等内容。并且,编写的程序格式要符合SINUMERIK格式,这是最重要的一点,下面讲解SINUMERIK数控铣削的基础编程。

4－1　数控铣镗床的作用与规格

1. 铣镗床的构成

数控铣镗床应用非常广泛，如航空航天、汽车制造等，可以用来加工普通铣床难以加工的零件，如铣面、切槽、各种孔等，自动化程度高，是加工箱体类零件的关键设备。立式数控铣床如图4－1－1所示，主要规格参数见表4－1－1。数控龙门铣镗床如图4－1－2所示，主要性能参数见表4－1－2。TK6916、TK6920数控落地铣镗床主要性能参数见表4－1－3。另外，还有五轴数控镗床，如图4－1－3所示，万能数控镗床如图4－1－4所示。

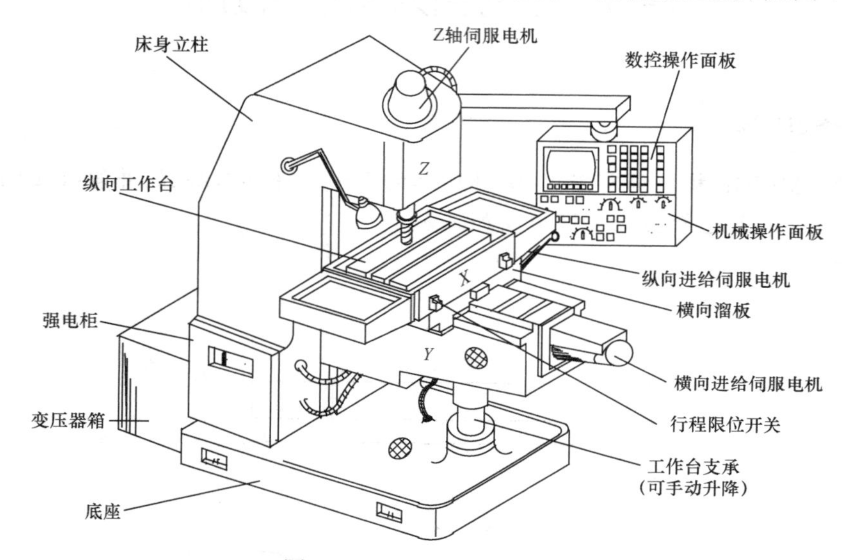

图4－1－1　立式数控铣床

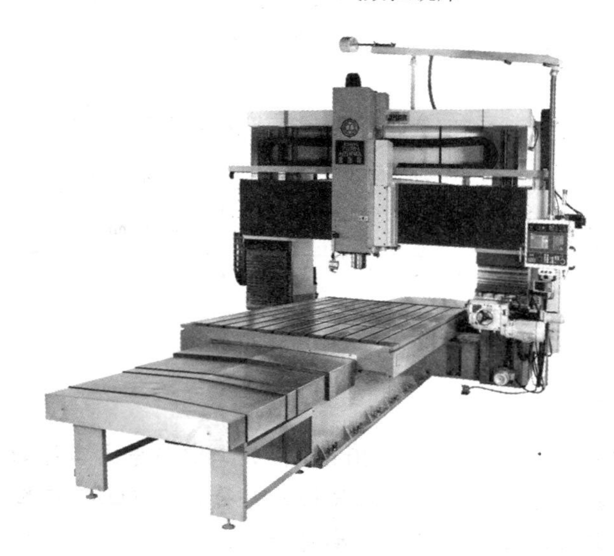

图4－1－2　数控龙门铣镗床

表 4－1－1　立式数控铣床规格参数

技术规格 \ 机床型号		VB900 立式数控铣床	技术规格 \ 机床型号		VB900 立式数控铣床
主轴	主轴锥孔尺寸	ISO50	刀具	采用刀柄	BT50　自动换刀
	主轴转速/（r・min^{-1}）	40～4 000		最大刀具重量/kg	15
	主轴直径/mm	ϕ100		最大刀具长度/mm	350
	主轴端面至工作台面距离/mm：240～1 040			最大刀具直径/mm	ϕ127/ϕ200
	Z 轴行程	800 mm			
	主轴中心线至立柱导轨面距离/mm：950			刀具数量	32
工作台	工作台（宽×长）/(mm×mm)	860×2 100	机床主电机功率/kW		15～18.5
	Y 轴行程/mm	900	数控系统		FANUC Oi—MC
	X 轴行程/mm	1 900	数控进给轴状况		三轴，三轴联动
	工作台面至地面距离/mm	970	机床重量/t		19
	工作台中心至立柱导轨面距离/mm：1 400		机床外形（长×宽×高）/（mm×mm×mm）		5 000×3 800×3 400
	工作台 T 形槽宽/间距/槽数	22H8 mm/125 mm/6 条	机床制造厂家		杭州友佳精密机械有限公司
	工作台最大承重/kg	2 200	使用车间代号/台数		06/1
	快速移动速度（*X*、*Y* 轴）/（mm・min^{-1}）	12 000	安装日期		2007 年 5 月
	快速移动速度（*Z* 轴）/（mm・min^{-1}）	10 000			

技术规格 \ 机床型号		PV1800 数控立式铣床
	主轴锥孔尺寸	ISO50（BT50）
	主轴转速/额定扭矩/［（r・min^{-1}）/（N・m）］	36～6 000/999
	主轴端面至工作台面距离/mm	170～850
	主轴箱垂直行程（*Z* 轴）/mm	680
	主轴中心线至立柱导轨面距离/mm	950
	采用刀柄	BT50
	最大刀具重量/kg	15
	最大刀具长度/mm	300
	最大刀具直径/mm	ϕ200
	工作台尺寸（宽×长）/（mm×mm）	900×2 000
	Y 轴行程/mm	900
	X 轴行程/mm	1 800
	工作台 T 形槽宽/间距/槽数	22H9 mm/165 mm/5 条

续表

技术规格＼机床型号		PV1800 数控立式铣床
	进给速度/（mm·min^{-1}）	5～10 000
	工作台最大承重/kg	1 800
	X、*Y* 快速移动/（mm·min^{-1}）	10 000
	主电机功率/kW	15/18.5（连续/30 min）
	机床外形尺寸（长×宽×高）/（mm×mm×mm）	4 800×3 310×3 320
	数控系统	SIEMENS 840D
	数控进给轴状况	三轴，三轴联动
	机床重量/t	15
	机床制造厂家	成都普瑞斯数控机床有限公司

表 4－1－2　数控龙门铣镗床主要参数

技术规格＼机床型号		XK2314/4 1.4×4 m 数控龙门铣床	TK42250－600 型 数控龙门镗铣床
主轴	主轴孔锥度	BT50	ISO60
	主轴转速/（r·min^{-1}）	2～1 800	10～1 600
	主轴级数	无级调速	
	主电机功率/kW	37	60/84
	主轴最大输出扭矩/（N·m）	1 595	6 622
	主轴最大轴向力/N		16 000
	主轴端面至工作台面距离/mm	200（最小）	600～2 100
	两立柱间距/mm	1 900	
	刀柄		BT60
	拉钉		LDB－60
滑枕	滑枕下部截面积尺寸（宽×厚）/（mm×mm）	600×635（防护板）	
	滑枕垂直（*Z* 轴）行程/mm	1 000	1 500
	滑枕横向（*Y* 轴）行程/mm	1 900	4 240
	滑枕进给范围（*Z* 轴）/（mm·min^{-1}）	1～5 000	1～5 000
	滑枕进给范围（*Y* 轴）/（mm·min^{-1}）	1～5 000	1～5 000
	Z 轴快速移动速度/（mm·min^{-1}）	10 000	10 000
	Y 轴快速移动速度/（mm·min^{-1}）	10 000	10 000
	Z 轴伺服电机功率/扭矩/[（kW/（N·m）]	/42	4.8/23/27
	Y 轴伺服电机功率/扭矩/[（kW/（N·m）]	/42	9.7/31/50
	最大坐标行程（*X* 轴）/mm	4 500	6 500

续表

技术规格 \ 机床型号		XK2314/4 1.4 × 4 m 数控龙门铣床	TK42250 – 600 型 数控龙门镗铣床
滑枕	工作台尺寸（长 × 宽）/（mm × mm）	4 000 × 1 400	6 000 × 2 500
	工作台最大承重/kg	20 000	2 000
	X 轴工作进给速度/（mm • min^{-1}）	1～5 000	1～5 000
	X 轴快速移动速度/（mm • min^{-1}）	10 000	10 000
	工作台 T 形槽（宽/槽距/槽数）	28 mm/125 mm/9 条	28H8 mm/200 mm/13 条
	X 轴伺服电机功率/扭矩/［kW/（N • m）］	/42	15.5/74/115
附件	角铣头主轴孔锥度	ISO50	ISO50
	角铣头装夹夹紧方式		手动夹紧
	直角铣头：功率/kW	28	
	转速/（r • min^{-1}）	10～1 500	1 500
	分度	任意	4 × 90°
	延伸头：功率/kW	15	22
	转速/（r • min^{-1}）	10～1 800	1 000
	万能角铣头：功率/kW	18	18.5
	转速/（r • min^{-1}）	10～1 200	1 200
	分度	任意	任意/2.5°
	传动比		
数控系统		SIEMENS 840D	SIEMENS 840D
数控进给轴状况		三轴，三轴联动	三轴，三轴联动
机床外型尺寸（长 × 宽 × 高）/（mm × mm × mm）		10 800 × 5 200 × 5 850	15 300 × 7 705 × 6 770
机床总重/t		58	
机床制造厂家		桂林机床股份有限公司	江苏多棱机
使用车间代号/台数		01/1	11/1
安装日期		2015 年 2 月	2016 年 9 月

表 4 – 1 – 3　TK6916、TK6920 数控落地铣镗床主要性能参数

技术规格 \ 机床型号		TK6916A – 120 × 40 数控落地铣镗床	TK6920A – 130 × 40 数控落地铣镗床
主轴	坐标地址	Z	Z
	主轴直径/mm	ϕ160	ϕ200
	铣轴直径/mm	ϕ320	ϕ320
	主轴锥孔	ISO50	ISO60
	主轴功率/kW	60	71

续表

技术规格 \ 机床型号		TK6916A－120×40 数控落地铣镗床	TK6920A－130×40 数控落地铣镗床
主轴	主轴转速/（$r \cdot min^{-1}$）	（无级）2～800	（无级）2～800
	镗轴最大轴向行程/mm	1 200	1 200
	中心距工作台面距离/mm	500～4 500	500～4 500
	镗轴进给速度范围/（$mm \cdot min^{-1}$）	（无级）0.5～4 500	（无级）0.5～4 500
	镗轴快速移动速度/（$mm \cdot min^{-1}$）	4 500	4 500
	铣轴最大扭矩/（$N \cdot m$）	11 000	12 000
	最大进给抗力/N	49 000	49 000
滑枕	坐标地址	W	W
	截面尺寸（宽×高）/（mm×mm）	470×520	470×520
	最大轴向行程/mm	1 200	1 200
	进给速度范围/（$mm \cdot min^{-1}$）	（无级）0.5～4 500	（无级）0.5～4 500
	快速移动速度/（$mm \cdot min^{-1}$）	4 500	4 500
$W+Z$ 轴行程/mm		2 400	2 400
立柱	坐标地址	X	X
	最大横向行程/mm	12 000	13 000
	进给速度范围/（$mm \cdot min^{-1}$）	（无级）1～6 000	1～6 000
	快速移动速度/（$mm \cdot min^{-1}$）	6 000	6 000
主轴箱	坐标地址	Y	Y
	最大垂直行程/mm	4 000	4 000
	进给速度范围/（$mm \cdot min^{-1}$）	1～6 000	（无级）1～4 000
	快速移动速度/（$mm \cdot min^{-1}$）	6 000	6 000
回转工作台	回转轴坐标地址	B	B
	连续回转角度	$N \times 360°$	$N \times 360°$
	工作台尺寸/mm	3 000×3 000	3 000×3 000
	纵向行程 V/mm	2 000	2 000
	进给速度范围（无级）/B	0.1～450/（$deg \cdot min^{-1}$）	0.1～450/（$deg \cdot min^{-1}$）
	快速移动速度/B	450/（$deg \cdot min^{-1}$）	450/（$deg \cdot min^{-1}$）
	承重/t	45	45
	T 形槽槽宽/间距/槽数	28 mm/200 mm/14 条	36 mm/200 mm/14 条
机床附件	铣头装夹方式	自动夹紧	手动夹紧
	直角铣头型号	TZ50S	TZ50S
	主轴锥孔	ISO50	ISO50
	主轴功率/kW	50	50

续表

技术规格 \ 机床型号		TK6916A－120×40 数控落地铣镗床	TK6920A－130×40 数控落地铣镗床
机床附件	主轴端部直径/mm	ϕ128.57 h5	ϕ128.57 h5
	主轴转速范围/（r•min^{-1}）	2～800	2～800
	主轴最大扭矩/（N•m）	3 500	3 500
	传动比	1:1	1:1
	角铣头分度	0～360°	0～360°
	刀具夹紧方式	手动装夹及夹紧	手动装夹及夹紧
	万向角铣头型号	TW25S	TW25S
	主轴锥孔	ISO50	ISO50
	主轴功率/kW	25	25
	主轴端部直径/mm	ϕ128.57 h5	ϕ128.57 h5
	主轴转速范围/（r•min^{-1}）	2～800	2～800
	主轴最大扭矩/（N•m）	1 250	1 250
	传动比	1:1	1:1
	分度方式	0～360°（手动）	0～360°（手动）
	刀具夹紧方式	手动装夹及夹紧	手动装夹及夹紧
	加长直角铣头型号	TK6916A－56Z（不能使用）	
	主轴锥孔	ISO50	
	主轴功率/kW	15	
	主轴端部直径/mm	ϕ128.57 h5	
	主轴转速范围/（r•min^{-1}）	2～800	
	主轴中心线至滑枕端面尺寸/mm	904	
	扭矩/（N•m）	1 000	
	传动比	1:1	
	分度方式	0～360°（手动）	
	刀具夹紧方式	手动装夹夹紧	
	小加长直角铣头型号	TK6916A－56Y	
	主轴锥孔	ISO40	
	主轴端部直径/mm	ϕ88.88 h5	
	主轴转速范围/（r•min^{-1}）	2～800	
	主轴功率/kW	10	
	主轴中心线至滑枕端面尺寸/mm	779	

续表

技术规格 \ 机床型号		TK6916A－120×40 数控落地铣镗床	TK6920A－130×40 数控落地铣镗床
机床附件	分度方式	0～360°（手动）	
	刀具夹紧方式	手动装夹夹紧	
	专用角铣头型号		TK6920/2－56B
	主轴锥孔		ISO50
	主轴扭矩/（N·m）		1 500
	主轴中心线至滑枕底面距离/mm		750
	主轴转速范围/（$r \cdot min^{-1}$）		1～500
	主轴功率/kW		10
	工作角度		4×90°
	刀具夹紧方式		手动装夹夹紧
其他参数	数控系统	SIEMENS 840D	SIEMENS 840D
	数控进给轴状况	控 6 轴，4 轴联动	控 6 轴，4 轴联动
	落地平台尺寸/mm	7 500×5 400	9 000×5 400
	T 形槽宽/槽距/mm	36/300	36/300
	机床外形尺寸（长×宽×高）/（mm×mm×mm）		20 000×4 550×8 750
	机床制造厂家	武汉重型机床集团有限公司	武汉重型机床集团有限公司
	使用车间代号/台数	02/1，13/1	01/1
	安装日期	2016 年 11 月	2016 年 6 月

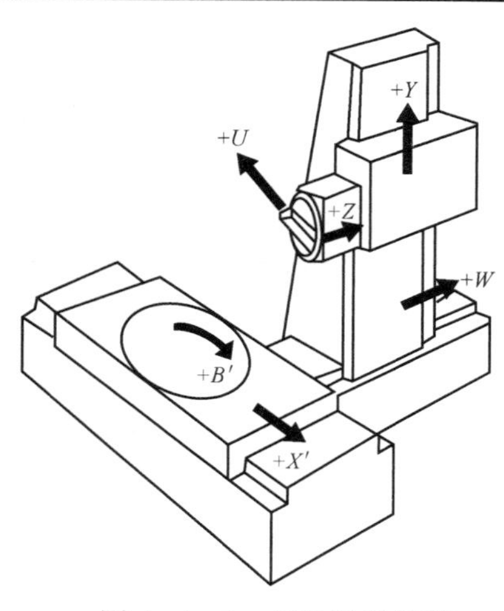

图 4－1－3　五轴数控镗床

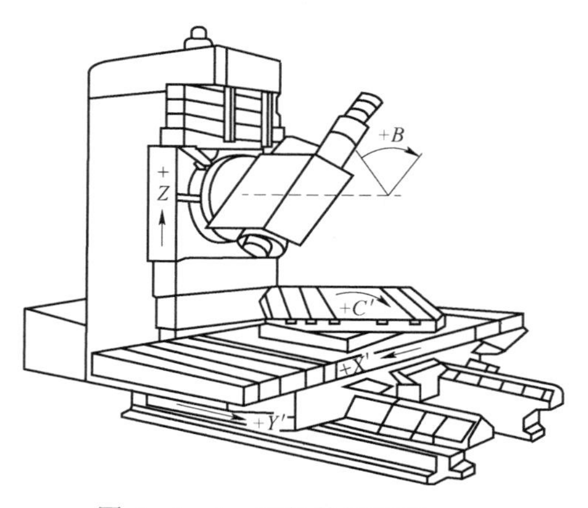

图 4－1－4　万能数控镗床

2. 曲面类零件

加工面为空间曲面的零件称为曲面类零件，如模具、叶片、螺旋桨等。这类零件在数控铣床的加工中也较为常见。

曲面类零件如图 4－1－5 所示。其主要特点一是加工面不能展开为平面；二是加工面与铣刀始终为点接触。这类零件一般采用三坐标数控铣床配球头铣刀加工，曲面复杂或需刀具摆动时，要用四坐标或五坐标铣床加工。

图 4－1－5　空间曲面零件的铣削加工

3. 变斜角类零件

加工面与水平面的夹角呈现变化的零件称为变斜角类零件，如飞机上的整体梁、框、缘条与肋、检验夹具与装配型架等。其特点是加工面不能展开为平面，但与铣刀圆周接触的瞬间为一直线。

加工变斜角类零件，最好采用四坐标或五坐标数控铣床摆角加工，也可用三坐标数控铣床进行 2.5 轴近似加工。图 4－1－6 所示为用四坐标或五坐标数控铣床加工变斜角零件的情况。

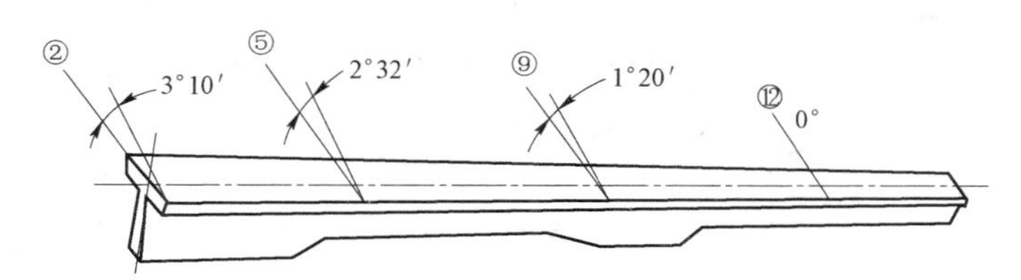

图 4－1－6　变斜角零件的铣削加工

4－2　程序编制的内容及过程

1. 程序编制的内容

程序编制的内容包括从零件图纸分析开始、计算刀具轨迹的坐标值、编写加工程序直到用程序加工的全部工作内容。

编制数控加工程序是使用数控机床的一项重要技术工作，理想的数控程序不仅应保证加工出符合零件图样要求的合格零件，还应使数控机床的功能得到合理的应用与充分的发挥，使数控机床能安全、可靠、高效地工作。

2. 程序编制的过程

（1）零件图纸分析

要分析零件的材料、形状、尺寸、精度及毛坯形状和热处理要求等，并对零件进行结构工艺性分析，如图 4－2－1 所示。

① 尺寸标注应符合数控加工的特点。在数控编程中，所有点、线、面的尺寸和位置都是以编程原点为基准的。因此，零件图上最好直接给出坐标尺寸，或尽量以同一基准引注尺寸。

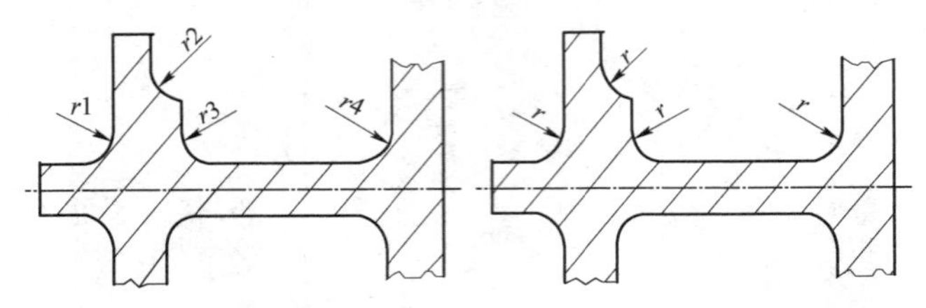

图 4－2－1　零件结构工艺性分析

② 图样的几何要素间相互关系明确，条件充分。如图 4－2－2 所示，常常出现参数不全或不清楚，如圆弧与直线、圆弧与圆弧是相切还是相交或相离的情况。因此，在审查与分析图纸时，一定要仔细。

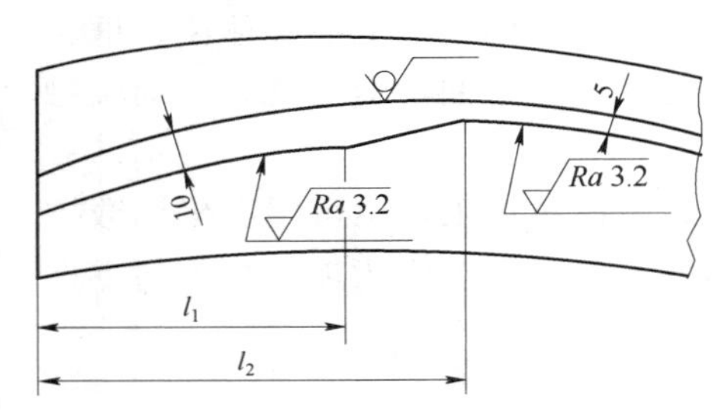

图 4－2－2　尺寸标注统一

③ 尺寸标注统一。尽量统一凹圆弧半径的尺寸，即使不能完全统一，也应力求局部统一以减少换刀次数，如图 4－2－2 所示。

④ 精度及技术要求是否齐全、是否合理。精度能否达到图样要求，有位置精度要求的表面应在一次安装下完成；表面粗糙度要求较高的表面，应确定用恒线速切削。只有在分析零件尺寸精度和表面粗糙度的基础上，才能对加工方法、装夹方式、刀具及切削用量进行正确而合理的选择。

（2）确定工艺过程及工艺路线

在数控程序的编制中，工艺分析十分重要。由于整个加工过程是自动化进行的，不需要人的参与，所以在普通机床中不必考虑的问题在数控加工中就必须予以规定，如工序中的工步安排，走刀路线，刀具的外形和切削用量以及开停车，切削液的开停等。只有正确编写出加工工艺、正确计算坐标点、正确运用数控指令，程序才可能正确，才能在最高效率情况下将零件加工出来。

① 确定该零件是否适宜在数控机床上加工，或适宜在哪类数控机床上加工。

② 确定在某台数控机床上加工该零件的哪些工序或哪几个表面。

③ 确定零件的加工方法（如采用的夹具、定位方法）和加工路线（如对刀点、走刀路线）。

④ 确定加工用量等工艺参数。工艺参数包括切削进给速度、主轴转速、切削宽度和深度等，按照一般的工艺原则确定加工方法，划分加工阶段，选择机床、刀具、切削量等工

艺参数，以及定位夹紧方法；还要根据数控机床加工特点，做到工序集中、空行程路线短、减少换刀次数等。

（3）计算刀具轨迹的坐标值

根据零件图纸和确定的加工路线，算出数控机床所需输入数据，如零件轮廓相邻几何元素的交点和切点，计算出零件的轮廓线上各几何元素的起点、终点、圆弧的圆心坐标。若数控系统无刀补功能，则应计算刀心轨迹以及用直线或圆弧逼近零件轮廓时相邻几何元素的交点和切点等。

（4）编写加工程序

手工编程适合于零件形状比较简单、加工工序较短、坐标计算较简单的场合，对于形状复杂、工序较长、计算烦琐的零件可采用计算机辅助编程。

（5）程序输入数控系统与程序检验

可通过键盘直接将程序输入数控系统，也可先制作控制介质（穿孔带等），再将控制介质上的程序输入数控系统。对有图形显示功能的数控机床，可进行图形模拟加工，检验刀具轨迹是否正确。对无此功能的数控机床可进行空运转检验。

（6）首件加工与正式加工

数控铣削加工更加复杂，以上工作只能检验刀具轨迹的正确性，验不出对刀误差和某些计算误差引起的加工误差以及加工精度。因此，在加工首件时要试切，试切后若发现工件不符合要求，要进行误差分析，直至加工零件合格后，再成批生产。

4-3 SINUMERIK 编程尺寸系统指令

1. 坐标系的设定

SINUMERIK 系统中设定工件坐标指令一般分为可设定零点偏置和可编程零点偏置。可设定零点偏置采用 G54～G57 指令，通过操作面板输入数据区；可编程零点偏置采用 G58～G59 指令，在程序中设定。

（1）工件坐标系与工件零点

工件坐标系又称编程坐标系，是编程和加工时用来定义工件形状和刀具相对工件运动的坐标系。编程时，首先要建立工件坐标系，其目的如下：

① 确定工件安在机床中的装夹位置；

② 便于编程时计算坐标尺寸。

工件坐标系实际上是不带撇号“′”的机床坐标系的平移，平移的过程和结果称零点偏置，平移的距离和方向称零点偏置值。此值在实际操作时通过对刀获得，并从机床面板输入零点偏置存储器保存，断电不会丢失，编程时用选择工件坐标系 G 代码调用。工件坐标系符合右手笛卡尔直角坐标系规则，即编程时永远假定工件不动，刀具围绕工件运动。工件坐标系的原点也称编程原点或工件零点，建立在工件的合适位置上，如图 4-3-1（a）所示。

在零件图上标记的编程中用到的坐标尺寸，均是指工件坐标系中的坐标尺寸。这样，编程人员在不知道机床具体结构的情况下，就可以依据零件图样，确定机床的加工过程，机床将工件坐标尺寸与零点偏置值进行代数和运算之后作为运动目标位置，工件坐标系就是这样简化计算编程尺寸的。

（2）工件坐标系的建立

编程时必须首先确定工件零点。工件零点通常设定在工件或夹具的合适位置上，便于对刀测量、坐标计算，若能与定位基准重合可以减少装夹误差。工件零点偏置值由对刀测得。如图 4－3－1（b）所示，设工件零点在工件顶面中点 O_1，工件零点偏置值设定在 G54 中，通过对刀测得［G54 工件零点 O_1 的偏置值 $X=-400$，$Y=-200$，$Z=-300$（机床坐标系原点在 O 点）］。这些数据通过机床操作面板输入工件零点偏置存储器 G54 中，编程时用 G54 调用这组数据，便建立了工件坐标系 G54。

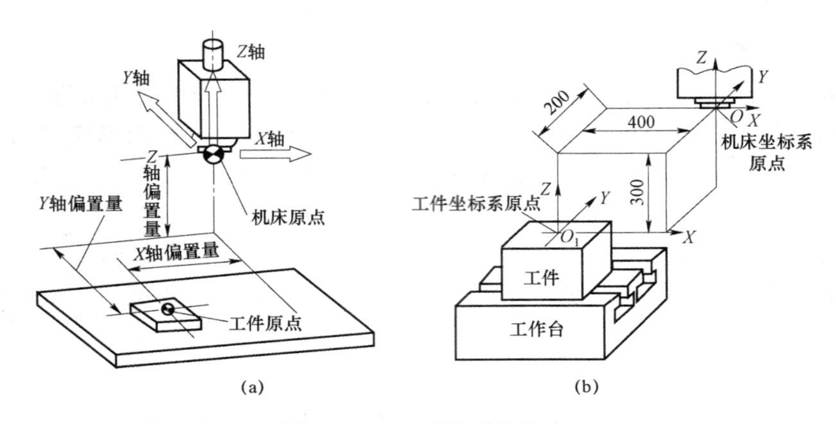

图 4－3－1　坐标系的设定

（3）可设定工件坐标系 G54～G57

可设定工件坐标系 C54～G57 指令可以同时设定最多 6 个互不影响的工件坐标系，相当于存储零点偏置值存储器的代码，在程序中由它们来调用相应的工件零点偏置值。

由于偏置值可通过机床面板输入设定，故名“可设定”。

程序中 G54～G59 后的坐标值就是某一坐标点在该工件坐标系中的坐标值，它们是同组模态 G 代码。如图 4－3－2（a）所示，第一工件坐标系 G54 的原点在机床坐标系中的坐标为（X20，Y20），第二工件坐标系 G55 的原点在机床坐标系中的坐标为（X70，Y40），这两组坐标值都是零点偏置值，而不是编程尺寸值。

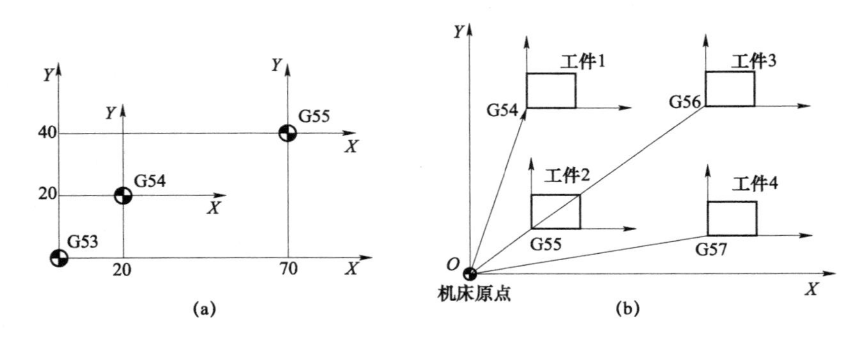

图 4－3－2　工件原点设定

如果需要设置多个有效的零点偏置，如图 4-3-2（b）所示。图中设置 4 个工件坐标系，分别调用 G54、G55、G56、G57 指令，每个工件的子程序为 L10，其程序指令如下：

```
N100 G54;                    调用第一可设定零点偏置
N110 L10;                    加工工件 1
N120 G55;                    调用第二可设定零点偏置
N130 L10;                    加工工件 2
N140 G56;                    调用第三可设定零点偏置
N150 L10;                    加工工件 3
N160 G57;                    调用第四可设定零点偏置
N170 L10;                    加工工件 4
N180 G500 G00 X__ Y__;       取消可设定零点偏置
N190 M30;
```

（4）可编程零点偏置

编程格式：G58/G59 X__ Y__ Z__ A__;

功能说明：

X__ Y__ Z__是以 G54～G59 设定的工件坐标系为基准移动后的工件坐标系所对应轴的偏移值，如图 4-3-3（a）所示：A__是工件坐标系在加工平面的旋转角度，如图 4-3-3（b）所示，$A=25°$ 。工件在 G54 位置为原始状态，子程序也是在原始状态下编写的，用 L10 表示。

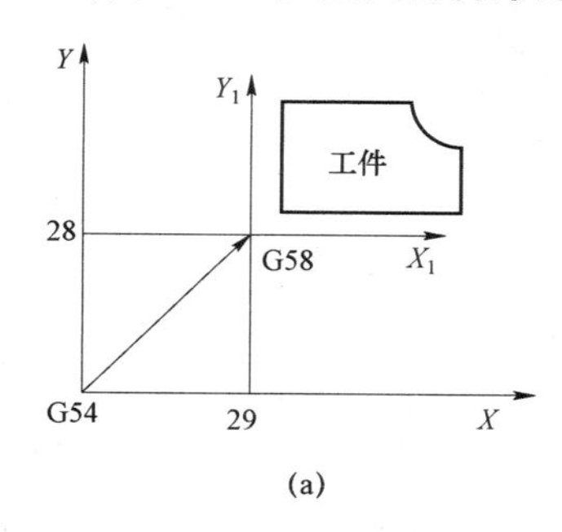

(a)

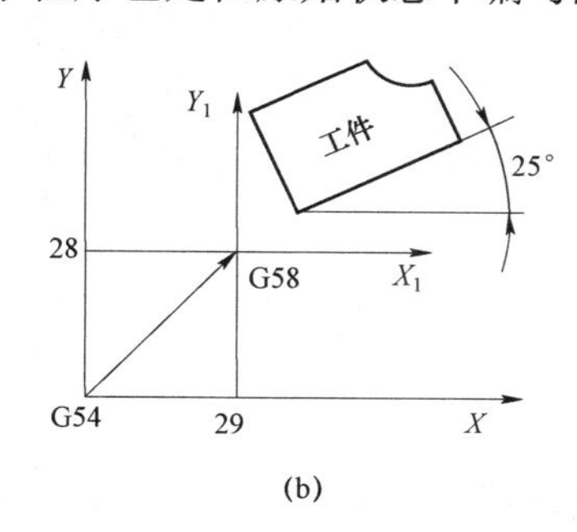

(b)

图 4-3-3　可编程零点偏置

（a）不带旋转坐标系的可编程零点偏置；（b）带旋转坐标系的可编程零点偏置

图 4-3-3（a）是不带旋转坐标系的可编程零点偏置（坐标平移），其程序片段如下：

```
…
N10 G54;                 建立工件坐标系（原始状态）
N20 G58 X29 Y28;         （当前位置）工件坐标系平移到 G58 设定的位置
N30 L10;                 调用工件（原始状态）的子程序
N40 G58 X0 Y0;           回到 G54（原始状态）设定的工件坐标系
…
```

图 4-3-3（b）是带旋转坐标系的可编程零点偏置，其程序片段如下：

```
…
G58 X29 Y28 A25;         工件坐标系平移到 G58 设定的位置，且逆时针旋转 25°
…
```

G58 X0 Y0 A0;　　　　　　取消平移与旋转

…

如果设置几个旋转，则当前所设置的工件坐标系是以上一个工件坐标系为依据的，如图 4-3-4 所示。程序如下：

N10 G54;

N20 G58 X18 Y18 A25;

N30 L10;

N40 G58 X45 Y11 A15;　　　　　　坐标系平移到（63，29）处，并旋转

N50 L10;

N54 G58 X0 Y0;

N60 G58 X-38 Y21 A15;　　　　　　坐标系平移到（25，51）处，并旋转

N70 L10;

N80 G58 X0 Y0 A0;

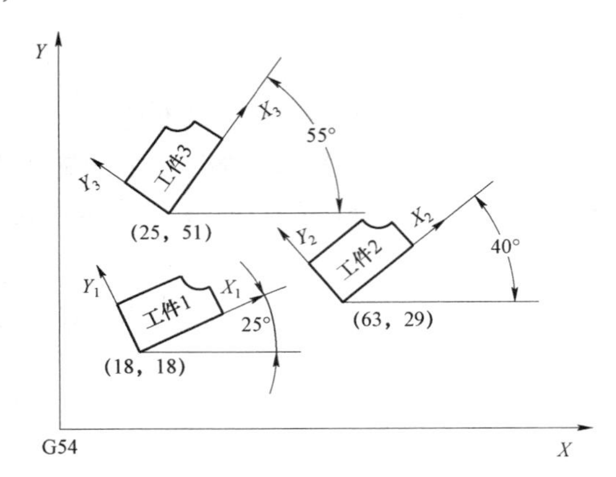

图 4-3-4　多个旋转坐标系的可编程零点偏置

2. 工作平面选择指令 G17、G18、G19

（1）刀具轴与视角方向

与旋转刀具轴线平行的坐标轴称为刀具轴，沿着刀具轴方向，由负向正看去的方向为视角方向，由此确定刀具的进给方向。工作平面由两个坐标轴来设定，第三个坐标轴刀具轴与该平面垂直，工作平面 *XY*、*ZX*、*YZ* 选择指令是用来选择圆弧插补的平面和刀具补偿平面的。

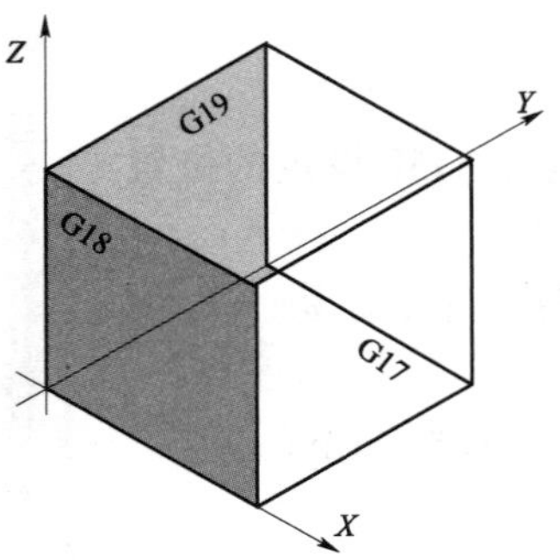

图 4-3-5　坐标平面的选择

（2）G17、G18、G19 指令

G17、G18、G19 分别指令 *XY*、*ZX*、*YZ* 平面。数控系统一般默认为在 *XY* 平面内加工。若要在其他平面上加工则应使用坐标平面选择指令，如图 4-3-5 所示，并且要用角度铣头才能完成加工，如图 4-3-6 所示。

3. 绝对尺寸与增量尺寸指令 G90、G91

G90/G91 尺寸字指令的实质是坐标尺寸，其指令含义分绝对坐标尺寸和增量坐标尺寸两种。其中，绝对坐标 G90

尺寸是指在指定的坐标系中，机床运动位置的坐标值是相对于工件坐标原点给出的；增量坐标 G91 尺寸是指机床运动位置的坐标值是相对于前一位置给出的。在加工程序中，绝对尺寸与增量尺寸有两种表达方式。一类是用 G 指令作规定，一般用 G90 指令绝对尺寸，用 G91 指令增量尺寸，这是一对模态（续效）指令。这类表达方式有以下两个特点：

图 4-3-6　龙门铣床上用角度铣头加工 *ZX* 平面（G18）

① 绝对尺寸与增量尺寸在同一程序段内只能用一种，不能混用，即 G90/G91 不能同时出现在同一个程序段中。

② 无论是绝对尺寸还是增量尺寸，在同一坐标轴的尺寸字的地址符要相同。

第二类表达方式不是用 G 指令作规定，而是直接用地址符来区分是绝对尺寸还是增量尺寸，例如，FANUC 数控车床中，地址符 X、Z 为绝对尺寸，U、W 为增量尺寸；SINUMEIK 系统分别用 AC、IC 表示绝对尺寸与增量尺寸。

绝对尺寸编程格式：

G90;　　　　　　　　　　　　　　　　绝对模态方式

X=AC(__)　Y=AC(__)　Z=AC(__);　　　　绝对非模态方式

相对尺寸编程格式：

G91;　　　　　　　　　　　　　　　　增量模态方式

X=IC(__)　Y=IC(__)　Z=IC(__);　　　　增量非模态方式

这种表达方式的特点是同一程序段中绝对尺寸和增量尺寸可以混用，这给编程带来很大方便。

对于绝对坐标，所有位置坐标都参照当前工件坐标原点来表示刀具运动，如图 4-3-7（a）所示，P_1～P_3 点在绝对坐标中的位置参数如下：

P_1　对应于　G90　X20　Y35 或 X=AC(20)　　Y=AC(35)（相对于原点）

P_2　对应于　G90　X50　Y55 或 X=AC(50)　　Y=AC(55)

P_3　对应于　G90　X60　Y20 或 X=AC(60)　　Y=AC(20)

另外，可采用如下方式描述各点的坐标位置。

P_1　对应于　G90　X20　Y35

P_2　对应于　G90　X=IC(30)　Y55

P_3　对应于　G90　X20　Y=IC(-35)

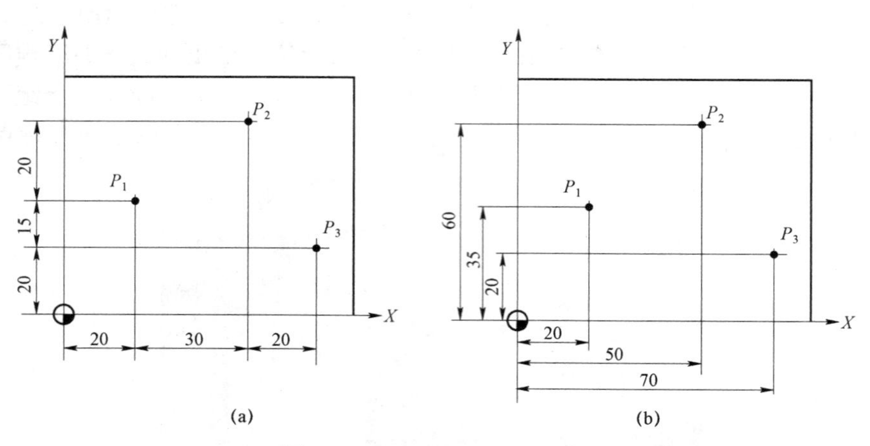

图 4-3-7　坐标的表示方式

零件图中常遇到这样的情形，即尺寸不是相对于工件坐标原点描述，而是相对于工件上的另一点描述。为了避免转换这些尺寸，可以用增量坐标来确定。如图 4-3-7（b）所示，P_1～P_3 点在增量坐标中的位置数据如下：

P_1　对应于　G91 X20 Y35　或 X=IC(20)　Y=IC(35)　（相对于原点）
P_2　对应于　G91 X30 Y25　或 X=IC(30)　Y=IC(25)　（相对于 P_1）
P_3　对应于　G91 X20 Y-40 或 X=IC(20)　Y=IC(-40)　（相对于 P_2）

另外，可采用如下方式描述各点的坐标位置。

P_1　对应于　G91 X20 Y35
P_2　对应于　G91 X=AC(50) Y25
P_3　对应于　G91 X20 Y=AC(20)

［**例 4-3-1**］计算坐标值

根据图 4-3-8 所示，计算 *A*、*B*、*C* 的坐标值。

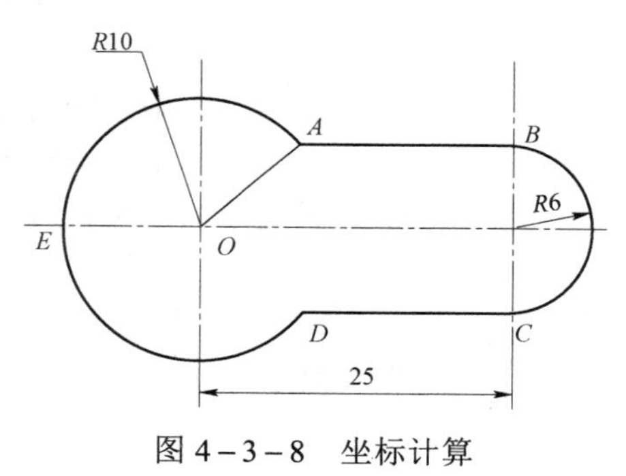

图 4-3-8　坐标计算

计算如下：

A 点坐标：G90 X8 Y6 或 X=AC(8)　Y=AC(6)或 X=SQRT(10*10-6*6)　Y6
B 点坐标：G90 X25 Y6 或 X=AC(25)　Y=AC(6)或 G90 X=IC(25)　Y=6
C 点坐标：G90 X25 Y-6 或 X=AC(25)　Y=IC(-12)或 G90 X25 Y=IC(-12)。

4－4 坐标运动指令

1. G00 快速运动

SINUMERIK 数控铣镗床 G00 指令具体描述可参见教学单元 3 直线运动指令的相关内容。

程序格式：G00　X__　Y__　Z__;

其中，X__　Y__　Z__表示目标位置的坐标值。

2. 插补功能

插补功能用于密化数据，用已知线型（已有插补轨迹）代替未知线型。有很多种插补方式，数控常用直线插补与圆弧插补，如图 4－4－1 所示。

① 直线插补：数控机床加工时，刀具运动轨迹是直线的插补，称为直线插补。

② 圆弧插补：数控机床加工时，刀具运动轨迹是圆弧的插补，称为圆弧插补。

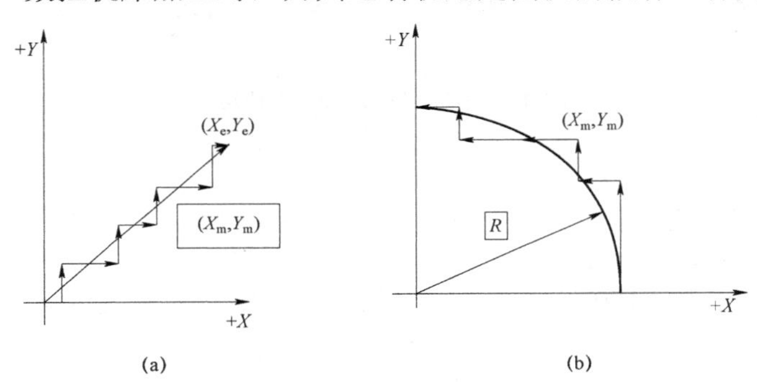

图 4－4－1　插补功能

（a）第一象限的直线；（b）圆弧 G03

3. 直线插补指令 G01

执行 G01 指令，可以是单轴直线运动，也可以是两轴直线插补运动，形成平面斜线，还可以三轴直线插补运动，形成空间斜线。

程序格式：G01　X__　Y__　X__　F__;

说明：X__　Y__　Z__　表示终点坐标值。以 F 给定速度进行切削加工，在无新的 F 指令替代前一直有效。

（1）单轴 G01 运动程序

如图 4－4－2 所示路径，要求用 G01 指令，坐标系原点 *O* 是程序起始点，要求刀具由 *O* 点快速移动到 *A* 点，然后沿 *AB*、*BC*、*CD*、*DA* 实现直线切削，再由 *A* 点快速返回程序起始点 *O*，其程序如下：

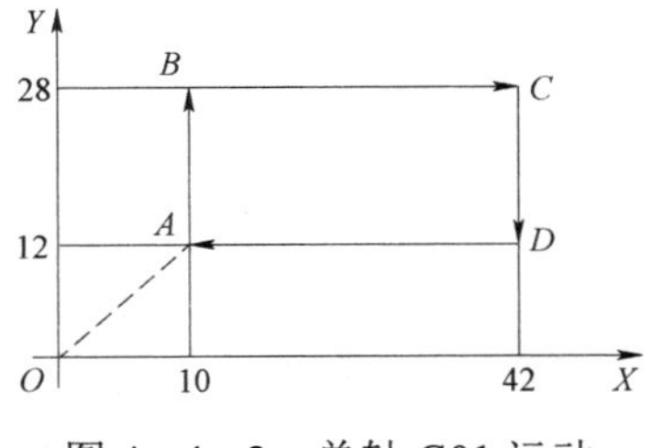

图 4－4－2　单轴 G01 运动

LY.MPF;	程序名
N05　G54　X0　Y0　S600　T01　M03;	坐标系设定 1 号刀，转速 600 r・min^{-1}
N10　G90　G00　X10　Y12;	快速移至 *A* 点，主轴正转

N15　G01　Y28　F100;	直线进给 $A\to B$，进给速度 100 mm·min^{-1}
N20　X42;	直线进给 $B\to C$，进给速度不变
N25　Y12;	直线进给 $C\to D$，进给速度不变
N30　X10;	直线进给 $D\to A$，进给速度不变
N35　G00　X0　Y0;	返回原点 O
N40　M05;	主轴停止
N45　M02;	程序结束

（2）两轴 G01 插补运动

如图 4－4－3 所示的 *AB* 运动斜线轨迹，要求两个坐标同时运动，走出平面斜线轨迹。

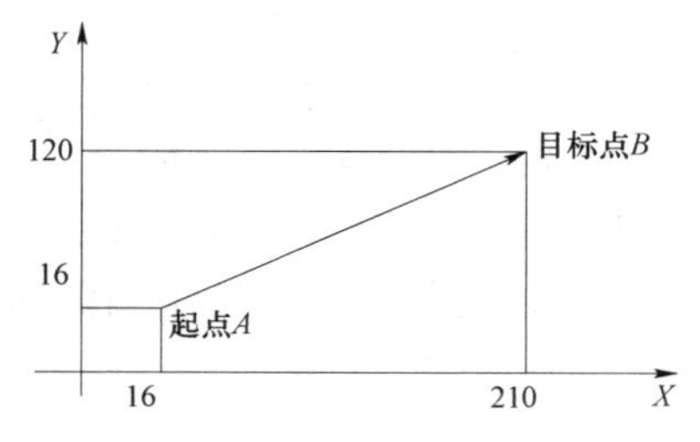

图 4－4－3　两轴 G01 插补运动

其程序如下：

N10 G17 S400 M03;	选择工作平面，主轴启动
N20 G00 X16 Y16;	到达起始位置
N30 G01 X210 Y120 F150;	沿着一条倾斜的直线运动

…

（3）三轴 G01 插补运动

如图 4－4－4 所示，加工一个空间斜槽：刀具在 *X*/*Y* 方向上从起始点移动到终点，*Z* 轴也同时进给。直线插补指令 G01 一般作为直线轮廓的切削加工运动指令，有时也用作很短距离的空行程运动指令，以防止 G00 指令在短距离高速运动时可能出现的惯性过冲现象。

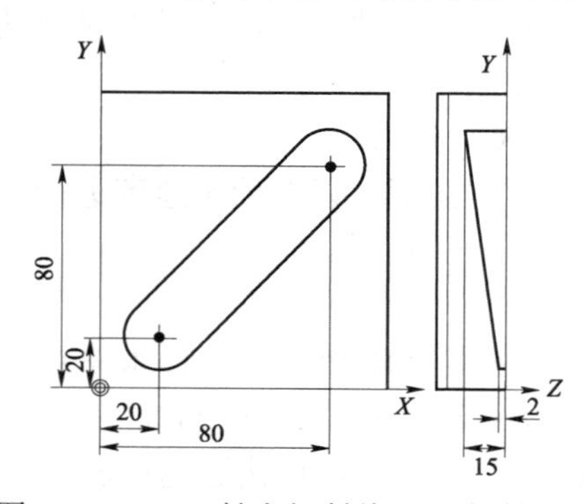

图 4－4－4　三轴空间斜线 G01 插补运动

其程序如下：

…

```
N10 G17 S400 M03;            选择工作平面，主轴启动
N20 G00 X20 Y20 Z2;          到达起始位置
N30 G01 Z-2 F150;            下刀：进刀深度 Z=-2 mm
N40 G01 X80 Y80 Z-15;        沿着一条倾斜的直线运动
N50 G00 Z100;                退到换刀点
…
```

[**例 4-4-1**] 五角星与五边形加工

加工图 4-4-5 所示的五角星与五边形，外圆及方台已加工好，选用 SINUMERIK 840D 立式铣床上的两轴直线插补运动加工。五角星轮廓相交处为铣刀半径圆弧过渡，起刀点设在（0，-33），选用ϕ12 mm 的立铣刀，并考虑刀具半径补偿（简称刀补），试编写五角星与五边形加工程序。

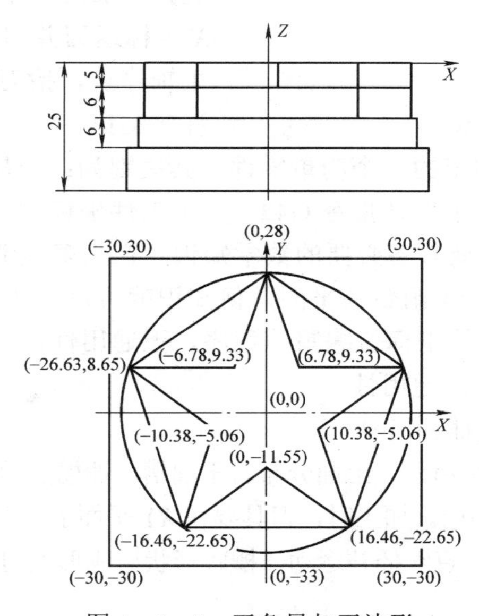

图 4-4-5　五角星与五边形

其编程程序如下：

```
ZXCB1.MPF;                   主程序
N05 G54 G90 G00 Z40;         建立加工坐标系
N10 M03 S500 F200;           主轴启动
N15 G01 Z-11;                五边形下刀
N20 X0 Y-33;                 走到起始点
N25 G42 D02 X16.46 Y-22.65;  完成刀补
N30 X26.63 Y8.65;            加工五边形开始
N35 X0  Y28;                 切削轮廓
N40 X-26.63 Y8.65;           切削轮廓
N45 X-16.46 Y-22.65;         切削轮廓
N50 X16.46 Y-22.65;          加工五边形结束
```

N55 G01 Z－5;	准备加工五角星
N60 X10.38 Y－5.06;	加工五角星开始
N65 X26.63 Y8.65;	切削轮廓
N70 X6.78 Y9.33;	切削轮廓
N75 X0 Y28;	切削轮廓
N80 X－6.78 Y9.33;	切削轮廓
N85 X－26.63 Y8.65;	切削轮廓
N90 X－10.38 Y－5.06;	切削轮廓
N95 X－16.46 Y－22.65;	切削轮廓
N100 X0 Y－11.55;	切削轮廓
N105 X16.46 Y－22.65;	五角星加工结束
N110 X30 D00;	*X*坐标退刀并用 D00 取消刀补
N115 Z30 M05;	主轴停止，抬刀
N120 M30;	程序结束

本例是利用 G01 指令加工的一个简单零件，其关键为：一是计算坐标点；二是工件坐标偏置 G54 的设定；三是用了刀补指令 G42。关于工件坐标的计算，视零件的难易程度及图纸的标注情况而定，这需要具备必要的数学知识。在大多数情况下，编程计算坐标点所用的数学知识并不是很高，三角函数与平面几何知识就可以解决绝大多数零件的坐标计算。本例的五角星作为一个具体的坐标值编写的程序，无通用性，应用范围受到限制，只有编写 R 参数子程序才具有广泛的通用性。

［例 4－4－2］三轴直线插补运动

圆滑板工件如图 4－4－6 所示，上面分布若干油槽，油槽的槽底深浅不一，便于润滑油的流动，即加工的油槽是空间油槽。加工时，刀具要在 *XY* 平面上从起始点移动到终点，*Z* 轴也同时进给，用指令 G01 完成三轴直线插补运动，槽底形状用成形铣刀（*R*4 mm 的球头刀）保证。

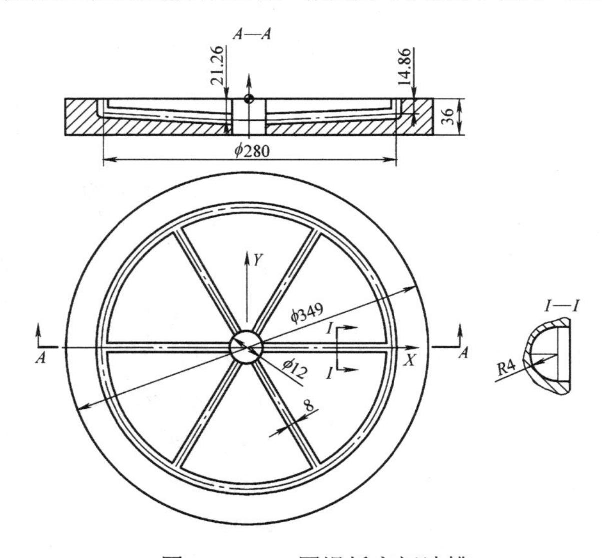

图 4－4－6　圆滑板空间油槽

（1）工艺分析

滑板为薄壁零件，主要考虑变形问题，选定在数控铣床上加工，要求在上道工序中留有本工序所需的压点位置，按上道工序已加工的面为基准，打表找正工件，并用压板压紧工件。油孔及油槽表面粗糙度一般为 *Ra*12.5 μm 或 *Ra*6.3 μm，可一次加工出来。由于球头刀不便垂直下刀，为了加工方便，先用 ϕ12 mm 的钻头将中间孔钻通，再用 ϕ8 mm 的球头刀把六条辐射槽加工出来，最后用 ϕ10 mm 的球头刀加工环形槽，注意槽深尺寸是按球心位置标注的。

（2）编制程序

```
CHAO.MPF;                                   主程序名
N05 G90 G17 S400 M03;                       选择工作平面，主轴启动
N10 T01 D01;                                调用φ12 mm 钻头
N15 G00 X0 Y0 Z5;                           到达起始位置
N20 M03 S700 F130;
N25 G01 Z－40 F150;                         钻通孔
N30 Z10;
N35 G00 X400 Y0 M05;                        到换刀点
N40 T02 D02;                                调用φ8 mm 球头刀
N45 G00 X0 Y0 Z5;                           走到工件中心位置
N50 M03 S700 F130;
N55 G01 Z－21.26;                           走到最低点，开始加工六条空间油槽
N60 X140 Y0 Z－15.3;
N65 Z5;
N70 G00 X0 Y0;                              走到工件中心位置
N75 G01 Z－21.26;                           走到最低点，开始加工六条空间油槽
N80 G01 X=140*COS(60) Y=140*SIN(60)  Z－14.86;
                                            乘号用“*”，不能用“×”或“·”
N85 Z5;
N90 G00 X0 Y0;                              走到工件中心位置
N95 G01 Z－21.26;                           走到最低点，开始加工六条空间油槽
N100 X=140*COS(120)  Y=140*SIN(120)  Z－14.86;
N105 Z5;
N110 G00 X0 Y0;                             走到工件中心位置
N115 G01 Z－21.26;                          走到最低点，开始加工六条空间油槽
N120 X－140 Y0 Z－15.3;
N125 Z5;
N130 G00 X0 Y0;                             走到工件中心位置
N135 G01 Z－21.26;                          走到最低点，开始加工六条空间油槽
N140  X=140*COS(240)  Y=140*SIN(240)  Z－14.86;
```

```
N145 Z5;
N150 G00 X0 Y0;                          走到工件中心位置
N155 G01 Z-21.26;                        走到最低点，开始加工六条空间油槽
N160  X=140*COS(300)   Y=140*SIN(300)   Z-14.86;
N165  Z10;
N170 G00 X400 Y0 M05;                    到换刀点
N175 T03 D03;                            调用φ10 mm 球头刀
N180 G00 X140 Y0 Z5;
N185 M03 S700 F130;
N190 G01 Z-15.3;                         下刀，开始加工环形油槽
N195 G03 X140 Y0 I-140 J0;
N200 G01 Z10;
N205 G00 X400 Y0 M05;                    退到换刀点
N210 M30;                                程序结束
```

本例中，应用了三轴直线插补，大多数情况下用两轴插补，空间复杂的曲面零件通过直线逼近方法用三轴联动方法实现，有些还带有摆动轴，可实现三轴以上联动。程序中还利用了 SINUMERIK　840D 系统自带的函数计算功能，可直接计算出坐标点，如 N80 程序段："N80 G01 X=140*COS（60）Y=140*SIN（60）Z-15.3；"另外，还应看到利用其他各种函数编程的例子。本例中，六条辐射状油槽是等分角度的，还可以利用极坐标编程，甚至还可按"等分角度"规律，利用循环功能编程。总之，编程方法较多，本例仅为其中一种方法。

4. 圆弧插补指令

圆弧插补功能是指在给定的坐标平面内进行圆弧插补运动。圆弧插补坐标平面由 G17、G18、G19 选定。圆弧插补有两种方式；一是顺时针圆弧插补 G02，二是逆时针插补 G03。编程格式有两种，一种是 I、J、K 格式；另一种是半径 CR 格式。

编程格式：

G02/G03　X__Y__I__J__K__F__或 G02/G03　X__Y__CR=__F__;

如图 4-4-7 所示，X、Y 为圆弧终点坐标值。在绝对值编程 G90 方式下，圆弧终点坐标是绝对坐标尺寸；在增量值编程 G91 方式下，圆弧终点坐标是相对于圆弧起点的增量值，圆弧编程分为半径 CR 方式与 I、J、K 方式，非整圆编程两种方式均可，整圆编程只能用 I、J 方式，其中，I、J、K 的值计算如下：

I=圆心的 X 坐标-圆弧起点的 X 坐标；

J=圆心的 Y 坐标-圆弧起点的 Y 坐标；

K=圆心的 Z 坐标-圆弧起点的 Z 坐标。

用半径 CR 方式编程，当圆心角为小于 180° 的圆弧时，CR 为正，反之为负。圆心角正好为 180° 圆弧时，正负均可。

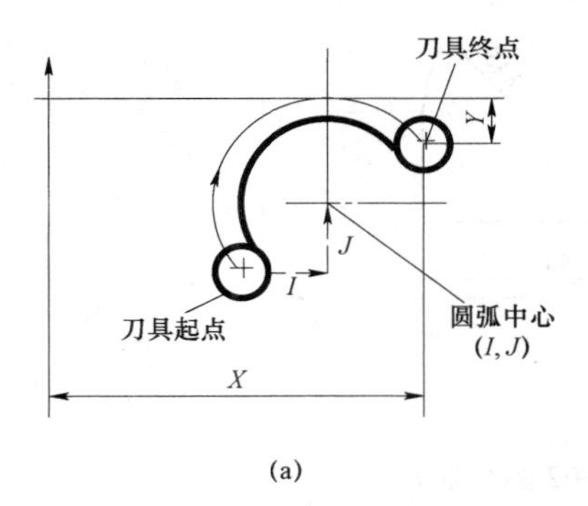

(a)

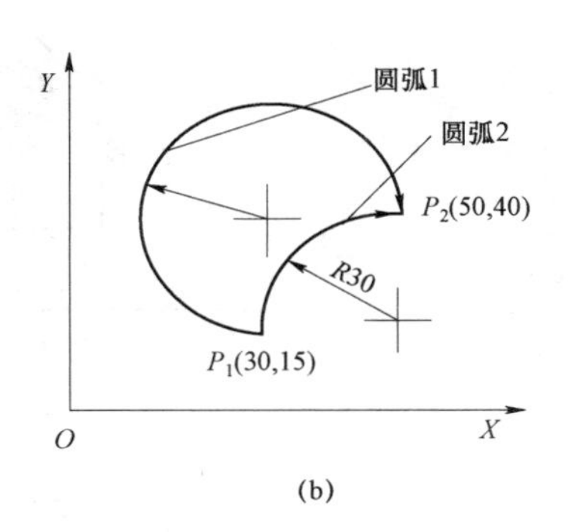

(b)

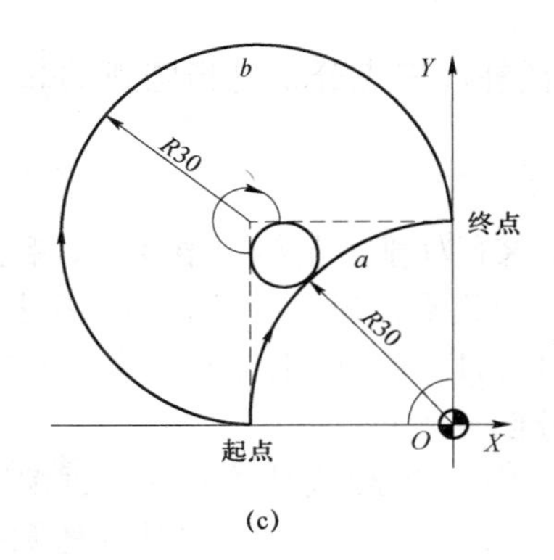

(c)

(a) 圆弧a

G91 G02 X30 Y30 CR=30 F300;

G91 G02 X30 Y30 I30 J0 F300;

G90 G02 X0 Y30 CR=30 F300;

G90 G02 X0 Y30 I30 J0 F300;

(b) 圆弧b

G91 G02 X30 Y30 CR=–30 F300;

G91 G02 X30 Y30 I0 J30 F300;

G90 G02 X0 Y30 CR=–30 F300;

G90 G02 X0 Y30 I0 J30 F300;

(d)

图 4–4–7 顺圆插补编程

[**例 4–4–3**] 圆弧编程

如图 4–4–8 所示，编写程序如下：

SHUNYUAN.MPF;	顺圆弧插补
N01 G54 G90 G00 X10 Y5 Z100;	走到起点，大于刀具直径
N02 G01 X20 Y10 Z–5 S200 F100;	下刀
N03 G01 Y30;	走到 *B* 点
N04 G01 X=IC(10) Y30;	IC 表示增量坐标，走到 *C* 点，完成 45° 直线
N05 G01 G90 X25;	走到 *D* 点
N06 G02 X40 Y0 CR=15;	走到 *E* 点，加工 *R*15 的圆弧
N07 G01 G90 X60 Y10;	走到 *F* 点，加工半圆弧
N08 G01 X20 Y10;	走到 *A* 点
N09 G00 X20 Y10 M05;	回到起点
N10 M02;	程序结束

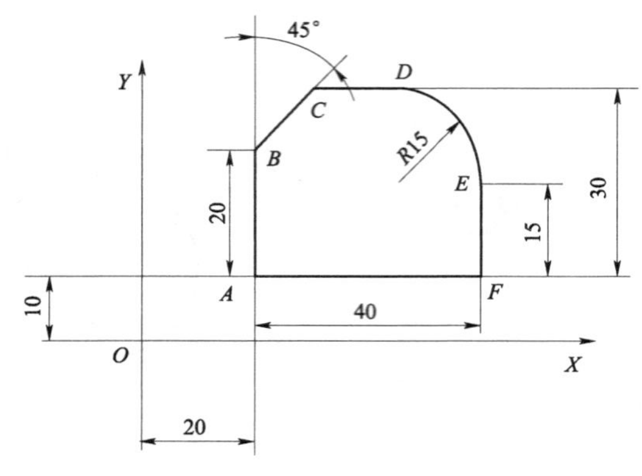

图 4-4-8　G02 圆弧插补

5. CIP 中间点圆弧编程指令

CIP 称为三点圆弧编程，也称中间点圆弧插补，三点分别是指圆弧的起点、中间点和终点。编程格式为

CIP X__ Y__ Z__ I1 = __ J1 = __ K1 = __;

其中，X__、Y__、Z__为圆弧终点，I1、J1、K1 为圆弧上某一中间点，顺圆或逆圆（即刀具运动的方向）取决于圆弧的起始点、中间点、终点的顺序，编程时无须指出 G02/G03。

CIP 是一个模态指令，采用绝对尺寸时，I1、J1、K1 以工件坐标系为基准；采用增量尺寸时，I1、J1、K1 以圆弧的起始点坐标为基准。

如图 4-4-9 所示，圆弧从 *A* 点开始，经过中间点 *M* 到达终点 *B*，试编写程序。

G01 X_A Y_A;　　　　刀具到达圆弧的起始点

CIP X22.268 Y45.597 I1 = IC(-35.747)　J1 = IC(-12.95);　　　　三点圆弧编程

…

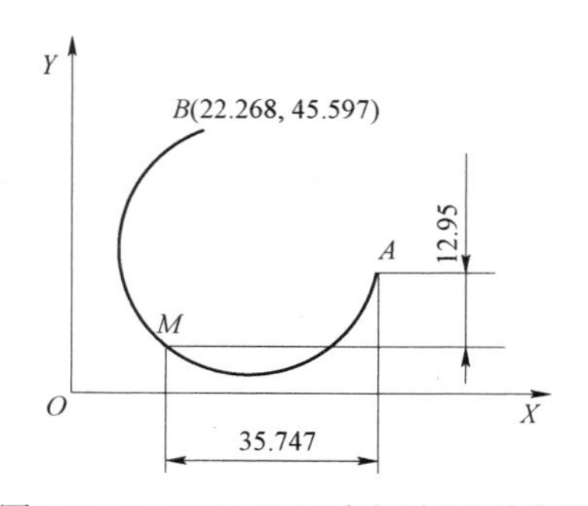

图 4-4-9　（CIP）中间点圆弧编程

［例 4-4-4］ 直线、圆弧综合编程

如图 4-4-10 所示的“大头娃”零件，工件厚度为 25 mm，内轮廓处（*E* 点）最小圆角半径按铣刀半径处理，轮廓表面粗糙度按 *Ra*12.5 μm 加工，其余为不加工，各点坐标在图上已标出。试编写加工程序。

（1）题意分析

从图上要求看出，“大头娃”零件轮廓曲线分别由几段圆弧与直线组成，其中，*C*、*D*、

E 三点构成一段圆弧，*E*、*F*、*G* 三点构成一段圆弧，按 I、J、K 方式或半径 CR 方式编程都很困难，因要计算 *I*、*J*、*K* 坐标值或半径 *R*，而ϕ30 mm 孔为设计基准，若直接采用“三点”定圆方式编程就方便多了。

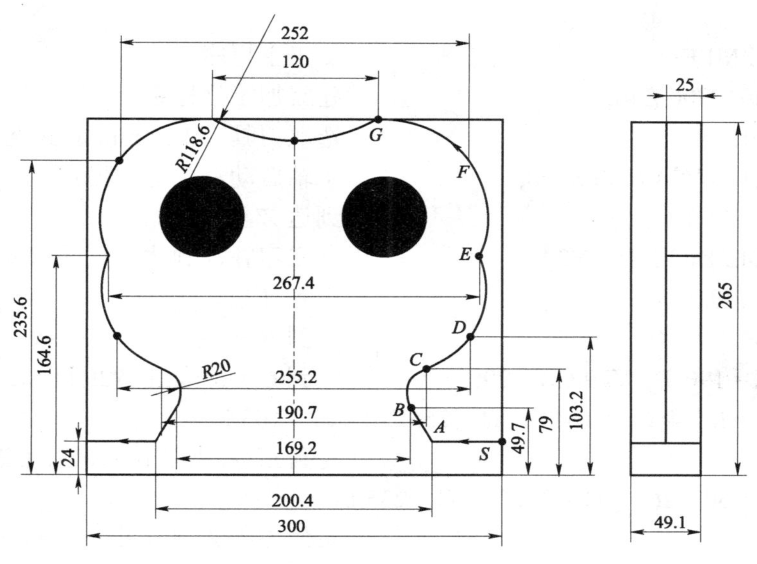

图 4－4－10 “大头娃”零件

（2）装夹方案

根据零件的结构特点，加工“大头娃”零件轮廓时，以底面 *A* 定位（必要时可设工艺孔），采用螺旋压板机构夹紧。压板直接压在矩形的非加工部位。

（3）铣刀类型及参数的选择

铣刀选择应与工件表面形状与尺寸相适应。“大头娃”为平面轮廓零件，可采用立铣刀，铣刀参数的选择主要考虑零件加工部位的几何尺寸和刀具的刚性等因素。

现选直径为ϕ12～ϕ18 mm 立铣刀。如图 4－4－11（a）所示为玉米铣刀，图 4－4－11（b）

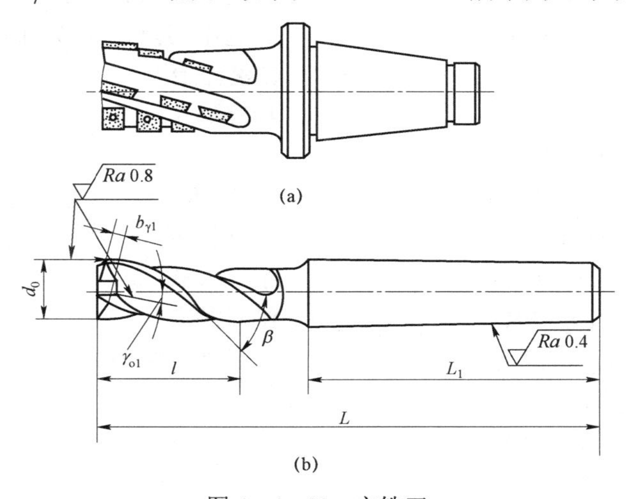

图 4－4－11 立铣刀

所示为螺旋齿立铣刀，粗铣时，铣刀直径要小些。这是因为粗铣切削力大，选小直径铣刀可减小切削扭矩。精铣时，铣刀直径要大些，要求尽量包容工件整个加工宽度，以提高加工精度和效率，并减小相邻两次进给之间的接刀痕迹。

（4）编写程序

```
DATOUWA.MPF;                          加工主程序
N05 G54 G90 G00 Z40;                  建立加工坐标系
N10 T01 D01;                          选取刀具（φ12 mm 立式铣刀）
N15 G00 X180 Y24 M03 S500;            主轴启动，到达起刀点
N20 G01 Z-25 F100;                    到达 Z 坐标起始点
N25 G01 G42 D02 X150 Y24;             建立刀补，到达 S 点并切入工件
N30 G01 X100.2;                       走到 A 点
N35 X=169.2/2 Y49.7;                  走到 B 点
N40 G02 X=190.7/2 Y79 CR=20;          走到 C 点，加工 R20 圆弧
N45 CIP X=267.4/2  Y164.6  I1=255.2/2  J1=103.2;
                                      走到 E 点，加工由 C、D、E 三点构成的圆弧
N50 CIP X=60 Y265  I1=252/2  J1=235.6;
                                      走到 G 点，加工由 E、F、G 三点构成的圆弧
N55 G02 X=-60  Y265 CR=118.6;         加工 R118.6 的圆弧
N60 CIP X=-267.4/2  Y164.6  I1=-252/2  J1=235.6;
                                      走到 E 的对称点
N65 CIP X=-190.7/2 Y79 I1=-255.2/2  J1=103.2;
                                      走到 C 的对称点
N70 G02 X=-169.2/2 Y49.7 CR=20;       走到 B 的对称点，加工 R20 圆弧
N75 G01 X-100.2;                      走到 A 的对称点
N80 G01 X-150 Y24;                    到达 S 的对称点
N85 G00 G40 X-180 Y24;                到达出刀点，完成加工
N90 G00 Z40 M05;                      Z 坐标抬刀
N95 M30;                              程序结束
```

6. 六种圆弧插补编程方式

```
G02/G03 X__ Y__ Z__ I__ J__ K__;      I、J、K 方式
G02/G03 AP=__ RP=__;                  极坐标方式
G02/G03 X__ Y__ Z__ CR=__;            半径方式
G02/G03 X__ Y__ Z__ AR=__;            绝对圆心角方式
G02/G03 I__ J__ K__ AR=__;            增量圆心角方式
CIP X__ Y__ Z__ I1=__ J1=__ K1=__;
```

相关符号及意义见表 4-4-1。

表 4-4-1 符号及意义

符号	意义	
X、Y、Z	笛卡尔坐标系中的终点坐标	
I、J、K	I = 圆心的 X 坐标 - 圆弧起点的 X 坐标	
	J = 圆心的 Y 坐标 - 圆弧起点的 Y 坐标	
	K = 圆心的 Z 坐标 - 圆弧起点的 Z 坐标	
I1 =、J1 =、K1 =	CIP 三点圆弧铣削编程，起点坐标减中间点坐标	
IC（ ）	增量坐标（非模态）	G91 增量（模态）
AC（ ）	绝对坐标（非模态）	G90 绝对（模态）
AR =	圆弧角度	
CR =	圆弧半径	
AP =	终点极角	
RP =	终点极半径	

［例 4-4-5］油槽的加工

如图 4-4-12 所示的油槽，试编写程序。

① 圆心角（AR）方式：

G03 AR = 158　I = AC(50)　J = AC(50);

② 半径(CR)方式：

G03 X21.71 Y40 CR = 30;

③ 圆心坐标（AC）绝对方式：

G03 X21.71 Y40　I = AC(50)　J = AC(50);

④ 圆心坐标（I、J、K）增量方式：

G03 X21.71 Y40 I22.36 J20;

⑤ 极坐标方式：

G111 X50 Y50;

G03 G17 AP = 200 RP = 30;

⑥ 三点圆弧编程（CIP）方式：

G00 X72.36 Y70;

CIP X21.71 Y40 I1 = AC(34.71)　J1 = AC(75.81);

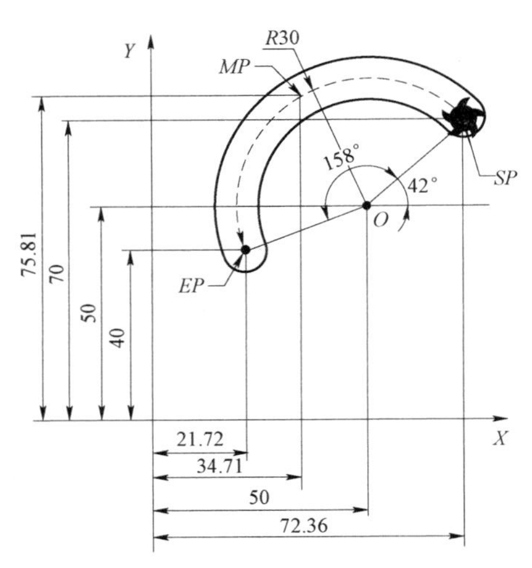

图 4－4－12　圆滑板油槽

［**例 4－4－6**］六轮圆弧板零件的加工

如图 4－4－13 所示的六轮板零件，材料为铝合金，要求加工外轮廓和内孔，加工深度为 10 mm，相应坐标图中已给出，试编写程序。

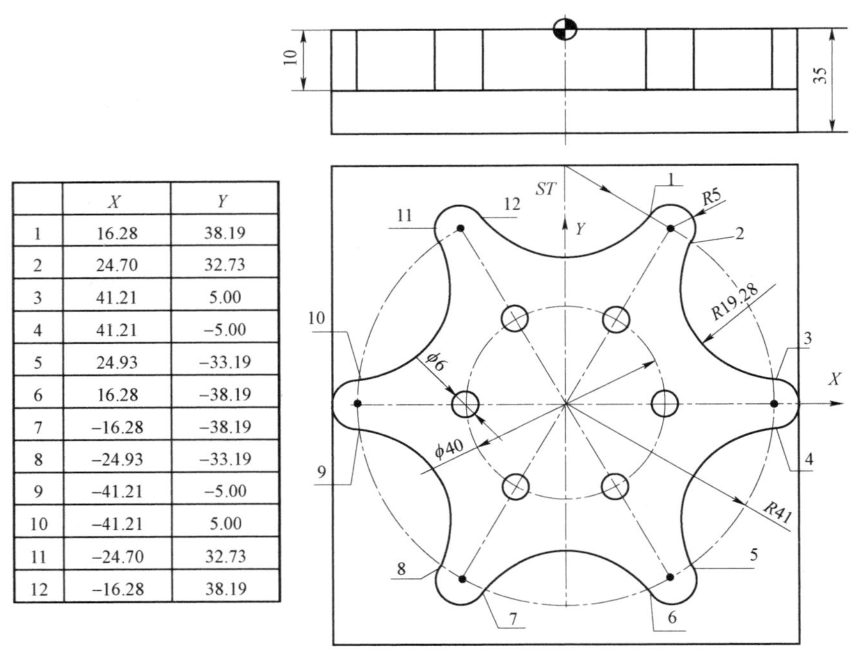

	X	Y
1	16.28	38.19
2	24.70	32.73
3	41.21	5.00
4	41.21	−5.00
5	24.93	−33.19
6	16.28	−38.19
7	−16.28	−38.19
8	−24.93	−33.19
9	−41.21	−5.00
10	−41.21	5.00
11	−24.70	32.73
12	−16.28	38.19

图 4－4－13　六轮圆弧板

（1）工艺分析及加工路线的确定

① 上机床前应将工件上、下表面加工平整。

② 轮廓加工路线：外轮廓 1→2→3…；中心钻孔；钻孔。

（2）加工刀具选择

外轮廓用ϕ8 mm 的平铣刀加工，ϕ6 mm 的孔先用ϕ3 mm 中心钻定中心，再用ϕ6 mm 的钻头钻孔，所用刀具见表 4-4-2。

表 4-4-2　刀具表

刀号	刀具名称	刀具规格/mm	用　途
T01	平铣刀	ϕ8	铣外轮廓
T02	中心钻	ϕ3	定中心
T03	钻头	ϕ6	钻孔

（3）设定坐标系及坐标

六轮圆弧板零件坐标设定及各基点坐标值图中已标出，起刀点设在 *ST*（0，48.53）的位置，并在毛坯空挡处，用压板固定在机床工件台面上。

（4）编制程序

```
LIULUN.MPJ;                              六轮圆弧板零件主程序
N05 M06 T01;                             调用φ8 mm 的平铣刀
N10 G90 S1000 M03;
N15 G00 Z50 X0 Y48.53;
N20 G01 Z-10 F100;                       下刀
N25 G41 D01 X16.28 Y38.19;               到 1 点并完成刀补
N30 G03 X24.70 Y32.73 CR=5;              到 2 点加工 R5 mm 的圆弧
N35 G02 X41.21 Y5 CR=19.28;              到 3 点加工 R19.28 mm 的圆弧
N40 G03 X41.21 Y-5 CR=5;                 到 4 点加工 R5 mm 的圆弧
N45 G02 X24.93 Y-33.19 CR=19.28;         到 5 点加工 R19.28 mm 的圆弧
N50 G03 X16.28 Y-38.19 CR=5;             到 6 点加工 R5 mm 的圆弧
N55 G02 X16.28 Y-38.19 CR=19.28;         到 7 点加工 R19.28 mm 的圆弧
N60 G03 X-24.93 Y-33.19 CR=5;            到 8 点加工 R5 mm 的圆弧
N65 G02 X-41.21 Y-5 CR=19.28;            到 9 点加工 R19.28 mm 的圆弧
N70 G03 X-41.21 Y5 CR=5;                 到 10 点加工 R5 mm 的圆弧
N75 G02 X-24.70 Y32.73 CR=19.28;         到 11 点加工 R19.28 mm 的圆弧
N80 G03 X-16.28 Y38.19 CR=5;             到 12 点加工 R5 mm 的圆弧
N85 G02 X16.28 Y38.19 CR=19.28;          到 1 点加工 R19.28 mm 的圆弧
N90 G02 X19.28 Y48.53 CR=19.28;          以 R19.28 mm 的圆弧切出
N95 G00 Z100;                            抬刀
N100 M05;
N105 G40 G01 X200 Y0;
```

```
N110 T02 M06;                               换φ3 mm 的中心钻
N115 G90 G94 S1200 M03;
N120 G00 Z2;
N125 X=20*COS(0) Y=20*SIN(0);               走到第 1 个φ6 mm 孔的位置
N130 G01 Z-2 Y80 F120;                      钻第 1 个φ6 mm 中心孔
N135 G00 Z2;
N140 X=20*COS(60) Y=20*SIN(60);             走到第 2 个φ6 mm 孔的位置
N145 G01 Z-2;                               钻第 2 个φ6 mm 中心孔
N150 G00 Z2;
N155 X=20*COS(120) Y=20*SIN(120);           走到第 3 个φ6 mm 孔的位置
N160 G01 Z-2;
N165 G00 Z2;
N170 X=20*COS(180) Y=20*SIN(180);           走到第 4 个φ6 mm 孔的位置
N175 G01 Z-2;
N180 G00 Z2;
N185 X=20*COS(240) Y=20*SIN(240);           走到第 5 个φ6 mm 孔的位置
N190 G01 Z-2;
N195 G00 Z2;
N200 X=20*COS(240) Y=20*SIN(240);           走到第 6 个φ6 mm 孔的位置
N205 G01 Z-2;
N210 G00 Z150;
N215 M05;
N220 G40 G01 X200 Y0;
N225 T02 M06;                               换φ6 mm 的钻头
N230 G90 G94 S1200 M03;
N235 G00 Z2;
N240 X=20*COS(0) Y=20*SIN(0);               走到第 1 个φ6 mm 孔的位置
N245 G01 Z-2 Y80;                           钻第 1 个φ6 mm 中心孔
N250 G00 Z2;
N255 X=20*COS(60) Y=20*SIN(60);             走到第 2 个φ6 mm 孔的位置
N260 G01 Z-2;                               钻第 2 个φ6 mm 中心孔
N265 G00 Z2;
N270 X=20*COS(120) Y=20*SIN(120);           走到第 3 个φ6 mm 孔的位置
N275 G01 Z-2;
N280 G00 Z2;
N285 X=20*COS(180) Y=20*SIN(180);           走到第 4 个φ6 mm 孔的位置
N290 G01 Z-2;
N295 G00 Z2;
N300 X=20*COS(240) Y=20*SIN(240);           走到第 5 个φ6 mm 孔的位置
```

N305 G01 Z－2;
N310 G00 Z2;
N315 X＝20*COS(240) Y＝20*SIN(240);　　走到第 6 个ϕ6 mm 孔的位置
N320 G01 Z－2;
N325 G00 Z150;
N330 M30;

点评：

① 圆弧插补指令用的是 CR 半径编程方式，也可用 I、J、K 方式编程，还有其他四种方式，具体用哪种方式，取决于图纸的尺寸标注方式以及坐标点计算的方便程度。对于本例中的圆弧，半径为已知，显然，用半径编程最为方便。另外，程序中钻中心孔、钻孔使用了表达式计算坐标值的方法，例如：

G00 X＝20*COS(240) Y＝20*SIN(240);

② 中心钻定位程序与ϕ6 mm 钻头钻孔程序几乎一样，可以使用子程序方式编程。

③ 各孔之间的坐标有对应的角度（0°、60°、120°、…），可以使用以角度为变量的循环编程，以简化程序。

7. 螺旋线插补指令（G02/G03，TURN 旋铣）

如图 4－4－14 所示为螺旋线插补，其作用是：一边走圆弧，一边深度进给，刃长大于每圈下降的深度，不会成螺纹；图 4－4－15 为加工出的部分内螺旋线油槽实物。

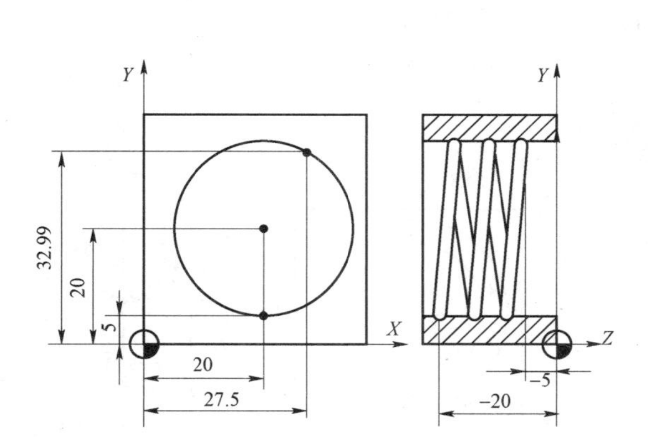

图 4－4－14　内孔螺旋线圆弧编程

图 4－4－15　部分内螺旋线油槽实物

指令格式：

G02/G03 X__ Y__ Z__ I__ J__ K__ TURN＝__;
G02/G03 X__ Y__ Z__ CR＝__ TURN＝__;
G02/G03 AR＝__ I__ J__ K__ TURN＝__;
G02/0G3 AR＝__ X__ Y__ Z__ TURN＝__;
G02/G03 AP＝__ RP＝__ TURN＝__;

说明：TURN＝__为螺旋圈数，其余参数说明参见圆弧插补指令。

图 4－4－15 所示为内孔螺旋线，其程序片段如下：

```
…
N10 G17 G00 X27.5 Y32.99 Z5;          刀具到达起始点
N20 G17 G01 Z-5 F80;                  刀具进给
N30 G03 X20 Y5 Z-20 I=AC(20) J=AC(20) TURN=2;
…
```

［**例 4-4-7**］空间螺旋线编程

图 4-4-16 所示为已知半径的螺旋线圆弧槽，该槽要用三个坐标插补才能完成。已知起始点、半径及轴向尺寸，可进行旋铣（TURN），程序片段如下：

```
…
N05 G00 X0 Y25 Z1 S800 M03;           走到 P1 起始点
N10 G01 Z-20 F150;                    下刀
N15 G02 X0 Y-25 Z-10 I0 J-25;         走到 P2 点完成螺旋插补运动
…
```

图 4-4-17 所示为已知中间点的螺旋线圆弧槽，已知起始点、中间点（三点）及轴向尺寸，可进行螺旋插补，通过（CIP）中间点进行圆弧插补，程序片段如下：

```
…
N10 M03 S800 F100;
N15 G01 X96.4 Y79.9;                  走到 S 起始点
N20 G01 Z-5.7 F100;                   下刀
N20 CIP X54.8 Y121.5 Z-19.8 I1=34 J1=43.9 K1=10.4;
N25 X50 Y60;                          快速返回起始位置
…
```

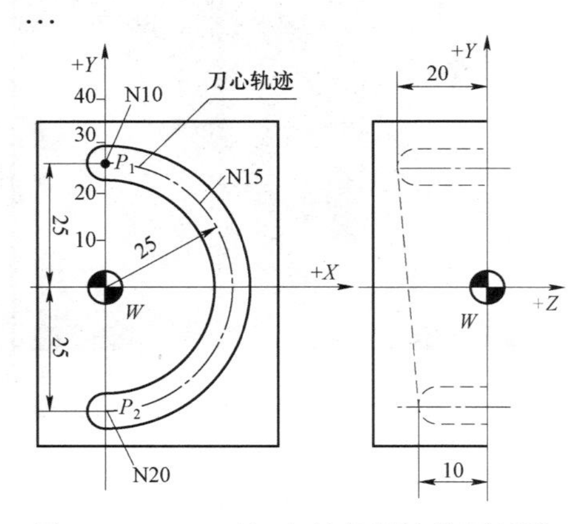

图 4-4-16　已知半径的螺旋线圆弧槽

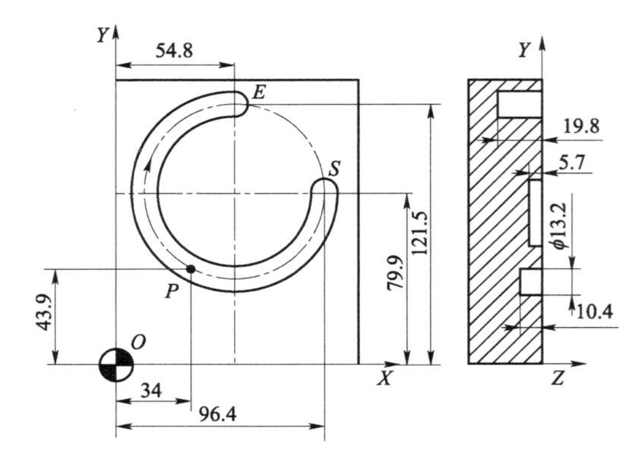

图 4-4-17　已知中间点的螺旋线圆弧槽

4-5　刀具半径补偿指令 G40～G44，G49

数控装置大都具有刀具半径补偿功能，从而为程序编制提供了方便。当编制零件加工程序时，不需要计算刀具中心运动轨迹，而只需按零件轮廓编程，使用刀具半径补偿指令，并在控制面板上用 MDI 方式，人工输入刀具半径补偿值，数控系统便能自动地计算出刀具中心的偏移量，进而得到偏移后的刀具中心轨迹，使系统按刀具中心轨迹控制刀具运动。

1. 半径补偿

半径补偿有 B、C 两种方式：B 刀补的刀具中心运动轨迹采用圆弧过渡，C 刀补采用折线过渡，如图 4－5－1 所示。半径补偿由数控系统决定，编程者不必考虑。

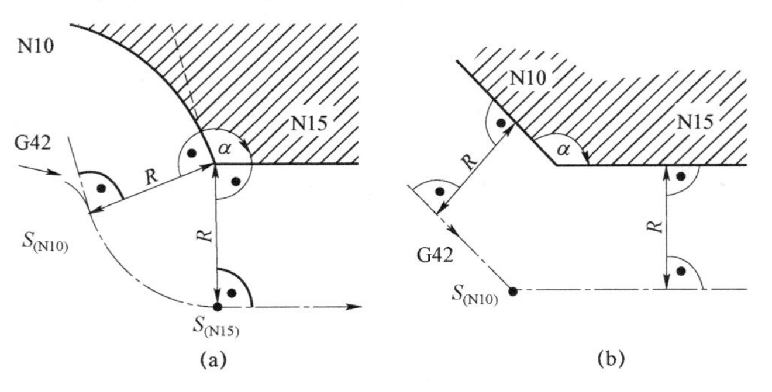

图 4－5－1　两种半径补偿方式

（a）B 方式圆弧过渡；（b）C 方式折线过渡

如图 4－5－2 所示，当加工图示零件轮廓时，使用了刀具半径补偿指令后，数控系统会控制刀具中心自动按点画线进行加工。

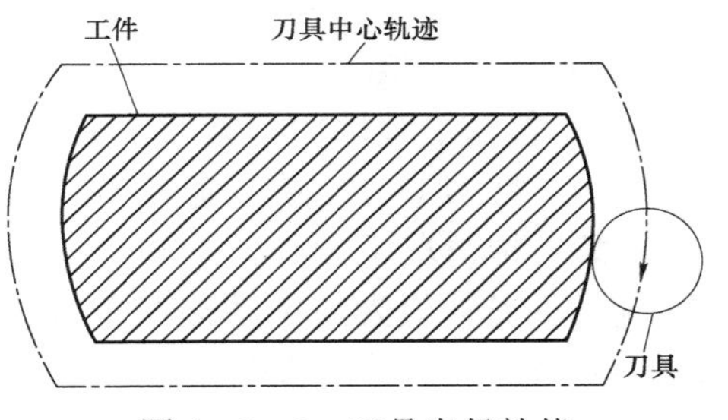

图 4－5－2　刀具半径补偿

G41：刀具左补，是指视角方向与刀具轴的负方向一致，沿着刀具运动方向向前看（假设工件不动），刀具位于工件左侧的刀具半径补偿，如图 4－5－3（a）所示。

G42：刀具右补，是指视角方向与刀具轴的负方向一致，沿着刀具运动方向向前看（假设工件不动），刀具位于工件右侧的刀具半径补偿，如图 4－5－3（b）所示。

G40：刀具半径补偿撤销。使用该指令后，G41、G42 指令无效。

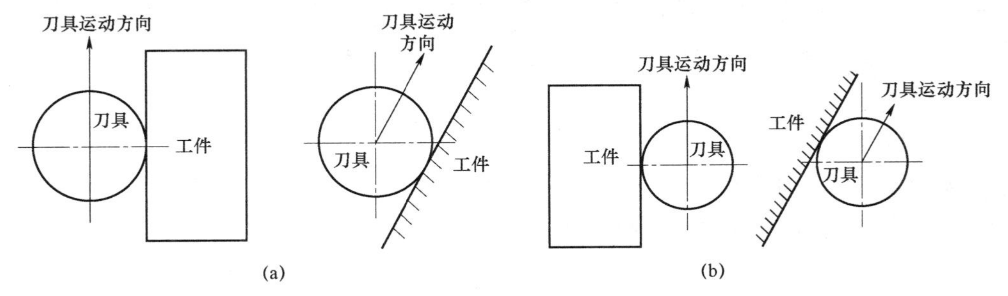

图 4－5－3　刀具补偿

（a）G41 刀具左补；（b）G42 刀具右补

程序格式：

G01/G00 G41/G42　X__　Y__　D__;

…

G01/G00　G40　X__　Y__;

其中，X__、Y__表示建立刀具半径补偿直线段的终点坐标值；D__表示刀具补偿的偏置号，从 D01～D99，D00 表示取消刀具半径补偿。

SINUMERIK 数控铣镗床刀具半径补偿功能详细内容可参见教学单元 3 数控车床中的补偿的相关内容。

2. 刀具长度补偿（G43、G44、G49）

在加工中心中，为了能在一次装夹中使用多把长度不同的刀具，就必须利用刀具长度补偿功能。

程序格式：

$$\begin{Bmatrix} G43 \\ G44 \end{Bmatrix} Z\_\_ \; D\_\_;$$

G43 为长度补偿正方向补偿；G44 为长度补偿负方向补偿；G49 为刀具长度补偿取消。

刀具长度补偿只能在移动过程中才能建立起来。如图 4-5-4 所示为以第一把刀的刀尖点处为基准点编程时，第二、第三把刀具不进行刀具长度补偿时的真实移动位置。

① 若让刀尖点处于“Z0”的位置时，基准点（编程点）的位置应为

第一把刀 Z0；第二把刀 Z-D01；第三把刀 Z+D02。

② 若以主轴端面与轴线的交点处为编程点，则有

第一把刀 D01；第二把刀 D02；第三把刀 D03。

第一种情况下刀补值为与第一把刀之间的差值，若用 G43，则长为正，短为负；第二种情况下刀补值为与主轴端面之间的差值，若用 G43，则长为正，短为负。

另外，也可以移动距离为补偿值，此时是以 Z 轴参考点为“Z0”，编程刀位点在此位置。

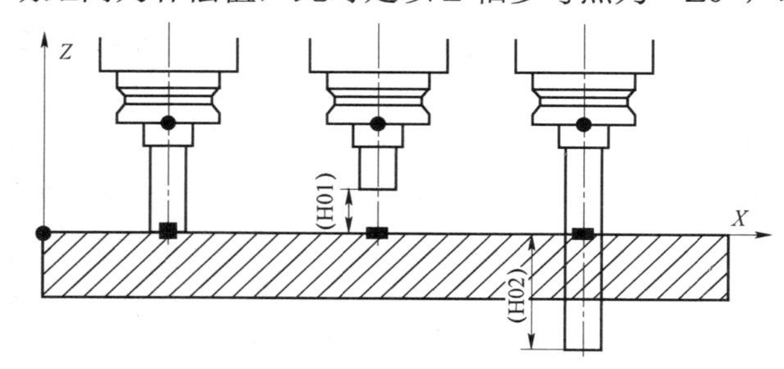

图 4-5-4　刀具长度补偿

[例 4-5-1] 奖牌模具加工

图 4-5-5 所示为奖牌模具零件，单件加工。

（1）工艺分析与具体过程

① 分析零件工艺性能。零件由上、下表面，四个侧面以及开口圆弧槽组成，零件的形状较简单，除开口圆弧槽尺寸精度及表面质量要求较高外，其余部分的尺寸和表面精度要求都不高。

② 毛坯选用。该零件毛坯是 50 mm × 50 mm × 25 mm 的板材，材料为 45 钢。

③ 机床选择。该零件加工形状简单，是典型的平面零件加工，选用两轴半联动的数控铣床或者三轴联动的加工中心。

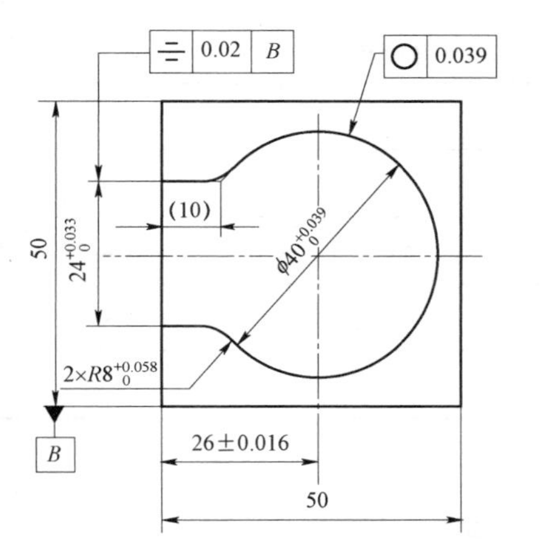

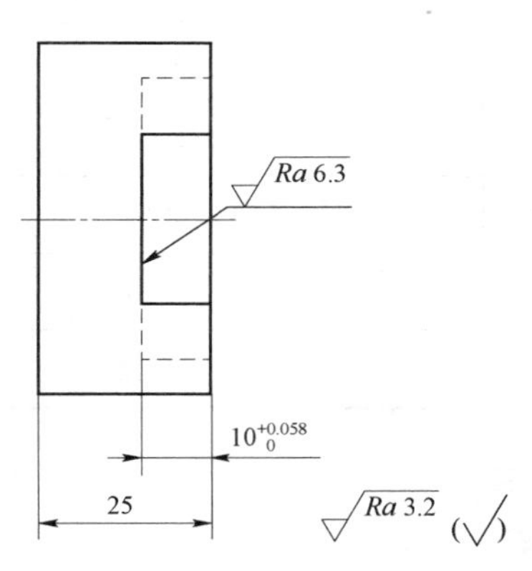

图 4－5－5　奖牌模具

④ 装夹方案。装夹方式采用平口虎钳夹持工件下端约 20 mm，一次装夹完成粗、精加工。

⑤ 加工方案。该零件加工主要包含粗铣、精铣圆弧槽两个工步，粗铣圆弧槽时，用较大的刀具尽量一刀去除所有粗加工余量，而精加工用较小刀具一次走刀完成。工步内容及切削用量见表 4－5－1，工、量、刀具清单见表 4－5－2。

表 4－5－1　工步内容及切削用量

工步号	工步内容	刀具号	切削用量		
			主轴转速/（$r\cdot min^{-1}$）	进给速度/（$mm\cdot r^{-1}$）	背吃刀量/mm
1	粗铣圆弧槽	T01	800	60	—
2	精铣圆弧槽	T02	1 000	40	0.5

表 4－5－2　工、量、刀具清单

名 称	规格/mm	精度/mm	数 量
立铣刀	ϕ20 立铣刀	—	1
立铣刀	ϕ16 立铣刀	—	1
游标卡尺	0～100	0.02	1
数显千分尺	0～25	0.001	1
其他	常用加工中心辅具	—	若干

（2）程序编制

① 尺寸计算。加工该零件时设定工件原点在工件上表面几何中心，计算基点坐标。

如图 4－5－6 所示，1→2→3→4→5→6→7 是精铣圆弧槽进给路线，粗加工通过调整刀具半径补偿值实现，精车余量为 0.5 mm。各基点坐标见表 4－5－3。

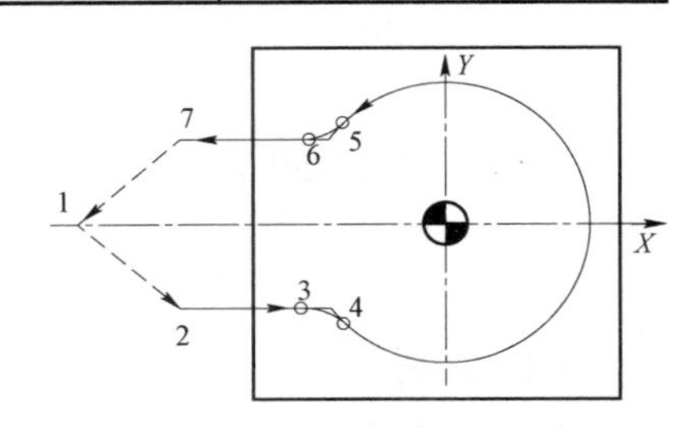

图 4－5－6　轮廓铣削走刀路

表 4-5-3　基点坐标值

基点	绝对坐标（X，Y）	基点	绝对坐标（X，Y）
P_1	（-50，0）	P_5	（-13.6，15.2）
P_2	（-36，-12）	P_6	（-20，12）
P_3	（-20，-12）	P_7	（-36，12）
P_4	（-13.6，-15.2）		

② 参考程序。

```
ZCX.MPF;                        程序名
G71 G17 G40 G97 G94;            程序初始化
T01;                            调用 1 号刀具
M13 S800;                       主轴正转，转速 800 r/min，切削液开
G90 G00 Z50 D01;                快速移动至 Z50，调用 1 号刀具补偿
G00 X-50 Y0;                    快速移动至（X-50，Y0）
Z0 F60;                         快速移动至 Z0
CJG P=4;                        调用 4 次子程序“GJP”
T02;                            调用 2 号刀具
M13 S1000;                      主轴正传，转速 1 000 r/min，切削液开
G00 Z50 D02;                    快速移动至 Z50，调用 2 号刀具补偿
G00 X-50 Y0;                    快速移动至（X-50，Y0）
Z-10 F40;                       直线插补至 Z-40
NEILUNKUO;                      调用子程序“NEILUKUO”
M30;                            程序结束

NEILUNKUO.SPF;                  子程序名
G90 G41 G00 X-36 Y-12;          快速移动至（X-36，Y-12），并建立左刀补
G01 X-20 Y-12;                  直线插补至（X-20，Y-12）
G02 X-13.6 Y-15.2 CR=8;         顺圆弧插补至（X-13.6，Y-15.2），半径为 8 mm
G03 X-13.6 Y15.2 CR=-20;        逆圆弧插补至（X-13.6，Y15.2），半径为 20 mm
G02 X-20 Y12 CR=8;              顺圆弧插补至（X-20，Y12）半径为 8 mm
G01 X-36;                       直线插补至 X-36
G40 G00 X-50 Y0;                快速移动至（X-50，Y0），取消刀补
RET;                            返回主程序

CJG.SPF;                        子程序名
G91 G00 Z-2.5;                  增量移动，快速移动至 Z-2.5
```

NEILUNKUO;　　　　　　　　调用子程序“NEILUNKUO”
RET;　　　　　　　　　　　返回主程序

［例 4－5－2］封闭键槽零件加工

图 4－5－7 所示为封闭键槽零件，铣削加工。

（1）工艺分析与具体过程

① 分析零件工艺性能。零件由上、下表面，四侧面及封闭键槽构成，零件的形状较简单，只需要完成封闭键槽轮廓的铣削。

② 毛坯选用。该零件毛坯是 120 mm × 80 mm × 30 mm 的板材，材料为 45 钢。

③ 机床选择。该零件加工形状简单，是典型的平面零件加工，选用两轴半联动的数控铣床或者三轴联动的加工中心。

④ 装夹方案。装夹方式采用平口虎钳，一次装夹下完成封闭键槽轮廓粗、精加工。

⑤ 加工方案。采用粗、精铣两个工步，粗铣时，用较大的刀具尽量分层走“Z”字，一刀去除中间大部分余量，然后调用精加工子程序修改刀偏值分层完成粗铣，留单边精加工余量 0.5 mm，而精加工用较小刀具下刀至槽底部沿轮廓走刀完成。工步内容及切削用量见表 4－5－4，工、量、刀具清单见表 4－5－5。

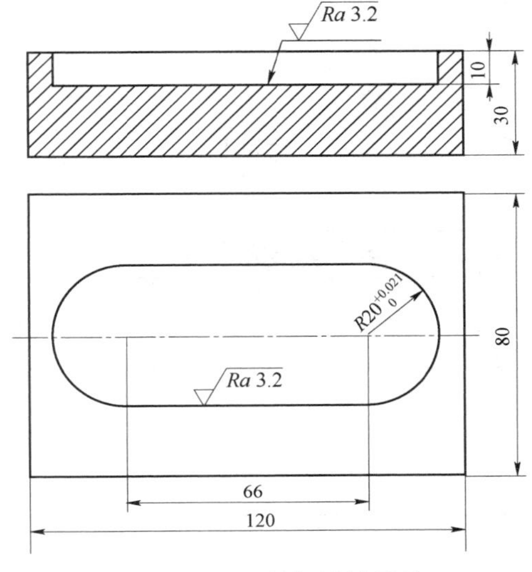

图 4－5－7　封闭键槽零件

表 4－5－4　工步内容及切削用量

工步号	工步内容	刀具号	切削用量		
			主轴转速/（r · min⁻¹）	进给速度/（mm · r⁻¹）	背吃刀量/mm
1	粗铣封闭键槽	T01	800	60	－
2	精铣封闭键槽	T02	1 200	40	0.5

表 4－5－5　工、量、刀具清单

名　称	规格/mm	精度/mm	数　量
立铣刀	ϕ20 立铣刀	—	1
立铣刀	ϕ16 立铣刀	—	1
游标卡尺	0～100	0.02	1
其他	常用加工中心辅具	—	若干

（2）程序编制

① 尺寸计算。加工该零件时设定工件原点在工件上表面几何中心，计算基点坐标。

如图 4－5－8 所示，1→2→3 是单层斜坡下刀进给路线，下刀时分 5 次完成，通过调用子程序实现。根据走刀路线，确定出各点坐标：P_1(－33，0)，P_2(33，－2)，P_3(－33，－2)。

如图 4－5－9 所示，1→2→3→4→5→6→7→8 是精铣封闭键槽内壁的进给路线，粗加工通过刀具半径补偿值调整分层实现，精车余量为 0.5 mm。根据走刀路线，确定出各点坐标，见表 4－5－6。加工路线仿真效果如图 4－5－10 所示。

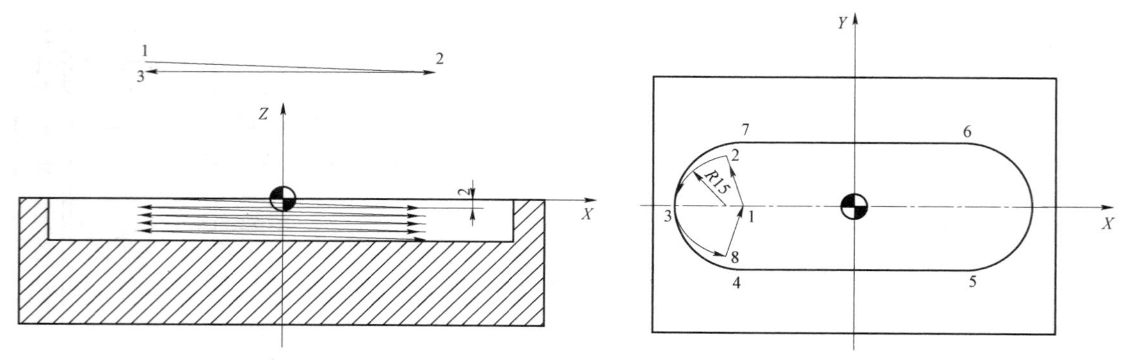

图 4－5－8　单层斜坡下刀进给路线　　图 4－5－9　精铣封闭键槽内壁进给路线

表 4－5－6　基点坐标值

基点	绝对坐标（X，Y）	基点	绝对坐标（X，Y）
P_1	（－33，0）	P_5	（33，－20）
P_2	（－38，15）	P_6	（33，20）
P_3	（－53，0）	P_7	（－33，20）
P_4	（－33，－20）	P_8	（－38，－15）

② 参考程序。

FENGBICAO.MPF;	程序名
G17 G71 G40 G94;	程序初始化
T01 M06;	自动换刀，调用 1 号刀具
M13 S800;	主轴正转，转速 800 r/min，切削液开
G00 Z50 D01;	快速移动至 Z50，调用 1 号刀具补偿
X－33 Y0;	快速移动至（X－33，Y0）
Z3;	快速移动至 Z3
G01 Z0 F60;	直线插补至 Z0
BAIDONGXIADAO P＝5;	调用 5 次子程序“BAIDONGXIAODAO”
Z0;	直线插补至 Z0
CUXIBI　P＝5;	调用 5 次子程序“CUXIBI”
T02 M06;	自动换刀，调用 2 号刀具
M13 S1200;	主轴正转，转速 1 200 r/min，切削液开
G00 Z50 D02;	快速移动至 Z50，调用 2 号刀具补偿

X-33 Y0;	快速移动至（X-33，Y0）
G01 Z-10 F40;	直线插补至 Z-40
CEBI;	调用子程序“CEBI”
M30;	程序结束
BAIDONGXIADAO.SPF;	子程序名
G91 G01 X66 Z-2 F80;	增量移动，直线插补至（X66，Z-2）
G90 X-33;	绝对移动，直线插补至 X-33
RET;	返回主程序
CUXIBI.SPF;	子程序名
G91 G01 Z2;	增量移动，直线插补至 Z-2
CEBI;	调用子程序“CEBI”
RET;	返回主程序
CEBI.SPF;	子程序名
G90 G41 G01 X-38 Y15;	直线插补至（X-38，Y-15），建立左补偿
G03 X-53 Y0 CR=15;	逆圆弧插补至（X-53，Y0），半径为 15 mm
X-33 Y-20 CR=20;	逆圆弧插补至（X-33，Y-20），半径为 20 mm
G01 X33;	直线插补至 X33
G03 Y20 CR=20;	逆圆弧插补至（X33，Y20），半径为 20 mm
G01 X-33;	直线插补至 X-33
G03 X-53 Y0 CR=20;	逆圆弧插补至（X-33，Y0），半径为 20 mm
X-38 Y-15 CR=15;	逆圆弧插补至（X-38，Y-15），半径为 15 mm
G40 G01 X-33 Y0;	直线插补至（X-33，Y0），取消刀补
RET;	返回主程序

注：本例重点要求掌握刀具半径补偿建立的方法、斜坡下刀的实现；其次是巩固子程序在封闭键槽轮廓加工中的应用、子程序嵌套功能等。

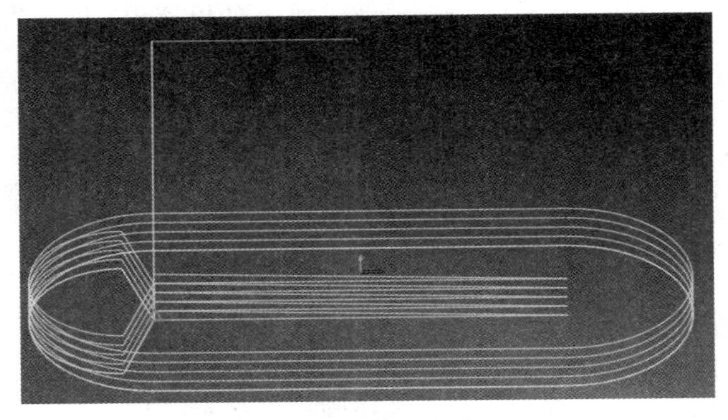

图 4-5-10　仿真效果

［例 4－5－3］鱼形零件的加工

如本单元开始的鱼形零件（其外形件如图 4－5－11 所示），同时应用刀具半径与长度补偿功能，编写加工程序。

图 4－5－11　鱼的外形件

（1）走刀路线的确定

加工鱼形零件的走刀路线见图 4－0－1，起刀点设在工作件零点 *W* 的位置，刀具补偿有刀具的长度补偿与半径补偿。未进行刀具长度补偿之前，*Z* 轴零点在工件上表面，完成刀具长度补偿之后，刀具端面就在工件的上表面了。同理，未进行刀具半径补偿之前，刀具端面几何中心点在工件轮廓上，完成刀具半径补偿之后，刀具端面几何中心点就偏离工件轮廓一个刀具半径值，如图中带箭头虚线所示。为了便于阅读程序，图中给出了对应的程序段号，如 N40、N50、…。从图中可以看到刀具补偿的重要性，特别是补偿方向一定要正确，否则会造成工件报废，甚至会出现严重的人身与设备安全事故。

（2）程序编制

程序	说明
JIAGONGYU.MPF;	加工鱼主程序名
N10 G00 G54 G90 G43 D01 Z20;	设定初始状态，用 G43 刀具长度补偿
N20 G00 G54 G90 X0 Y90;	走到起刀位置
N30 Z－25 S300 M03 F100;	下刀，给定切削用量
N40 G01 G41 D02 X30 Y90;	建立刀补，现为左补，并切入工件
N50 X60 Y120;	走直线到（*X*60, *Y*120）的位置
N60 G02 X90 Y90 CR＝30;	走顺圆到（*X*90, *Y*90）的位置
N70 G01 X120;	走直线到（*X*120, *Y*90）的位置
N80 G02 X150 Y120 CR＝30;	走顺圆到（*X*150, *Y*120）的位置
N90 G01 X135 Y90;	走直线到（*X*135, *Y*90）的位置
N100 X150 Y60;	走直线到（*X*150, *Y*60）的位置
N110 X120;	走直线到（*X*120, *Y*60）的位置
N120 X90 Y30;	走直线到（*X*90, *Y*30）的位置
N130 X45 Y60;	走直线到（*X*45, *Y*60）的位置
N140 X30 Y90;	走直线到（*X*30, *Y*90）的位置
N150 G40 X0 M05;	回到起点，取消刀补，主轴停止
N160 G00 Z20;	抬刀，回到初始状态
N170 M30;	程序结束

（3）使用刀补注意事项

① 在运动中才能建立刀补，且只能是直线运动，不能是圆弧运动，运动的距离至少要大于刀具半径，如图 4－5－12 所示。对于外轮廓一般可实现此要求，但对于内轮廓，在加工时往往受到空间的限制而无法建立刀补，此时只能用其他方法。

② D00 只取消刀具半径补偿；G40 同时取消刀具半径与长度补偿，先取消刀具半径补偿后取消长度补偿，一般不要同时取消，否则会发生碰撞，非常危险。

③ 特别要注意在不同加工平面刀补的方向判断。在落地数控镗床或龙门铣床上，当使用了角度铣头后，要通过沿着不在圆弧平面内的坐标轴，由正方向向负方向看去（视角方向：刀具轴的负向），并沿着刀具运动方向向前看（假设工件不动），由此得出刀具位于工件的哪一侧来判断刀补。

④ 注意直线与圆相交、直线与直线相交处刀具的补偿方式有所不同。（可参见本例鱼尾处加工的刀具中心轨迹）

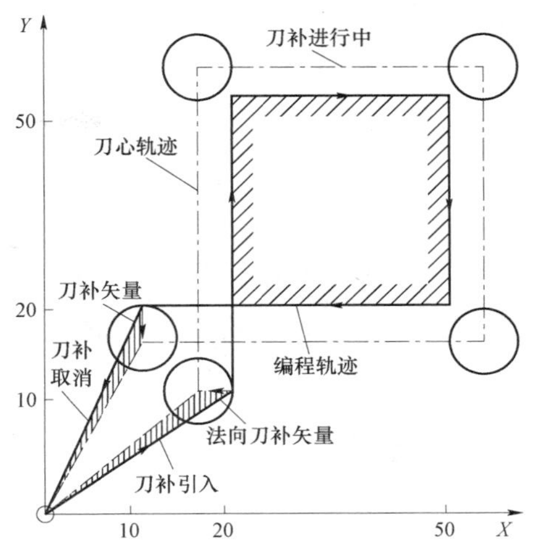

图 4-5-12 刀具补偿的建立与取消

4-6 铣镗固定循环指令（CYCLE81～CYCLE89）

孔深与孔径（*L*/*D*）之比小于 3 的孔为浅孔；3<*L*/*D*≤5 的为一般孔；*L*/*D*≥5～20 的属一般深孔，常在铣镗床、钻床或车床上用深孔刀具或接长麻花钻加工；*L*/*D*≥20～30 的属中等深孔，常用深孔刀具加工；*L*/*D*≥30～100 的属特殊深孔，对于这类孔，必须使用深孔机床或专用设备，并使用深孔刀具加工。

在 SINUMERIK 840D 数控系统中，CYCLE81～CYCLE89 属于非模态指令。为简化加工程序的编制，可采用 MCALL 方式实现模态调用，其格式如下：

MCALL CYCLE8_(RTP,RFP,SDIS,DP,DPR);

…

MCALL; 注销

其中 MCALL 相当于括号，表示范围；

RTP：高于工件最高台阶面的平面，即返回平面；

RETURN：返回；

SDIS：安全位置；

RFP：参考平面（孔口平面）。

1. 钻削循环 CYCLE81

CYCLE81 用于钻比较浅的通孔，如图 4-6-1（a）所示。

① 程序格式：CYCLE81(RTP,RFP,SDIS,DP,DPR);

② 参数及功能说明见表 4-6-1。

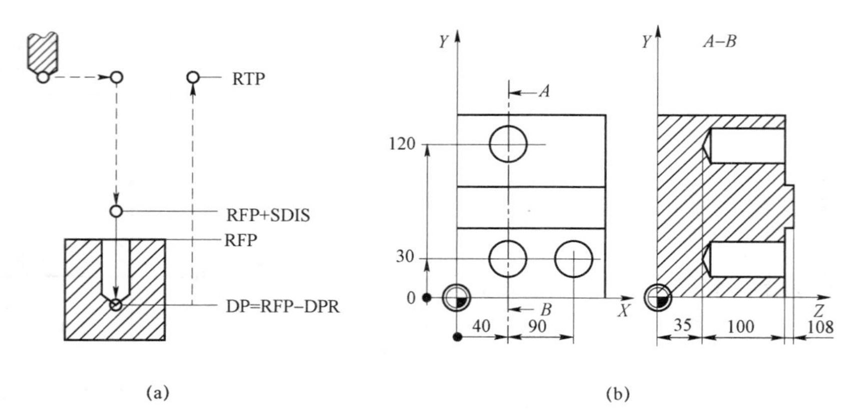

图 4－6－1　CYCLE81 固定循环

表 4－6－1　CYCLE81 参数及功能说明

参数	功能说明
RTP	返回平面（绝对值）
RFP	参考平面（孔口的位置：绝对值）
SDIS	安全距离（无符号数）
DP	钻削深度（绝对值，相对于坐标平面的深度）
DPR	相对参考平面的钻削深度（无符号数），DP 或 DPR 定义孔深，二者选一

［例 4－6－1］应用 CYCLE81 循环钻孔

如图 4－6－1（b）所示，钻削三个孔，应用 CYCLE81 钻削循环编程加工，程序如下：

```
KONG.MPF;                                   钻孔主程序名
N10 G54 G90 G00 F100 S500 M03;              程序初始化
N20 D01 T01 Z113;
    CYCLE81(RTP,RFP,SDIS,DP,DPR);           程序格式对照
N30 MACALL CYCLE81(113,100,5,35,   );       调用 CYCLE81 并赋参数值
N40 X90 Y30;                                到第一个的位置开始钻孔
N45 CYCLE81(113,100,5,35,   );              调用 CYCLE81 并赋参数值
N50 X40 Y30;                                到第二个的位置开始钻孔
N55 CYCLE81(113,100,5,35,   );              调用 CYCLE81 并赋参数值
N60 X40 Y120;                               到第三个的位置开始钻孔
N70 MACALL;                                 钻孔循环结束
N80 M30;                                    主程序结束
```

也可以将 N30 句改为：

N30 MCALL CYCLE81(110,100,2,   ,65);

注意：① RTP：确定返回平面；

② MCALL 相当于括号，表示范围；

③ 孔深 DP、DPR 数据要对号入座，如(110,100,2,   ,   65)。

2. 钻削循环 CYCLE82

CYCLE82 用于加工不通孔、台阶孔，即孔底有要求，如图 4－6－2（a）所示。该指令属于沉孔（锪孔）的钻削加工固定循环，用这个固定循环可以锪沉孔或镗沉孔。

程序格式：CYCLE82(RTP,RFP,SDIS,DP,DPR,DTB)；

参数说明：

RTP：返回平面（绝对值）；

RFP：参考平面（绝对值）；

SDIS：安全距离（无符号数）；

DP：钻削深度（绝对值）；

DPR：相对参考平面的钻削深度（无符号数）；

DTB：孔底暂停时间。

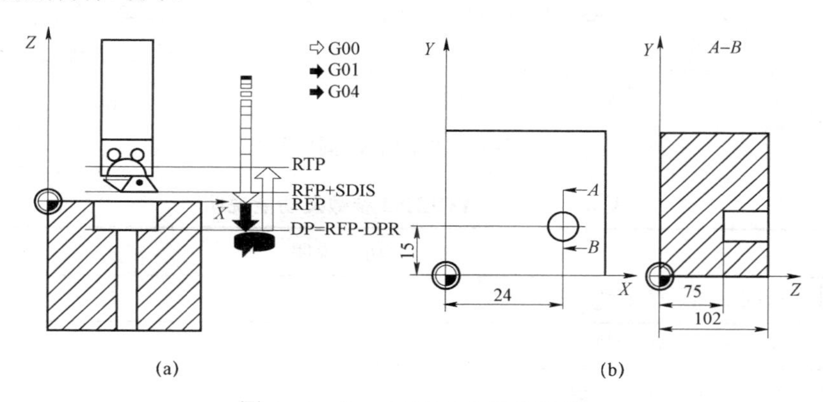

图 4－6－2　CYCLE82 固定循环

［例 4－6－2］应用 CYCLE82 循环钻孔

如图 4－6－2（b）所示，钻削一个盲孔，应用 CYCLE82 钻削循环编程加工，程序如下：

KONG.MPF;	钻孔主程序名
N10 G54 G90 G00 F100 S500 M03;	程序初始化
N20 M06 D03 T03 Z110;	
N30 X24 Y15;	
CYCLE82(RTP,RFP,SDIS,DP,DPR,DTB);	程序格式对照
N40 CYCLE82(110,102, 4,75, , 2);	孔底暂停 2 s
N50 M30;	主程序结束

3. 钻削循环 CYCLE83

CYCLE83 用于加工 $L/D \geqslant 5 \sim 20$ 的一般深孔，常在铣镗床、钻床或车床上用深孔刀具或接长麻花钻加工，如图 4－6－3（a）所示。

（1）程序格式

CYCLE83(RTP,RFP,SDIS,DP,DPR,FDEP,FDPR,DAM,DTB,DTS,FRF,VARI)；

（2）参数及功能说明

CYCLE83 参数中的前五个同 CYCLE81，其动作是第一次钻进一定深度、孔底暂停、提钻到孔口排屑并暂时一定时间，再进行第二次钻孔循环；先快速进到上次钻底上方一个安全的位置，第二次孔钻进到一定深度、孔底暂停、提钻到孔口排屑并暂时一定时间，完成第二次钻孔循环，以后重复多次。CYCLE83 中的 FDEP 或 FDPR 定义第一次钻削深度，二者选一。CYCLE83 参数及功能说明见表 4－6－2。

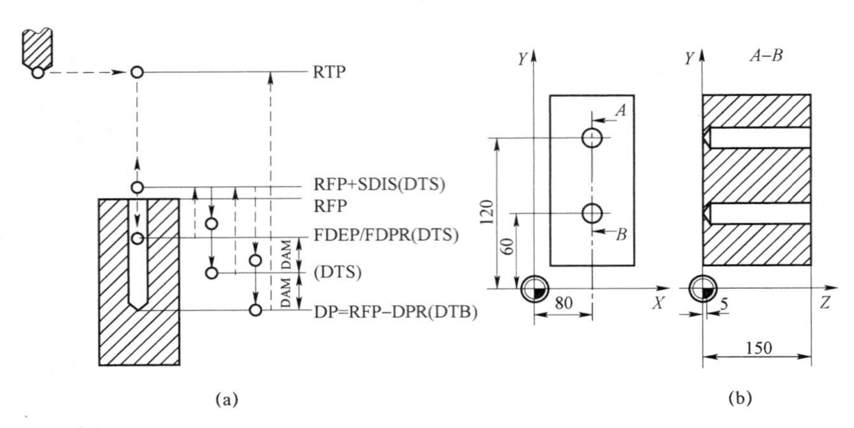

图 4－6－3　CYCLE83 固定循环

表 4－6－2　CYCLE83 参数及功能说明

参数	功能说明
RTP	返回平面（绝对值）
RFP	参考平面（绝对值）
SDIS	安全距离（无符号数）
DP	最终钻削深度（绝对值）
DPR	相对参考平面的钻削深度（无符号数）
FDEP	第一次钻削深度（绝对值），FDEP 或 FDPR 定义第一次钻削深度，二者选一
FDPR	相对于参考平面的第一次钻削深度（无符号数）
DAM	其余每次钻削深度（无符号数）
DTB	孔底暂停时间（断屑）
DTS	在起始点和排屑点停留时间
FRF	第一次钻削深度的进给速度系数（无符号数），取值范围为 0.001～1
VAR	加工方式：1——排屑，0——断屑，该指令属于钻孔的钻削加工固定循环

［例 4－6－3］ 应用 CYCLE83 循环钻孔

如图 4－6－3（b）所示，钻削两深孔，应用 CYCLE83 钻削循环编程加工，程序如下：

```
SHENKONG.MPF;                          深孔循环主程序
N10 G90 G00 F60 S600 M03;
N20 D01 T01 Z155;
N30 X80 Y120;                          钻第一个深孔
```

CYCLE83(RTP, RFP,SDIS,DP, DPR,FDEP,FDPR,DAM,DTB,DTS,FRF,VARI)
N40 CYCLE83(153,150,3, ,145,100, ,20, 1,1,0.9,1);
N50 X80 Y60; 钻第二个深孔
N60 CYCLE83(155,150,1, ,145, ,50,20,1,0.5,0.8,1);
N70 M30;

4. 刚性攻螺纹 CYCLE84

（1）程序格式

CYCLE84(RTP,RFP,SDIS,DP,DPR,DTB,SDAC,MPIT,PIT,POSS,SST,SST1);

（2）参数说明

如图 4－6－4（a）所示，CYCLE84 参数中的前六个同 CYCLE82，各参数含义如下：

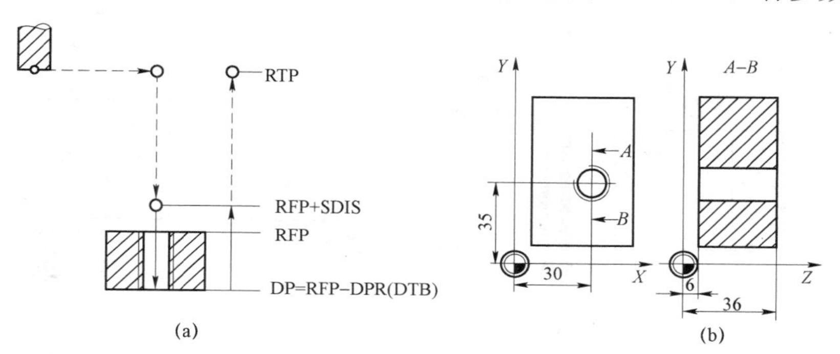

图 4－6－4 CYCLE84 固定循环

RTP：返回平面（绝对值）；
RFP：参考平面（绝对值）；
SDIS：安全距离（无符号数）；
DP：攻螺纹深度（绝对值）；
DPR：相对参考平面的攻螺纹深度（无符号数）；
DTB：螺纹底部停留时间；
SDAC：循环结束后的旋转方向，取值：3、4 或 5；
MPIT：用螺纹规格表示螺距，取值范围：3（M3）～48（M48）；
PIT：用螺纹尺寸表示螺距；
POSS：攻螺纹循环中主轴的初始位置（用角度表示）；
SST：攻螺纹速度（主轴转速）；
SST1：退刀速度（主轴转速）。

［**例 4－6－4**］应用 CYCLE84 循环螺纹

如图 4－6－4（b）所示，钻攻螺纹，应用 CYCLE84 钻削循环编程加工，程序如下：

LOUWEN.MPF; 刚性攻螺纹主程序
N10 G90 G00 F60 S600 M03;
N20 D01 T01 Z155;
N30 G00 X30 Y35;

CYCLE84(RTP,RFP,SDIS,DP,DPR,DTB,SDAC,MPIT,PIT,POSS,SST,SST1)

N40 CYCLE84(40,36,4, 6, ,1, 3, 8, , 90,200,500);

N50 M30;

5. 镗孔循环 CYCLE85

功能：粗镗孔。

程序格式：CYCLE85(RTP,RFP,SDIS,DP,DPR,DTB,FFR,RFF);

如图 4－6－5（a）所示，CYCLE85 参数中的前六个同 CYCLE82，各参数含义如下：

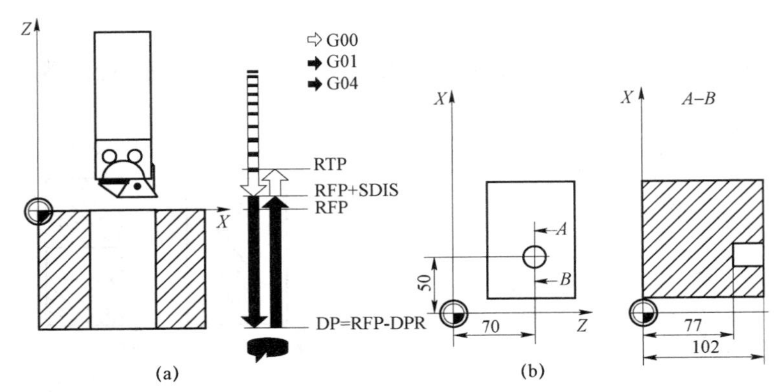

图 4－6－5 CYCLE85 固定循环

RTP：返回平面（绝对值）；

RFP：参考平面（绝对值）；

SDIS：安全距离（无符号数）；

DP：镗孔深度（绝对值）；

DPR：相对参考平面的镗孔深度（无符号数）；

DTB：在一定镗深下的暂停时间（断屑）；

FFR：进给速度；

RFF：退刀速度。

［**例 4－6－5**］应用 CYCLE85 循环镗孔

如图 4－6－5（b）所示，应用 CYCLE85 镗孔循环编程加工，程序如下：

CUTANG.MPF; 粗镗孔程序

N05 G90 G00 F60 S600 M03;

N10 D01 T01 Z155;

N15 DEF REAL FFR,RFF,RFP＝102,DPR＝25,SDIS＝2;

DEF 定义，REAL：实型数

N10 FFR＝300 RFF＝1.5*FFR S500 M04;

N20 G18 Z70 X50 Y105; 到镗孔位置

N30 CYCLE85(RFP＋3,RFP,SDIS, ,DPR, ,FFR,RFF);

调用 CYCLE85 镗孔循环

N40 M30; CYCLE85 镗孔循环主程序结束

6. 镗孔循环 CYCLE86

功能：精镗孔，如图 4－6－6（a）所示。

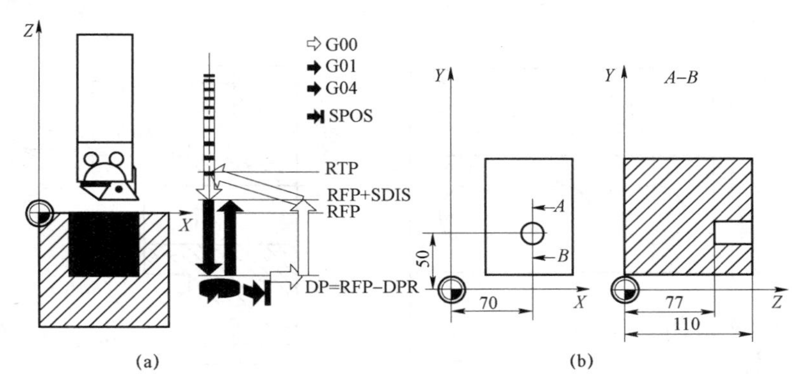

图 4－6－6　CYCLE86 固定循环

程序格式：

CYCLE86(RTP,RFP,SDIS,DP,DPR,DTB,SDIR,RPA,RPO,RPAP,POSS)

参数中的前六个同 CYCLE82，各参数含义如下：

RTP：返回平面（绝对值）；

RFP：参考平面（绝对值）；

SDIS：安全距离（无符号数）；

DP：镗孔深度（绝对值）；

DPR：相对参考平面的镗孔深度（无符号数）；

DTB：在一定镗深下的暂停时间（断屑）；

SDIR：主轴旋转方向，取值：3（＝M3）或 4（＝M4）；

RPA：在所选平面内的横向退刀（相对值，带符号）；

RPO：在所选平面内的纵向退刀（相对值，带符号）；

RPAP：在所选平面内的进给方向退刀（相对值，带符号）；

POSS：循环停止时主轴位置（用度数表示）；

［例 **4－6－6**］应用 CYCLE86 循环精镗孔

如图 4－6－6（b）所示，应用 CYCLE86 镗孔循环编程加工，程序如下：

```
JINGTANG.MPF;                          精镗孔程序
N10 D01 T01 Z155;
N15 DEF REAL FFR,RFF,RFP;              DEF 定义，REAL：实型数
N20 DEF REAL DP,DTB,POSS;
N25 DP=77 DTB=2 POSS=45;               循环停止时主轴停到 45° 位置
N30 G0 G17 G90 F200 S300;
N40 X70 Y50;
N45 CYCLE86(112,110,   ,DP,   ,DTB,3,–1,–1,+1,POSS);
N50 M30;
```

［例 **4－6－7**］平行孔系的加工

如图 4-6-7 所示，已知毛坯为 100 mm × 100 mm × 50 mm 的 45 钢，要求加工上表面、凸台及上各孔，编制数控加工程序。

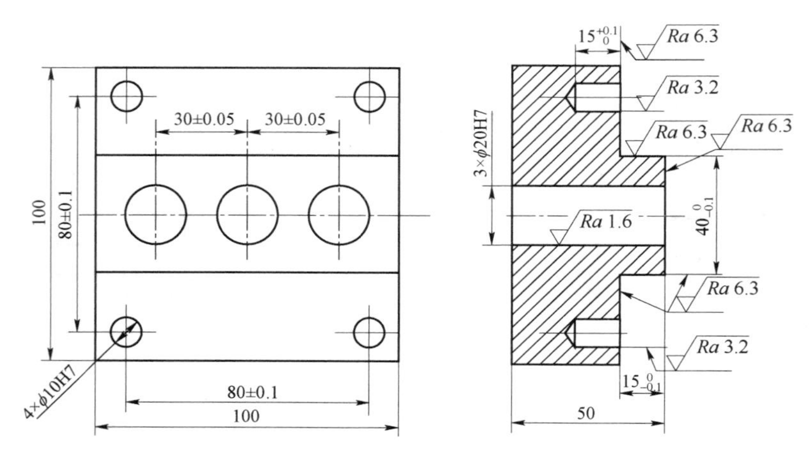

图 4-6-7　平行孔系的加工

（1）工艺分析

① 图纸分析。图 4-6-7 所示零件主要是加工各孔，本着“先面后孔”的加工原则，以工件底面为基准，可以先在普通铣床上加工出底面及 100 mm × 100 mm 的正方形到尺寸，上表面按 50 mm 铣到尺寸，*Ra* 值取 6.3～3.2 μm 即可。

② 工件装夹。选用机用平口钳装夹工件，校正平口钳固定钳口与工作台 *X* 轴移动方向平行。在毛坯铣削完毕后，在工件下表面与平口钳之间放入厚度适当的平行垫块，由于有 3 个 φ20 mm 的通孔，为了便于刀具出刀，工件下方要悬空，悬空高度在 20 mm 左右，在装夹工件之前，要用表检测一下“垫块”表面的平面度，工件露出钳口表面不少于 20 mm，利用木槌或铜棒敲击工件，使平行垫块不能移动后，再夹紧工件。找正工件 *X*、*Y* 轴零点位于工件对称中心位置。工件上表面为执行刀具长度补偿后的 *Z* 零点表面。

③ 刀具与切削参数见表 4-6-3。

表 4-6-3　刀具与切削参数

工步	工步内容	刀号	刀具规格/mm	主轴转速/（r·min⁻¹）	进给速度/（mm·min⁻¹）
1	台阶粗加工	T01	φ20 粗齿立铣刀	800	100
2	台阶精加工	T02	φ20 细齿立铣刀	1 500	60
3	钻中心孔	T03	φ5 中心钻	1 000	200
4	钻孔	T04	φ9.8 钻头	600	100
5	钻孔	T05	φ19.8 钻头	600	100
6	铰孔	T06	φ10H7 铰刀	500	50
7	铰孔	T07	φ20H7 铰刀	500	50

④ 加工台阶选用 φ20 mm 的立铣刀，走刀路线如图 4-6-8 所示。

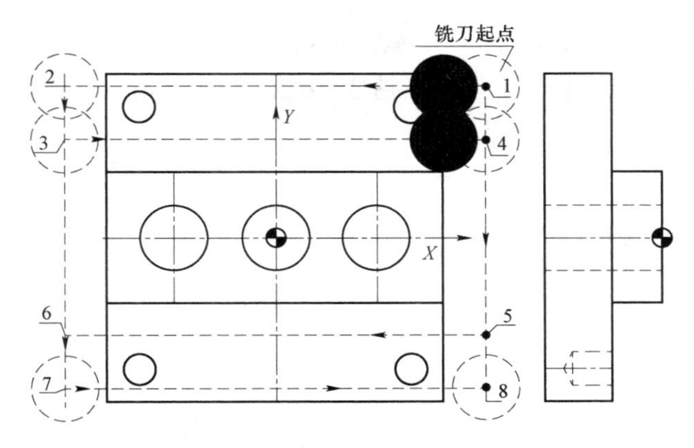

序号	X	Y
1	62.00	46.00
2	-62.00	46.00
3	-62.00	30.00
4	62.00	30.00
5	62.00	-30.00
6	-62.00	-30.00
7	-62.00	-46.00
8	62.00	-46.00

图 4－6－8　加工台阶的走刀路线

（2）编写程序

程序	说明
PINGXING.MPF;	主程序
N05 M06 T01;	调用ϕ20 的粗齿立铣刀，粗铣台阶面
N10 G90 G54 G00 Z50 D01 S800 M03;	
N15 G00 X62 Y46;	铣刀起点
N20 G00 Z－14.8;	粗铣台阶面到14.8 mm，精加工留量0.2 mm
N25 G01 X－62 Y46 F100;	到第 2 点
N30 G01 Y30；；	到第 3 点
N35 G01 X62;	到第 4 点
N40 G00 Y－30;	到第 5 点
N45 G01 X－62;	到第 6 点
N50 G01 Y－46;	到第 7 点
N55 G01 X62;	到第 8 点，粗铣台阶结束
N60 G00 Z50 M05;	
N105 M06 T02;	调用ϕ20 的细齿立铣刀，精铣台阶面
N110 G90 G00 Z50 D02 S800 M03;	
N115 G00 X62 Y46;	铣刀起点
N120 G00 Z－15;	精铣台阶面到 15 mm
N125 G01 X－62 Y46 F100;	到第 2 点
N130 G01 Y30;	到第 3 点
N135 G01 X62;	到第 4 点
N140 G00 Y－30;	到第 5 点
N145 G01 X－62;	到第 6 点
N150 G01 Y－46;	到第 7 点
N155 G01 X62;	到第 8 点，精铣台阶结束
N160 G00 Z50 M05;	
N205 M06 T03;	调用ϕ5 中心钻
N210 Z50 D03;	

```
N215 S1000 M03 F200;                              钻中心孔
N220 MCALL CYCLE81(2,0,2,3,  );                   钻 3×φ20H7 中心孔
N225 X30 Y0;
N230 X0 Y0;
N235 X–30 Y0;
N240 MCALL;
N245 MCALL CYCLE81(2,0,–15,3,  );                 钻 4×φ10H7 中心孔
N250 X40 Y40;
N255 X–40 Y40;
N260 X–40 Y–40;
N265 X40 Y–40;
N270 MCALL;
N275 G00 Z50 M05;
N305 M06 T04;                                     更换φ9.8 钻头
N210 Z50 D04;
N215 S1000 M03 F200;
     CYCLE82(RTP,RFP,SDIS, DP,DPR,DTB)
N245 MCALL CYCLE82( 2, 0,  –15,–30,  ,1,  );; 钻 4×φ10H7 中心孔
N250 X40 Y40;
N255 X–40 Y40;
N260 X–40 Y–40;
N265 X40 Y–40;
N270 MCALL;
N275 G00 Z50 M05;
N305 M06 T04;                                     更换φ19.8 钻头
N210 Z50 D03;
N215 S1000 M03 F200;                              钻中心孔
N220 MCALL CYCLE81(2,0,2,–63,  );                 钻 3×φ20H7 中心孔，钻尖完全钻出工件
N225 X30 Y0;
N230 X0 Y0;
N235 X–30 Y0;
N240 MCALL;
N245 G00 Z50 M05;
N305 M06 T06;                                     更换φ10H7 铰刀
N210 Z50 D06;
N215 S500 M03 F50;
     CYCLE85(RTP,RFP,SDIS,DP ,DPR,DTB,FFR,RFF  )
N245 MCALL CYCLE85(2, 0,  2,–11.5,  ,1,50,1.3*50 );
```

```
N250 X40 Y40;                          铰 4×φ10H7 孔
N255 X－40 Y40;                        铰孔深度＝15－5/TAN（59）＝11.5
N260 X－40 Y－40;
N265 X40 Y－40;
N270 MCALL;
N275 G00 Z50 M05;
N305 M06 T07;                          更换φ20H7 铰刀
N210 Z50 D07;
N215 S500 M03 F50;                     铰 3×φ30H7 孔
N220 MCALL CYCLE85(2, 0,  2,－50,   ,1,50,1.3*50);
N225 X30 Y0;                           铰 3×φ20H7 孔
N230 X0 Y0;
N235 X－30 Y0;
N240 MCALL;
N275 G00 Z50 M05;
N280 M30;
```

7. 呈射线状线性排列孔的钻孔循环（HOLES1）

图 4－6－9 所示为呈射线状线性排列的孔，用 HOLES1 进行钻孔循环计算，HOLES1 用于计算孔的坐标，本身不钻孔，调用 HOLES1 时，要与前面各固定循环指令配合使用。

（1）程序格式

HOLES1(SPCA,SPCO,STA1,FDIS,DBH,NUM);

（2）参数及功能说明

各参数含义见表 4－6－4。

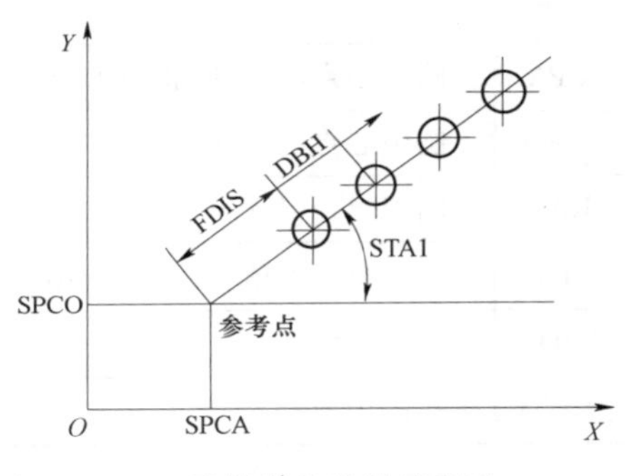

图 4－6－9　呈射线状线性排列孔 HOLES1

表 4－6－4　参数与功能说明

参数	功能说明
SPCA	参考点的 X 坐标（绝对值），射线的起点 X 坐标
SPCO	参考点的 Y 坐标（绝对值），射线的起点 Y 坐标
STA1	孔中心所在直线与 X 坐标的（射线的）夹角，取值范围：－180°～180°
FDIS	第一个孔中心到参考点的距离（无符号数）
DBH	相邻孔孔距（无符号数）
NUM	孔的数量

8. 圆周排列孔的钻孔循环（HOLES2）

图 4－6－10 所示为呈圆周排列的孔，用 HOLES2 进行钻孔循环计算，HOLES2 用于计算孔的坐标，本身不钻孔，调用 HOLES2 时，要与前面各固定循环指令配合使用。

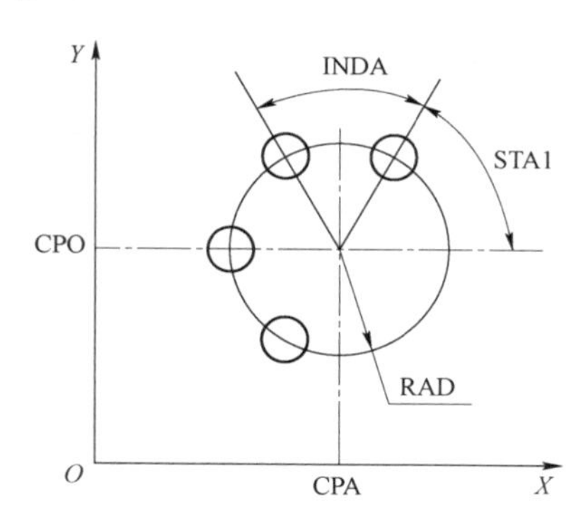

图 4-6-10　呈圆周排列孔 HOLES2

（1）程序格式

HOLES2(CPA,CPO,RAD,STA1,INDA,NUM);

（2）参数及功能说明

各参数含义见表 4-6-5。

表 4-6-5　参数及功能说明

参数	功能说明
CPA	圆中心点的 X 坐标（绝对值）
CPO	圆中心点的 Y 坐标（绝对值）
RAD	圆周半径（无符号数）
STA1	初始角，取值范围：$-180°\sim180°$
INDA	分度角度
NUM	孔的个数

［**例 4-6-8**］矩阵排列的孔加工

加工呈矩阵排列的孔，如图 4-6-11 所示，孔深 40 mm，编写钻孔加工程序。

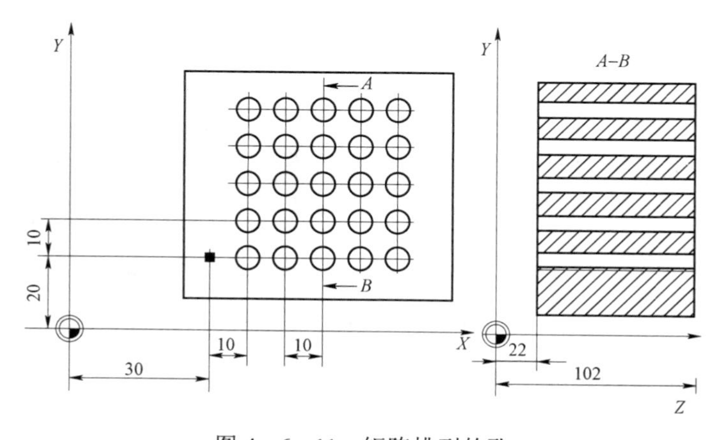

图 4-6-11　矩阵排列的孔

（1）题意分析

工件上要加工的孔数量较多，每个孔的加工动作又是一样的，因此各孔程序也一样。为了提高编程效率，采用孔加工固定循环编程，在 SINUMERIK 840D 数控系统中，用 CYCLE81～CYCLE89 指令。为简化加工程序的编制，可采用 MCALL 方式实现模态调用。

（2）加工程序

```
JUZHENKONG.MPF;                              钻孔主程序
N05 G00 G54 X0 Y0 Z130;
N10 M03  S300  F150;
N15 RFP = 102 DP = 75 RTP = 105 SDIS = 3 FDIS = 10 ZAEL = 0;
N20 SPCA = 30,SPCO = 20;                     矩阵孔的起始位置
N25 STA1 = 0,DBH = 10,FDIS = 10;
N30 STA1 = 0;                                每行倾斜角度
N30 HJ = 10, LJ = 10;                        行距，列距
N35 HNUM = 5,LNUM = 5;                       行数，列数
N40 LJZK;                                    调用子程序
N45 M30;
JZK.SPF;                                     钻孔子程序
N01 DEF REAL RFP,DP,RT,SDIS;                 DEF 为定义，定义各变量类型
N02 DEF REAL SPCA,SPCO,STA1,DBH,FDIS;        REAL：实型数；INT：整型数
N03 DEF INT HNUM,LNUM,ZAEL = 0;              整数，用于计算行数
N04 DEF REAL HJ，LJ;                         行间距、列间距
N05 G00 X = SPCA + 10 Y = SPCO;
N06 MCALL CYCLE81(RTP,RFP,SDIS,DP,DPR);      调用钻孔指令
N07 MARKE1:HOLES1(SPCA,SPCO,STA1,FDIS,LJ,LNUM);
N08 SPCO = SPCO +  HJ;                       计算下行的位置
N09 ZAEL = ZAEL + 1;                         计算加工行数
N10 IF ZAEL＜HNUM GOTOB MARKE1;              判断加工的行数是否到总行数
N11 MCALL;
N12 G90 G0 X = SPCA – 10 Y = SPCO Z105;
N13 M17;
```

本例是典型的固定循环功能在孔加工中的应用，在数控加工过程中，有些加工工序，如钻孔、攻螺纹、镗孔、深孔钻削和切螺纹等，所需完成的动作循环十分典型，数控系统事先将这些循环用 G 代码进行定义，在加工时使用这类 G 代码，可大大简化编程工作量。

9. SINUMERIK 铣槽固定循环功能

（1）LCYC75 铣槽加工循环（SINUMERIK 802S/C）

如图 4 – 6 – 12 所示，可以铣削一个与坐标轴平行的矩形槽或者腰形凹槽宽度为两倍的圆角半径的槽，也可以铣削一个直径为凹槽长度或凹槽宽度的圆形凹槽，图中

各参数见表 4－6－6。

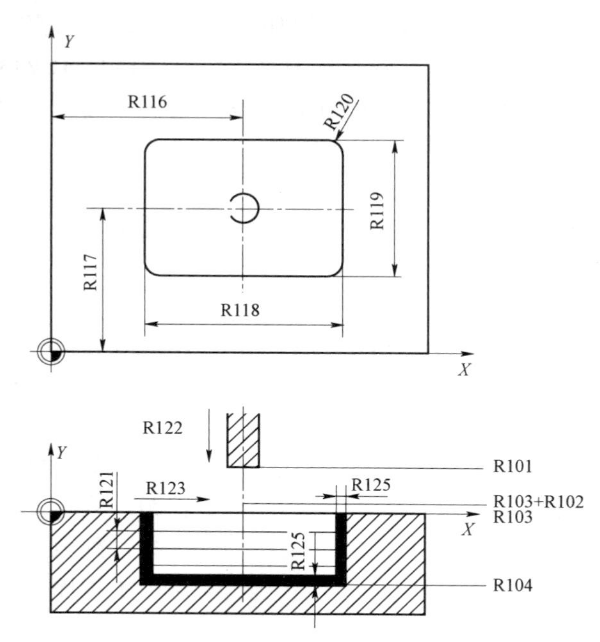

图 4－6－12　LCYC75 循环工作过程及参数

表 4－6－6　LCYC75 矩形槽铣削循环参数

参数	含义	参数	含义
R101	退回平面（绝对平面 G90）	R120	凹槽拐角半径
R102	安全距离（无符号）	R121	最大进刀深度
R103	参考平面（绝对平面 G90）	R122	深度进刀进给率
R104	凹槽深度（绝对坐标 G90）	R123	表面加工的进给率
R116	凹槽中心横坐标	R124	侧面加工的精加工余量
R117	凹槽中心纵坐标	R125	深度加工的精加工余量
R118	凹槽长度	R126	铣削方向：2（G02），3（G03）
R119	凹槽宽度	R127	铣削类型：1 用于粗加工；2 用于精加工

矩形型腔的铣削（图 4－6－13）循环程序格式：

POCKET1(RTP,RFP,SDIS,DP,DPR,LENG,WID,CRAD,CPA,CPD,STA1,FFD,FFP1,MID,CDIR,FAL,VARI,MIDF,FFP2,SSF);

参数说明：

RTP：退刀平面；

RFP：参考平面；

SDIS：安全距离；

DP：型腔深度；

DPR：相对于参考平面的型腔深度；
LENG：型腔长度；
WID：型腔宽度；
CRAD：拐角半径；
（以上均为绝对值）
CPA：型腔中心点的横坐标；
CPO：型腔中心点的纵坐标；
STA1：型腔长轴与横坐标的夹角，取值范围：0°≤STA1<180°；
FFD：深度方向上的进给速度；
FFP1：长宽方向上的粗加工进给速度；
MID：粗加工每次切削的最大深度（无符号数），如果一次加工完毕，则值为 0；
CDIR：型腔加工的铣削方向，取值：2（=G2）或 3（=G3）；
FAL：精加工余量（无符号数）；
VARI：加工类型，取值：0=全部加工，1=只进行粗加工，2=只进行精加工；
MIDF：精加工最大切削深度（无符号数）；
FFP2：精加工进给速度；
SSF：精加工主轴转数。
程序示例：如图 4-6-14 所示，编写矩形型腔的加工程序。

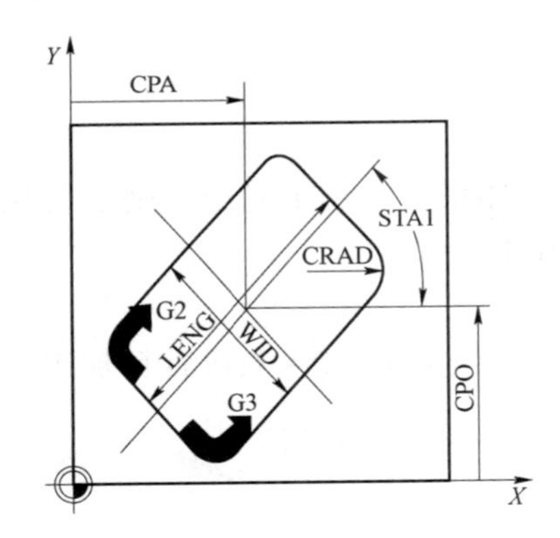

图 4-6-13 矩形型腔的铣削

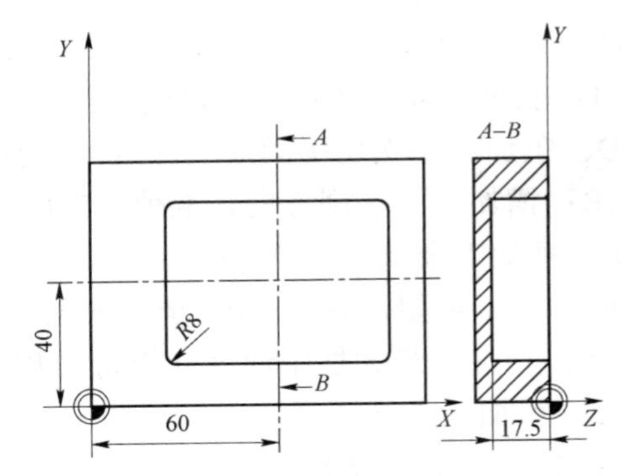

图 4-6-14 矩形型腔的铣削循环的应用

加工程序：

```
…
DEF REAL LENG,WID,DPR,CRAD;          DEF 是定义参数的类型
DEF INT VARI;
N10 LENG=60 WID=40 DPR=17.5;         参数赋值
N20 CRAD=8 VARI=1;
N30 G90 T20 D02 S600 M04;
N40 G17 G00 X60 Y40 Z5;
N50 POCKET1(5,0,0.5,   ,DPR,LENG,WID,CRAD,60,40,0,120,300,4,2,0.75,VARI);
N60 M30;
```

（2）圆周排列的圆弧槽的铣削循环

程序格式：

SLOT2(RTP,RFP,SDIS,DP,DPR,NUM,AFSL,WID,CPA,CPO,RAD,STA1,INDA,FFD,FFP1,MID,CDIR,FAL,VARI,MIDF,FFP2,SSF)；

程序示例如图 4-6-15 所示。

参数说明：

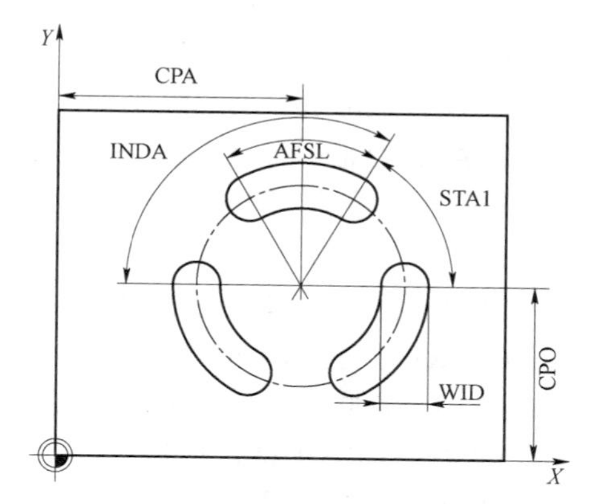

图 4-6-15　圆周排列的圆弧槽的铣削循环

RTP：退刀平面（绝对值）；
RFP：参考平面（绝对值）；
SDIS：安全距离（无符号数）；
DP：槽深（绝对值）；
DPR：相对于参考平面的槽深（无符号数）；
NUM：槽的数量；
AFSL：圆弧槽长度方向所占角度（无符号数）；
WID：槽的宽度（无符号数）；
CPA：圆中心点的横坐标（绝对值）；
CPO：圆中心点的纵坐标（绝对值）；
RAD：圆半径（无符号数）；
STA1：初始角度，取值范围：$-180° < STA1 \leq 180°$；
INDA：分度角度；
FFD：深度方向上的进给速度；
FFP1：长度方向上的粗加工进给速度；
MID：粗加工每次切削的最大深度（无符号数），如果一次加工完毕，则值为 0；
CDIR：槽加工的铣削方向，取值：2（=G2）或 3（=G3）；
FAL：精加工余量（无符号数）；
VARI：加工类型，取值：0=全部加工，1=只进行粗加工，2=只进行精加工；
MIDF：精加工最大切削深度（无符号数）；
FFP2：精加工进给速度；
SSF：精加工主轴转数。

（3）程序举例

圆周排列的圆弧槽的铣削循环加工尺寸如图 4-6-16 所示。

加工程序如下：

```
…
DEF REAL FFD=100;                    DEF 是定义参数的类型
N10 G17 G90 D01 T10 S600 M03;
N20 G00 X60 Y60 Z5;
N30 SLOT2(2,0,2,-23,   ,3,70,15,60,60,42,   ,120,FFD,FFD+200,6,2,0.5);
N40 M30;
```

注意：各参数一定要对号入座，否则会出错！

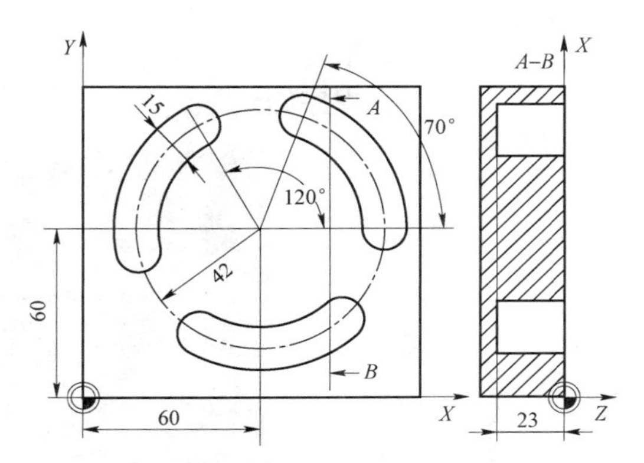

图 4－6－16　圆周排列的圆弧槽的铣削循环尺寸

4－7　任务实施：铣镗床加工程序

［例 4－7－1］三角板的和加工

如图 4－7－1 所示，加工零件外轮廓，O 点为工件原点，左右两边对称，Z 向切深为 5 mm（上表面为“Z0”），加工起点为 S 点，走刀路线为 $S \to P_1 \to O \to A \to B \to C \to D \to E \to F \to O \to P_2$，刀具 T01，直径为 ϕ10 mm。仿真加工效果如图 4－7－2 所示。

用极坐标编制三角形板程序：

```
SANJIAO.MPF;
N05 G54 G90 G00 Z0;          确定坐标零点
N10 M06 T01;                 换φ20 mm 的立铣刀
N15 X0 Y－15 S800 M03;       走到起刀点
N20 G01 Z－5 M08 F100;       下刀
N25 G42 D01 X－15;           建立刀补
N30 G02 X0 Y0 CR＝15;        圆弧切入
N35 G01 X40;                 铣下底边
N40 G111 X40 Y15;            定极心坐标
N45 G03 AP＝40 RP＝15;       铣 R15 圆角，到达 B 点
N50 G111 X0 Y60;             定下一个极心坐标
N55 G01 AP＝41;              按极坐标方式，走直线到 C 点
N60 G03 AP＝139;             按极坐标方式，走圆弧到 D 点
N65 G111 X－40 Y15;          定下一个极心坐标
N70 G01 AP＝140;             按极坐标方式，走直线到 E 点
N75 G03 AP＝270;             按极坐标方式，走圆弧到 F 点
N80 G01 X0;                  铣下底边
N85 G02 X15 Y－15 CR＝15;    圆弧切出
N90 G00 G40 X0 Y－15;        取消刀补
```

N95 G00 G90 Z40;　　　　抬刀
N100 M30;　　　　　　　程序结束

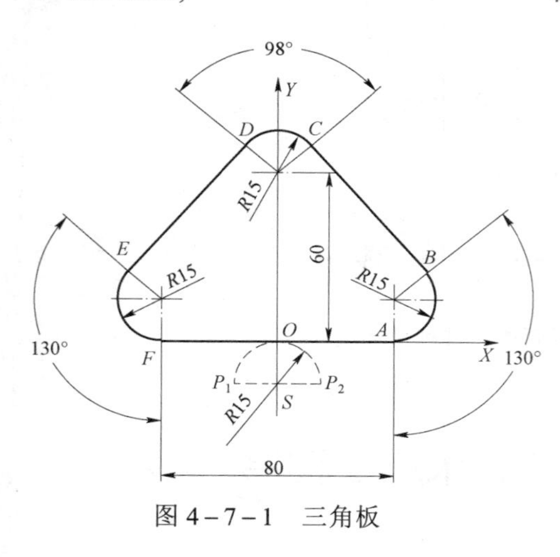

图 4-7-1　三角板

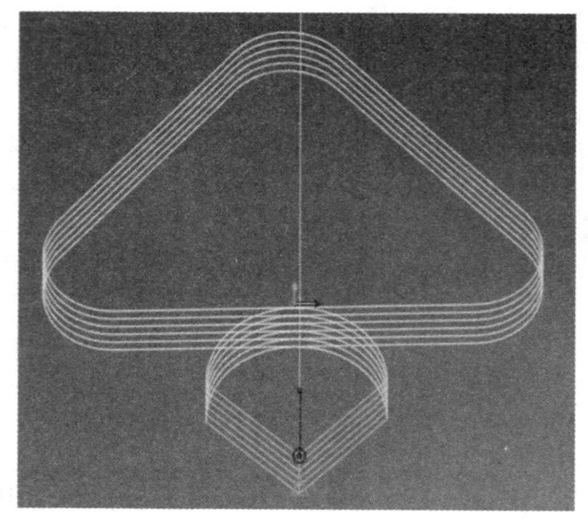

图 4-7-2　三角板仿真加工

本例的关键是“极坐标系”中极角的计算，根据“极角是以第一编程坐标轴的正向为始边，极半径为终边，逆时针方向为正角”的规定，各点极角计算如下：

B 点的极角：130° − 90° = 40°；

C 点的极角：90° − 98° /2 = 41°；

D 点的极角：98° + 41° = 139°；

E 点的极角：180° − 40° = 140°；

F 点的极角：270°，也可以用 − 90°。

[**例 4-7-2**] 槽的固定循环加工

如图 4-7-3 所示的零件，零件的表面均匀分布两种不同的槽及四个孔，其中，长方形槽为一个不完整的键槽，另外为六个圆弧槽，四个孔为通孔，试用 SINUMERIK802S/C 系统编写加工程序。

（1）工艺分析

两种不同的槽及四个孔都是均匀分布，因此同种规格的槽只需编写一个，再利用坐标旋转功能把其余的槽编制出来；孔的加工同上，槽和孔均采用固定循环功能编写。为了提高效率，加工零件ϕ86 mm 外形用较大直径的立铣刀，准备选用ϕ32 mm 的立铣刀（T01），加工长槽选用ϕ10 mm（T02）的立铣刀，并用固定循环指令 LCYC75；加工圆弧槽选用ϕ36 mm（T03）和ϕ40 mm（T04）的斜镗刀，并用固定循环指令 LCYC61。为了提高孔的定位精度，所有的孔先用ϕ3 mm 中心钻（T05）定出孔的位置，中心钻的长度补偿地址为 D01，然后用ϕ20 mm 钻头（T06）加工各孔。通过分析，制订出两种方案：一种方案是各槽单独编写、单独循环、单独加工；另一种方案是两种规格的槽合起来编写，再用循环指令加工，两种方案中的其他加工内容不变。

（2）加工参数设定

① 假设第一个槽为原始的槽，其位置在第一象限的水平位置。

长槽参数设定（LCYC75 铣槽加工循环）见表 4-7-1。

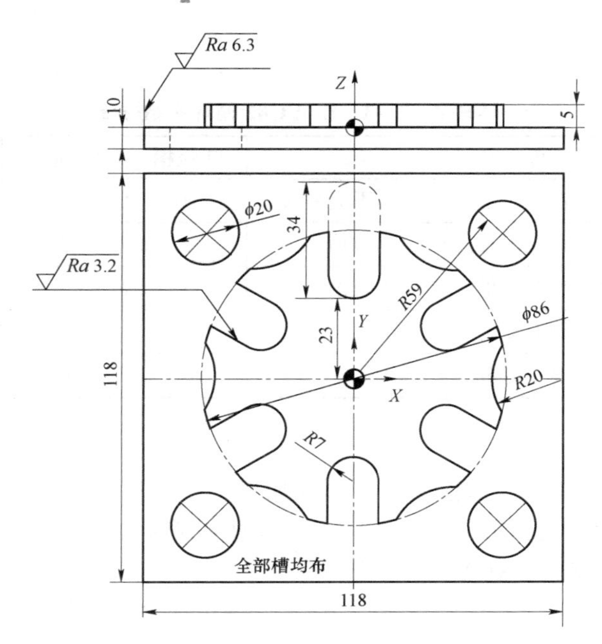

图 4－7－3　槽的固定循环加工（方案一）

表 4－7－1　长槽参数设定（粗加工参数）　　mm

R101	退回平面（绝对平面 G90）	10	R116	凹槽中心横坐标	23＋17
R102	安全距离（无符号）	2	R117	凹槽中心纵坐标	0
R103	参考平面（绝对平面 G90）	5	R118	凹槽长度	34
R104	凹槽深度（绝对坐标 G90）	0	R119	凹槽宽度	14
R120	凹槽拐角半径	7	R124	侧面加工的精加工余量	0.2
R121	最大进刀深度	3	R125	深度加工的精加工余量	0.2
R122	深度进刀进给率	100	R126	铣削方向：（G02 或 G03）	3
R123	表面加工的进给率（百分比%）	150	R127	铣削类型：1 粗加工；2 精加工	1
注：精加工时，R121＝0，R124＝0，R125＝0，R126＝2，R127＝2。					

② 圆弧槽或 4×ϕ20 孔的参数设定（LCYC61 圆周分布孔加工循环）见表 4－7－2。

表 4－7－2　圆弧槽或 4×ϕ20 孔的参数设定

参数	含义	圆弧槽	4×ϕ20 孔
R115	钻孔或攻螺纹循环代号值（LCYC××）	82	82
R116	分布圆弧中心横坐标（绝对坐标 G90）	0	0
R117	分布圆弧中心纵坐标（绝对坐标 G90）	0	0
R118	分布圆弧半径	59	59
R119	孔数	6	4
R120	起始角，数值范围：－180＜R120＜180	0	45
R121	角增量（均匀分布时为 0）	0	0
注：加工时，直接在机床操作面板上输入对应的 R 参数值即可，如 R115＝82，R116＝0			

③ LCYC82 循环参数见表 4－7－3。

表 4－7－3　LCYC82 循环参数

参数	含义及说明	圆弧槽	钻中心孔	钻ϕ20 孔
R101	退回平面，在此平面内，刀具不会碰撞	10	10	10
R102	安全距离，即距离加工表面的数值	2	2	2
R103	参考平面（绝对平面，待加工表面）	5	5	5
R104	最后钻深（绝对值）	0	3	10＋5/TAN（59）≈13
R105	为了断屑的停留时间，单位为 s	0.5	0	0.5

（3）加工程序

方案一：各槽单独编写、单独循环、单独加工

```
CAOXUNHUAG.MPF;                              槽的固定循环加工主程序名
N05 G90 G54 G00 Z100 X0 Y0;
N10 T01 D01;                                 调用φ32 的立铣刀，加工零件φ86 外形
N15 F200 S800 M03;
N20 G00 Z10 X120 Y0;                         起刀点
N25 G01 Z0;                                  下刀
N30 G41  X86 Y0;                             完成刀具半径补偿并切入工件
N35 G02 X86 Y0 I=－43 J0;                    加工零件φ86 外形
N40 G40 X120 Y0;                             取消刀补，回到起刀点
N45 G00 Z100 M05;                            抬刀
N110 T02 D02;                                调用φ10 的立铣刀，加工长槽
N112 F200 S1000 M03;
N114 G00 Z10 X120 Y0;                        起刀点
N116 R101=10 R102=2 R103=5 R104=0;           给加工长槽参数赋值
N118 R116=40 R117=0 R118=34 R119=14;
N120 R120=7 R121=3 R122=100 R123=150;
N122 R124=0.2 R125=0.2 R126=2 R127=1;
N124 G258 RPL=30;                            坐标系旋转至 30° 位置
N126 LCYC75;                                 调用 LCYC75 粗铣第一个长槽
N128 G258 RPL=90;                            坐标系旋转至 90° 位置
N130 LCYC75;                                 调用 LCYC75 粗铣第二个长槽
N132 G258 RPL=150;                           坐标系旋转至 150° 位置
N134 LCYC75;                                 调用 LCYC75 粗铣第三个长槽
N136 G258 RPL=210;                           坐标系旋转至 210° 位置
N138 LCYC75;                                 调用 LCYC75 粗铣第四个长槽
N140 G258 RPL=270;                           坐标系旋转至 270° 位置
N142 LCYC75;                                 调用 LCYC75 粗铣第五个长槽
```

```
N144 G258 RPL=330;                        坐标系旋转至 330° 位置
N146 LCYC75;                              调用 LCYC75 粗铣第六个长槽
N148 S1500;
N200 R121=0 R124=0 R125=0 R126=2 R127=2;
                                          设定精铣槽循环参数，其他参数不变
N220 F130 S1300 M03;
N224 G258 RPL=30;                         坐标系旋转至 30° 位置
N226 LCYC75;                              调用 LCYC75 粗铣第一个长槽
N228 G258 RPL=90;                         坐标系旋转至 90° 位置
N230 LCYC75;                              调用 LCYC75 粗铣第二个长槽
N232 G258 RPL=150;                        坐标系旋转至 150° 位置
N224 LCYC75;                              调用 LCYC75 粗铣第三个长槽
N236 G258 RPL=210;                        坐标系旋转至 210° 位置
N238 LCYC75;                              调用 LCYC75 粗铣第四个长槽
N240 G258 RPL=270;                        坐标系旋转至 270° 位置
N242 LCYC75;                              调用 LCYC75 粗铣第五个长槽
N244 G258 RPL=330;                        坐标系旋转至 330° 位置
N246 LCYC75;                              调用 LCYC75 粗铣第六个长槽
N250 G00 Z100;                            退刀
N310 T03 D03;                             加工圆弧槽选用φ36 的斜镗刀
N312 F200 S1000 M03;
N314 R101=10 R102=2 R103=5;               设定加工圆弧槽 LCYC82 循环参数
N316 R104=0 R105=0.5;
N318 R115=82 R116=0 R117=0 R118=59;       设定 LCYC61 循环参数
N320 R119=6 R120=0 R121=0
N322 LCYC61;                              调用 LCYC61 循环粗镗六个圆弧槽
N324 G00 Z100;                            退刀
N330 T04 D04;                             加工圆弧槽选用φ40 的斜镗刀
N332 F130 S1300 M03;
N334 LCYC61;                              调用 LCYC61 循环精镗六个圆弧槽
N336 G00 Z100;                            退刀
N410 T05 D05;                             更换φ3 中心钻
N412 F80 S1500 M03;
N414 G00 X0 Y0 Z30;                       快速引刀接近工件
N416 R101=10 R102=2 R103=5;               设定 LCYC82 循环参数
N418 R104=3 R105=0;
N420 R115=82 R116=0 R117=0 R118=59;       设定 LCYC61 循环参数
N425 R119=4 R120=45 R121=0;
N430 LCYC61;                              调用 LCYC61 循环钻 4×φ3 中心孔
```

```
N436 G00 Z100;                              退刀
N440 T06 D06;                               更换φ20 钻头
N442 F80 S1500 M03;
N444 G00 X0 Y0 Z30;                         快速引刀接近工件
N446 R101=10 R102=2 R103=5;                 设定 LCYC82 循环参数
N448 R104=15 R105=0.5;                      钻 4×φ3 孔，深度＞13 mm，取 15 mm
N450 R115=82 R116=0 R117=0 R118=59;         设定 LCYC61 循环参数
N452 R119=4 R120=45 R121=0;
N454 LCYC61;                                调用 LCYC61 循环钻 4×φ3 中心孔
N456 G00 Z100 M09;                          退刀
M30;
```

注意：钻通孔时，钻尖要全部钻出工件，计算方法为：通孔深度+钻头半径×CTAN（118°/2）钻尖，118°为钻头钻尖角度。

方案二：两种规格的槽合起来编写，再用循环指令加工（外形φ6、4−φ20 孔略）

如图 4−7−4 所示，长槽与圆弧槽两槽组合起来编程，图中的 1→2→3→4→5→6 构成两槽合起来的轮廓，然后按坐标原点为旋转点进行旋转就可以加工外形轮廓，此时只能选用直径小于直槽宽度的铣刀，现选用φ12 mm 的立铣刀，程序如下：

两槽组合加工子程序：

```
HEBIAN.SPF;                         组合槽子程序
N05 G01 X-7 Y-30;                   坐标旋转 0°，X 轴处于水平位置
N10 G02 X7 Y-30 CR=7;
N15 G01 X7 Y-42.43;
N20 G03 X12 Y-41.26 CR=43;
N25 G02 X29.77 Y-31.03 CR=20;
N30 G03 X33.24 Y-27.26 CR=43;
N35 M17;
```

合编槽加工主程序：

```
HEBIANCAO.MPF;                      合编槽程序名
N05 G90 G54 G00 Z100 X0 Y0;
N10 T07 D07;                        调用φ12 的立铣刀
N15 F100 S800 M03;
N20 G00 Z20 X0 Y-120;               起刀点
N25 G01 Z0;                         下刀
N30 G41 X-7 Y-42.43;                完成刀具半径补偿并切入工件
N100 HEBIAN;                        调用合编子程序（X 轴处于 0°位置）
N124 ROT RPL=60;                    坐标系旋转至 60°位置（X 轴处于 60°位置）
N126 HEBIAN;                        调用合编子程序（802D、840D）
N128 ROT RPL=120;                   坐标系旋转至 120°位置
N130 HEBIAN;                        调用合编子程序
```

```
N132 ROT RPL=60;              坐标系旋转至 180° 位置
N134 HEBIAN;                  调用合编子程序
N136 ROT RPL=60;              坐标系旋转至 240° 位置
N138 HEBIAN;                  调用合编子程序
N140 ROT RPL=60;              坐标系旋转至 300° 位置
N142 HEBIAN;                  调用合编子程序
N150 G03 X0 Y-43 CR=43;       圆弧出刀
N155 Z20 M05;                 抬刀
M160 G00 D00 X0 Y-120;        D00 取消刀补并回到起刀点
N165 M30;
```

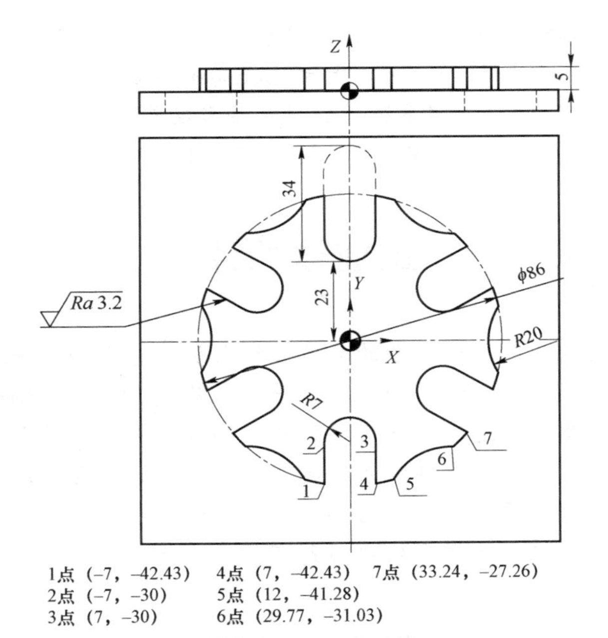

图 4-7-4　槽的固定循环加工（方案二）

学 习 小 结

通过本单元的学习，知道了：

① 数控铣镗床的组成与工作原理，数控铣镗床的作用与规格，数控镗铣削的主要加工对象，程序编制的内容，包括从零件图纸分析开始、计算刀具轨迹的坐标值、编写加工程序直到用程序加工的全部工作内容，重点学习了 SINUMERIK 编程尺寸系统指令、铣镗固定循环指令等。

② 编程时所需的基本知识，其中包括坐标系的建立以及它们之间的相互关系；编程时常用的函数及表达式等。

生产学习经验

① 正确选用数控机床。规格较小的升降台式数控铣床，其工作台宽度多在400 mm以下，它最适宜中小零件的加工和复杂形面的轮廓铣削任务。规格较大的数控铣床，如龙门式铣床，工作台在500～600 mm以上，用来解决大尺寸复杂零件的加工需要；数控落地铣镗床具有镗孔、钻孔、铣削、切槽等加工功能，配上高精度回转工作台、直角铣头等功能附件，可以实现五面加工，是冶金、能源、电力等行业用于汽轮机、发电机和重型机械等大型零件加工的理想设备。

② 正确选用插补指令。SINUMERIK编程系统指令十分丰富，如（CIP）中间点圆弧编程指令、CYCLE××循环编程等，可以大大地提高编程效率。

③ 充分利用SINUMERIK编程系统所提供的函数功能、数学表达式功能编程，如：

G02 X＝26*SIN(32)+ SQRT(34) Y＝54＋POT(43) CR＝24.3。

企业家点评

SINUMERIK数控铣削编程让更多的数控编程人员能够更加充分地利用西门子数控系统的资源，更进一步地提高零件程序的编写水平，尤其是SINUMERIK强大的函数功能、数学表达式功能最具实用性。通过大量完整的手工编程实例对数控系统中的编程指令、加工工艺循环等的用途和用法进行了详细的描述，对实例中的图形介绍了多种可以实现加工的程序，可以使读者了解不同指令代码的格式用法、适用条件和使用技巧等；对数控加工编程实训教学提供范例支持，使学生从中得到有益的启示。

思考与练习

一、作图题

1. 主程序

```
SHOUBING.MPF;                          主程序程序名
N5 G54 G90 G00 X16 Z7;                 设立坐标系，定义对刀点的位置
N10 G91 G01 X－12 F100;                进刀到切削起点处
N15 G03 X7.385  Z－4.923 CR＝8;        加工R8圆弧段，半径编程
N20 X3.215  Z－39.877 CR＝60;          加工R60圆弧段
N25 G02 X1.4 Z－28.636  CR＝40;        加工切R40圆弧段
N30 G00 X4;                            离开已加工表面
N35 Z73.436;                           回到起点Z轴处
N40 M05;
```

```
N50 M30;                                程序结束。
```

2. 子程序

```
QWE111.MPF;                             程序名
N01 G90 G54 G95 G23;
N05 G00 X120 Z50;
N10 T01 D01;                            刀具号 01，刀具补偿号 01
N15 S500 M03;
N20 G00 X20 Z5;                         快速定位
N25 G01 G42 X20 Z0 F0.2;                开始运行，建立刀尖半径补偿
N30 X30 Z-5;                            倒角 C5
N35 Z-25;
N40 X50 Z-55;
N45 Z-65;
N50 G03 X90 Z-85 CR=20;
N55 G01 Z-105;
N60 X100;
N65 Z-125;
N70 G40 G0 X105;                        结束补偿
N75 X120 Z50;
N80 M30;
```

二、选择题

1. 某数控机床，执行程序段“G96 S120 M03”，当刀尖点的位置为 *X*30 时，机床主轴的转速是（　　）r/min。

A. 1 274　　B. 1 000　　C. 1 200　　D. 3 000

2. 数控铣削加工时，刀位点与基准点重合，处在（*X*110，*Y*40，*Z*0）处，执行完程序段“G3 G17 G91 X0 Y0 I-30 J0 F100 ”，刀位点的运动轨迹是（　　）。

A. 半径为 *R*30 mm 的 1/4 圆弧　　B. 半径为 *R*30 mm 的 1/2 圆弧
C. 半径为 *R*30 mm 的 3/4 圆弧　　D. 半径为 *R*30 mm 的圆弧

3. 下列 SINUMERIK 840D 数控系统程序名称错误的是（　　）。

A. FF_18.MPF　　B. PP5rt.MPF　　C. L30.SPF　　D. PUljy-9.SPF

4. SINUMERIK 840D 数控系统操作/算术功能中，表示“绝对值”的是（　　）。

A. TRUNC( )　　B. ABS( )　　C. SQRT( )　　D. POT( )

5. FRAME 编程指令中，下面表示坐标系比例缩放的指令是（　　）。

A. TRANS　　B. ROT　　C. SCALE　　D. MIRROR

6. 某数控机床，刀尖点在（*X*20，*Z*0）处，执行“G3 G18 G90 X60 Z-20 CR=20 F0.1”程序段，刀尖点的运动轨迹是（　　）

A. 半径为 *R*20 mm 的 1/4 圆弧　　B. 半径为 *R*20 mm 的 1/2 圆弧
C. 半径为 *R*20 mm 的 3/4 圆弧　　D. 半径为 *R*20 mm 的圆弧

7. 在立式铣床的 *XY* 平面上加装 *Z* 轴旋转的分度盘时，此分度盘的旋转轴为（　　）。

A. *A* 轴　　B. *B* 轴　　C. *C* 轴　　D. *D* 轴

8. 一般的立式铣床刀具长度补偿应设在（　　）。

A. *X* 轴　B. *Y* 轴　C. *Z* 轴　D. *A* 轴

9. 若 *B* 轴为旋转轴，程序指令为“G91 G01 B40.0 F300.0”，则“F300.0”的单位是(　　)。

A. mm/min　B. deg/min　C. in/min　D. sec/min

10. 下列指令不能做子程序返回指令的是（　　）。

A. M99　B. M17　C. M30　D. RET

三、简答题

1. 一般情况下，数控铣床具有较宽的工艺适应范围，它可以涵盖钻、镗机床吗？

2. 试述加工中心与数控铣床的主要区别。

3. 为什么要进行 G17/G18/G19 平面选择？在不同平面中圆弧插补的方向如何判定？

4. 采用“终点坐标＋半径”方式是否可以编程任意圆弧？负半径的意义是什么？能否采用“终点坐标＋半径”方式编程一个整圆？

5. 铣床刀具半径补偿有何意义？如何建立刀具半径补偿？在圆弧程序段能建立刀具半径补偿吗？在补偿平面垂直方向运行时能建立刀具半径补偿吗？

6. 何为攻螺纹补偿夹头？攻螺纹采用补偿夹头有何意义？

7. 如何安排精镗孔？采用 LCYC85 操作方式进行精镗孔有何优缺点？如何弥补？

8. 采用循环可以简化程序，因此只要可能应尽量采用循环编程加工吗？LCYC75 循环加工长宽比较大的槽时有何不足？如何弥补？

9. 准确定位与连续路径的含义是什么？一般孔系加工与非圆曲线及曲面加工如何选择准确定位/连续路径功能？

10. 深孔循环加工的特点是什么？如何考虑深孔加工进给率？立式机床与卧式机床相比更适合加工深孔吗？

四、判断题（正确画“ √”，错误画“×”）

1. 绝对尺寸与增量尺寸指令可以用 G90 或 G91 方式，也可以采用 AC 或 IC 方式，例如，X = IC( )，其中 IC 方式是绝对方式，属于非模态方式。（　　）

2. 旋转轴（DC/ACP/ACN）编程，格式为：A = DC（__）B = DC（__）C = ACP（__），其中，DC 是绝对尺寸，顺时针方向逼近指定的位置。（　　）

3. G112 表示极点定义，是相对工件坐标系的设定位置。（　　）

4. 在 SINUMERIK 840D 数控系统中，M02 可以作为子程序返回指令。（　　）

5. 数控机床开机“回零”的目的是建立工件坐标系。（　　）

6. 刀具半径补偿值不一定等于刀具半径值。（　　）

7. 在数控编程指令中，不一定只有采用 G91 方式才能实现增量方式编程。（　　）

8. 加工中心自动换刀需要主轴准停控制。（　　）

9. 数控机床中，线速度越大，则转速也一定越高。（　　）

10. 在西门子系统中，语句标号就是程序段号。（　　）

11. 当数控加工程序编制完成后即可进行正式加工。（　　）

12. 不同的数控系统，其数控加工程序指令都是相同的。（　　）

13. 在开环和半闭环数控机床上，定位精度主要取决于进给丝杠的精度。（　　）

14. 通常在命名或编程时，不论何种机床，都一律假定工件静止刀具移动。（　　）

15. 数控机床的机床坐标原点和机床参考点是重合的。 （ ）

16. 机床参考点在机床上是一个浮动的点。 （ ）

17. 为了保证工件达到图样所规定的精度和技术要求，夹具上的定位基准应与工件上的设计基准、测量基准尽可能重合。 （ ）

18. 在批量生产的情况下，用直接找正装夹工件比较合适。 （ ）

19. 刀具切削部位材料的硬度必须大于工件材料的硬度。 （ ）

20. 为了防止工件变形，夹紧部位要与支承对应，不能在工件悬空处夹紧。 （ ）

五、填空题

1. 圆弧顺、逆方向的判别方法是：沿着不在圆弧平面内的坐标轴，________，顺时针方向为 G02，逆时针方向为 G03。

2. 极角是以________为始边，________为终边，________方向为正角。一个完整的程序由程序号、________和________三部分组成。RET 表示________结束并返回程序调用处。

3. 已知圆弧上三个点的坐标，则用________指令编程，螺纹牙深＝________P。

4. 主程序的作用是：________，它就是一条主线，把要加工的各个部分串起来。

六、分析执行后的结果

1. N10 R1＝1；
   N20 R2＝ASIN(R1)；
   执行后 R2＝?

2. N10 R1＝10 R2＝3；
   N20 R5＝R1 MOD R2；
   执行后 R5＝?

3. N10 R1＝0.5；
   N20 R2＝ACOS(R1)；
   执行后 R2＝?

七、编程题

1. 如习题图 4－1 所示两图，分别编写程序。

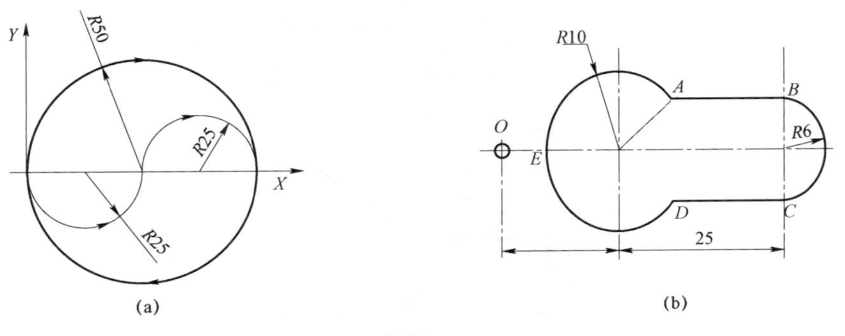

习题图 4－1

2. 如习题图 4－2 所示，用多种方法编写圆弧程序。

3. 采用极坐标方式编程，将程序写在图形的右边。

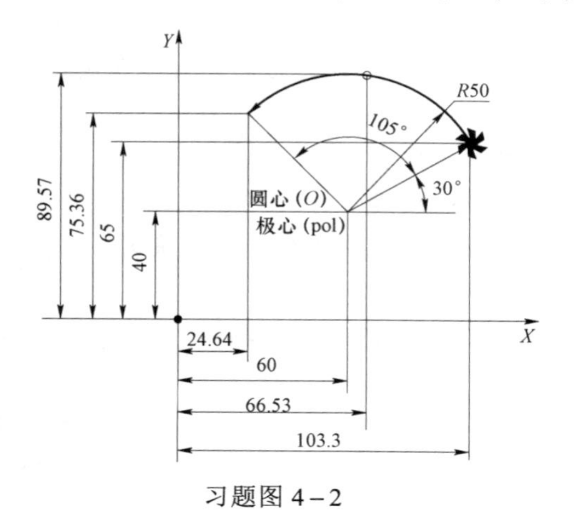

习题图 4－2

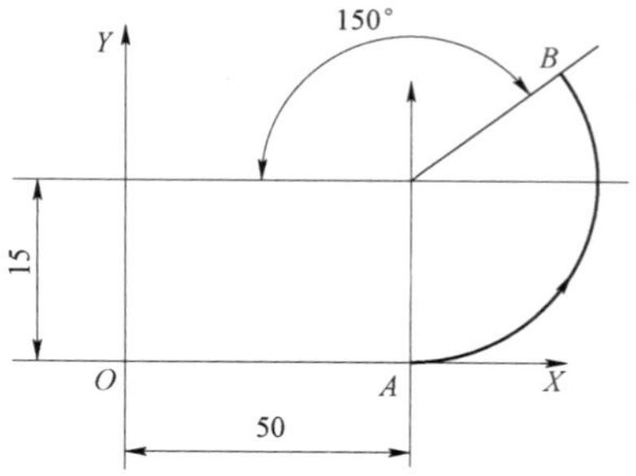

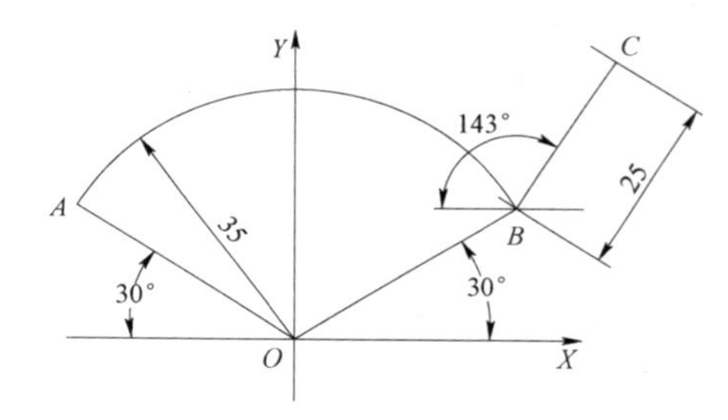

习题图 4－3

（1）如习题图 4－3 所示，刀具起点在 O 点，加工圆弧 AB。

（2）如习题图 4－4 所示，刀具起点在（60，0）点，加工正五边形 $P_1 \to P_2 \to P_3 \to P_4 \to P_5 \to P_1$。

（3）如习题图 4－5 所示，刀具起点在 O 点，加工轨迹 $O \to A \to B \to C$。

4. 编写习题图 4－6 所示零件程序，工作厚为 10 mm，毛坯为 120 mm × 100 mm × 12 mm，注意起刀点位置及走刀路线。

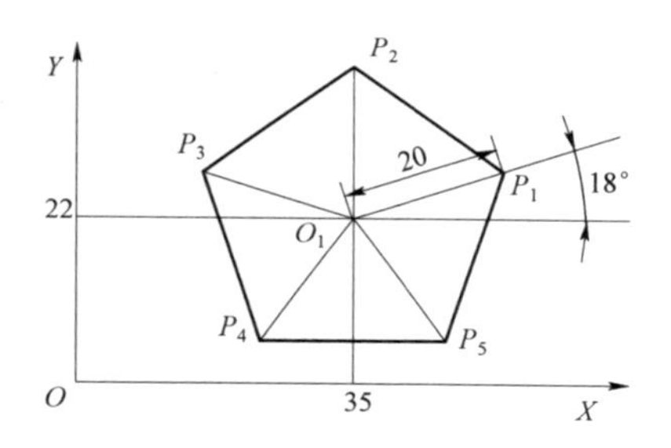

习题图 4－4

习题图 4－5

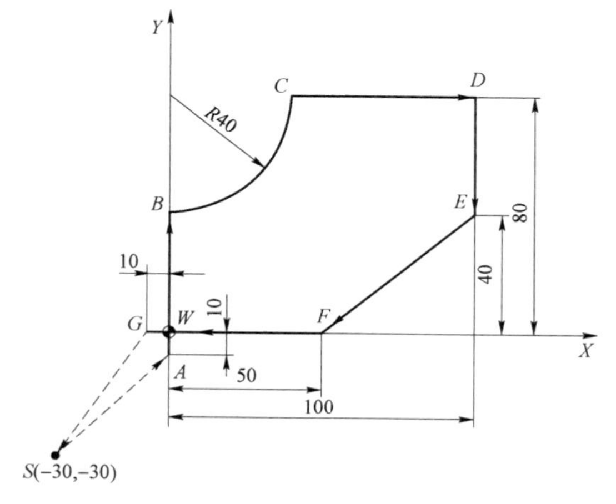

习题图 4－6

5. 习题图 4-7 所示为压力机下模板，已知毛坯尺寸为 150 mm × 85 mm × 50 mm，六面为已加工表面，材料为 45 钢，要求在配有 SIEMENS 840D 系统的数控铣床上进行加工，试分析加工工艺并编写加工程序，程序中要求使用刀具补偿功能。

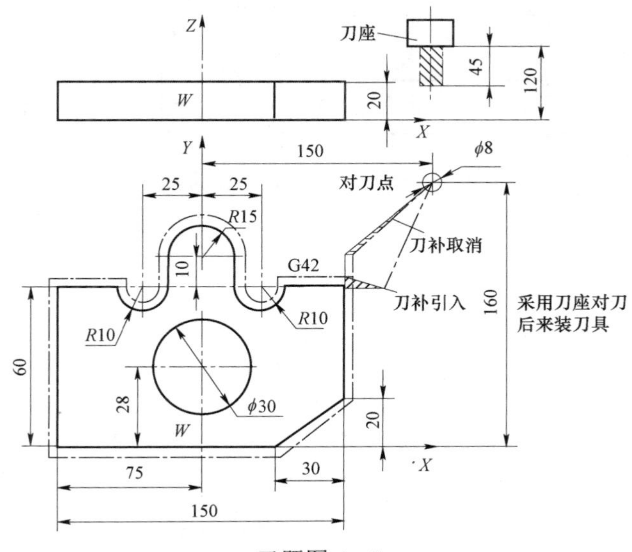

习题图 4-7

6. 根据习题图 4-8 所示的零件，拟订其加工工艺方案，选择合适的刀具并按 SIEMENS 840 系统格式，编制加工程序。

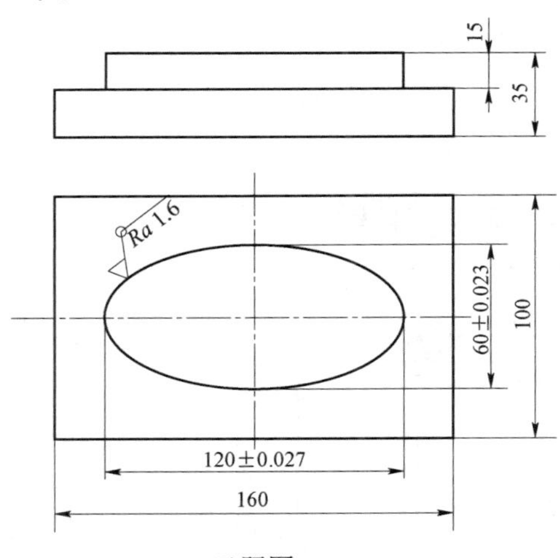

习题图 4-8

7. 根据习题图 4-9 所示，编制子程序与主程序。

8. 如习题图 4-10 所示的工件，已知毛坯尺寸为 1 500 mm × 1 000 mm × 50 mm，上下表面均已加工，材料为 45 钢，要求在配有 SINUMERIK 840D 系统的数控铣床上进行加工。试分析加工工艺并编写加工程序，程序中要求使用刀具补偿功能。

9. 如习题图 4-11 所示的工件，零件外轮廓深度为 5 mm，零件内外轮廓分两层：5 mm 深的矩形槽，10 mm 深的方形槽，还有 4 个 ϕ5 mm 的深孔，试确定工艺方案并编写加工程序。

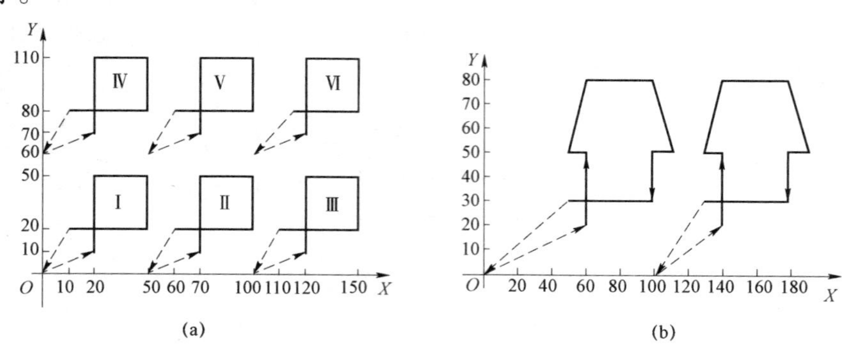

习题图 4－9

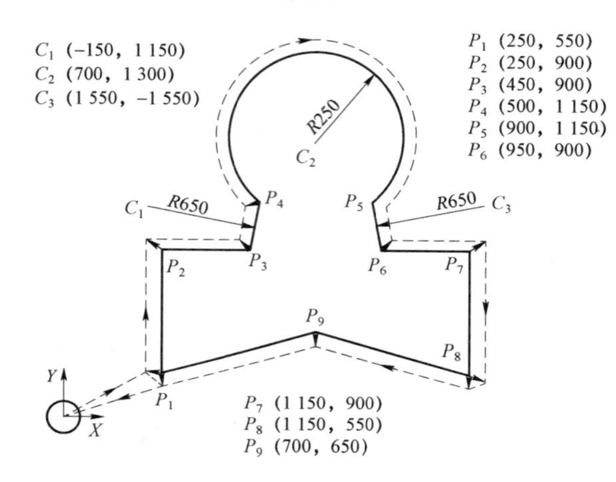

习题图 4－10

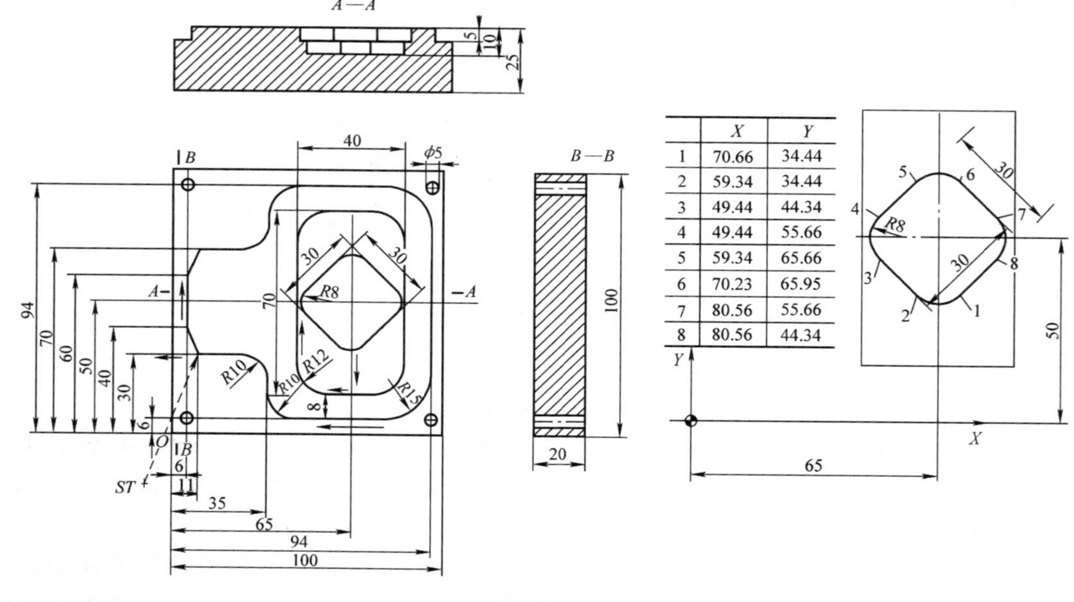

	X	Y
1	70.66	34.44
2	59.34	34.44
3	49.44	44.34
4	49.44	55.66
5	59.34	65.66
6	70.23	65.95
7	80.56	55.66
8	80.56	44.34

习题图 4－11

教学单元5　SINUMERIK数控铣镗床高级编程

5－0　任务引入与任务分析

任务引入

如图5－0－1所示，工件上有多个内孔加工，试编写*XY*平面的通用R参数子程序，并应用主程序调用方式，加工3个孔（各孔已铸出毛坯孔）。

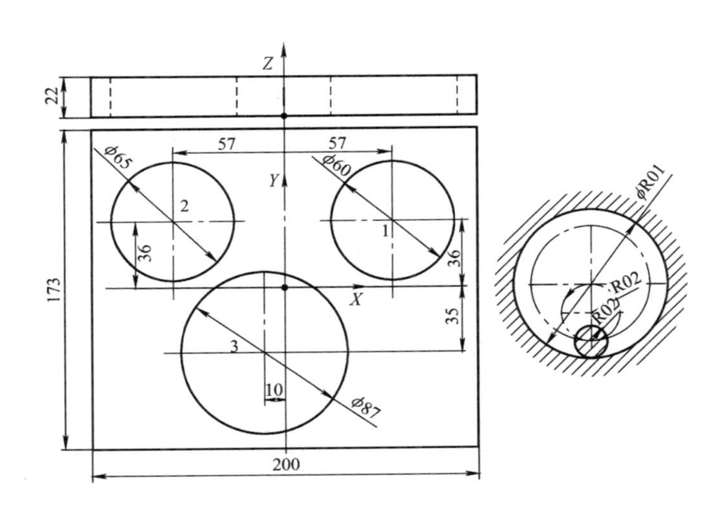

图5－0－1　多个内孔加工

任务分析

数控铣削任意直径大小的内孔，编写一个孔的R参数子程序就可以解决任意直径大小的内孔铣削；编写一个加工矩形的R参数子程序，就可以解决任意大小矩形的加工……什么是R参数编程？R参数子程序怎样编写？怎样调用？下面针对这些问题进行讲解。

5－1　R参数编程及其应用

SINUMERIK 数控系统是目前比较先进的一种，现广泛应用于大中型数控机床上，很多工厂都在使用这一数控系统，该系统的一个很重要的特点就是R参数：可以通过改变某些参数R的赋值，就可以实现同类零件共用一个程序，从而极大地提高编程效率；同时，只要通过改变R参数，就能够实现产品形状及尺寸的变化，从而实现柔性制造。

R参数编程也称为自由编程（Free Programming），是手工编程中一项重要的编程技术。参数编程通过使用变量对程序指令进行算术和逻辑运算及条件转移，编写普通方法无法编出来的一些复杂曲线（面）或同类零件的加工程序。

在参数编程中，不同的编程系统使用不同的变量。日本法拉克（FANUC）数控编程系统的参数编程是使用#号及其后的数字作为变量（Variable），用它编写的参数程序称为宏程序（Macro－programming），它类似于子程序；德国西门子（SINUMERIK）数控编程系统的参数编程是使用参数R（Parameter）及其后的数字作为变量，用它编写的程序称为R参数子程序。

利用参数编程可以编写一个程序，通过修改变量，就可以加工形状相同而尺寸不同的同类、相似或相关的许多零件；通过改变相应参数，就能适应产品形状及尺寸的变化，快速、方便地编写出各种零件的程序，并能二次开发和提高数控系统的使用性能，实现柔性制造。

R参数编程及其应用作为本书的提高部分，体现出高级编程的方法、技巧与效率，也是本书的最核心的内容。

1. R参数的分类

参数R，用Rn表示变量，其中，n的值根据SINUMERIK系统版本的不同，可取0～999，程序格式为Rn=…。R参数分为算术参数和系统参数，算术参数是特殊的预先定义的运算参数，如其地址R之后的数字。预先定义的运算参数是REAL型，参数的类型见表5－1－1。系统参数是数控系统在所有现有程序中可用且可以处理的参数，如零点偏置、刀具补偿、实际位置值、轴的实测值、控制状态等。

表5－1－1　参数类型表

类型	名称	说　明
INT	整型	定义计数器、整数等
REAL	实型	含有小数点的数
BOOL	布尔型	逻辑判断0为假（FALSE），1为真（TRUE）
CHAR	字符型	如以代码0～255规定的ASCII字符
STRING	字符串型	用[ ]表示字符中包含的个数，最大200个字符
AXIS	轴型	仅用于轴名（轴地址）
FRAME	FRAME型	用于平移、转动、比例、镜像等几何参数

参数的名称和类型均由用户定义，一个程序段内可以有若干个R参数或多个表达式的

分配。值的分配必须在一个独立的程序段中进行，如 N10 G0 X＝R02。

2. R 参数运算规则

R 参数运算规则类似于数学运算，与“C 言语”相同。算术运算符及函数运算见表 5－1－2。

表 5－1－2　参数的算术运算符及函数运算表

+	加	SIN（ ）	正弦	ASIN（ ）	反正弦	POT（ ）	平方
－	减	COS（ ）	余弦	ACOS（ ）	反余弦	TRUNC（ ）	舍位整数
*	乘	TAN（ ）	正切	ATAN（ ）	反正切	ROUND（ ）	进位整数
/	除	实数除法；如，3/4＝0.75					
EXP（ ）	指数	SQRT（ ）	平方根	ABS（ ）	绝对值	LN（ ）	自然对数
DIV	取整（整除），对整型和实型有效，如 3DIV4＝0						

3. R 参数运算示例

```
N05 R01=R01+1;                        R01+1 赋值给 R01，一般用作计数器
N10 R01=R02+R03 R04=R04-R6;           参数相加、减运算
N15 R07=R8*R09 R10=R11/R12;           参数乘、除运算
N20 R14=R1+R2/R3;                     混合运算，先乘除运算，后加减运算
N25 R13=SIN(75)+40*COS(67);           三角函数运算
N30 R16=SQRT（R14*R14+R15*R15);       求平方根
N35 G01 G91 X=R01 Z=-R02;             坐标轴赋值——R 参数轴值的分配轴值
N10 G01 G91 X=R01 Z=R02 F300;
N20 Z=R03;
N30 X=-R04;
N40 Z=-R05;
…
```

［**例 5－1－1**］内孔 R 参数子程序

如图 5－0－1 所示的工件，铣削多个内孔，编写 *XY* 平面的通用 R 参数子程序，并应用主程序调用方式，加工 3 个孔（各孔已铸出毛坯孔）。

（1）参数设定与坐标计算

设内孔直径为 R01——加工圆直径，刀具半径（精确数据）为 R03，如图 5－0－1 所示。

内孔铣削属于内轮廓加工，往往受到内孔空间的限制而无法建立刀补，为了让 R 参数子程序更加具有通用性，采用刀具中心轨迹编程，同时，还应考虑圆弧切入切出，以提高零件表面的光滑程度，因此，刀具运动轨迹设计如图 5－0－1 所示，刀具中心轨迹设计为“过渡圆切入工件→加工内孔→过渡圆切出工件”，其中过渡圆半径为 R02，根据加工圆直径、刀具半径（精确数据）计算出过渡圆半径 R02 的值，计算如下：

设加工圆直径为 R01，则 R01/2 为加工圆半径，采用 SINUMERIK 840D 格式，通过赋

值的方式（实际上就是 C 语言格式），求得加工圆半径 R01＝R01/2；由于是内轮廓加工，减去一个刀具半径 R03，即刀具中心轨迹圆半径，并继续赋值给 R01：R01＝R01/2－R03（注意此时的 R01 不再是原先的加工圆直径 R01 了），过渡圆半径 R02 的值则为：R02＝R01/2。

（2）R 参数子程序

程序	说明
LEIKONG.SPF;	内孔铣削 R 参数子程序名
N05 R01＝R01/2－R03;	刀具中心轨迹圆半径
N10 R02＝R01/2;	过渡圆半径
N15 G91 G64 G03 X＝0 Y＝－R01 CR＝R02;	过渡圆切入工件，G64 光滑过渡
N20 X0 Y0 I0 J＝R01;	走一个整圆，加工出内孔，只能用 I、J 方式编程
N25 X0 Y＝R01 CR＝R02;	过渡圆切出工件，回到中心位置
N30 G90 M17;	

（3）主程序调用

程序	说明
DIAOYONG.MPF;	主程序
N05 G90 G17 G54 Z20;	程序初始化
N10 T01 D01;	选刀：ϕ50 mm 的玉米铣刀
N15 S400 M03 F200;	主轴启动，给定切削用量
N20 G00 X57 Y36;	到达第一个孔的起始位置
N25 G01 Z－23 F150;	下刀，深度 $Z=-23$ mm，通孔，多下 1 mm
N30 LEIKONG R01＝60 R03＝25.5;	调用 R 参数子程序并赋给参数值
N35 G00 Z20;	抬刀
N40 G00 X－57 Y36;	到达第二个孔的起始位置
N45 G01 Z－23 F150;	下刀，深度 $Z=-23$ mm，通孔，多下 1 mm
N40 LEIKONG R01＝65 R03＝25.5;	调用 R 参数子程序并赋给参数值
N50 G00 Z20;	抬刀
N55 M06 T02 D02;	换刀：ϕ63 mm 的玉米铣刀
N60 G00 X－10 Y－35;	到达第三个孔的起始位置
N65 G01 Z－23 F150;	下刀，深度 $Z=-23$ mm，通孔，多下 1 mm
N70 LEIKONG R01＝87 R03＝31.5;	调用 R 参数子程序并赋给参数值
N75 G00 Z20;	抬刀
N80 M03;	程序结束

内圆铣削是最常见的加工方式，通过本例可知，只要选择合适的内孔铣削刀具，就可直接调用内孔铣削参数子程序，铣削任意内孔、沉孔、止口圆等部位，再结合螺旋线 TURN 方式，一边圆弧进给，一边下刀，加工过程连续进行，效率也很高。

4. 操作技能说明

加工内孔往往会受到空间的限制，因此有时无法完成刀具补偿功能。为了使编写的 R 参数子程序具有很强的通用性，采用了刀具中心编程方式，操作时，把实际的刀具半径值输入参数 R03 中即可，其作用与使用刀具补偿功能相同。

［例 5－1－2］ 简单平面件的 R 参数编程

如图 5－1－1 所示的平面件，工件厚度为 10 mm，用 R 参数编程。

（1）参数设定与坐标计算

设 R01 = α，R02 = β，R03 = BO_2。

α及斜边计算：在直角三角形 BKO_2 中，R01 = ATAN((26 − 12)/80)，ATAN 为反正切函数；R03 = SQRT(POT(26 − 12) + POT(80))，SQRT 为平方根函数；β 角计算：在直角三角形 BCO_2 中，R02 = ASIN(30/R03)，ASIN 为反正弦函数。

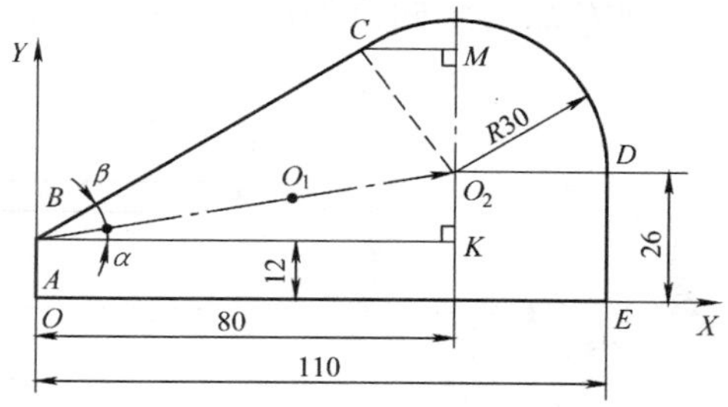

图 5－1－1　简单平面件 R 参数编程

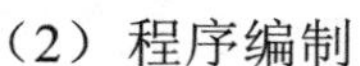

（2）程序编制

程序	说明
RCANSHU.MPF;	主程序名
N05 G90 G17 S400 Z10 M03;	选择工作平面，主轴启动
N10 G00 X0 Y − 50;	到达起始位置
N15 G01 Z − 10 F150;	下刀，深度 Z= − 10 mm
N20 G41 D01 X0 Y0;	切入工件完成刀具半径补偿，刀补号 D01
N25 Y12;	走到 B 点
N30 R01 = ATAN((26 − 12)/80);	数控系统自动计算所需坐标
N35 R03 = SQRT(POT(26 − 12) + POT(80));	表达式或函数要符合 SINUMERIK 格式要求
N40 R02 = ASIN(30/R03);	
N42 R05 = 26 + 30*COS(R01 + R02);	坐标点计算结果可以先赋值给一个变量 R05
N45 G01 X = 80 − 30*SIN(R01 + R02) Y = R05;	走到 C 点，计算并直接赋值给 X
N50 G02 X110 Y26 CR = 30;	走到 D 点
N55 G01 Y0;	走到 E 点
N60 X0;	走到 A 点
N65 G00 D00 X − 10 Y − 20 M05;	退刀，D00 取消刀具补偿（简称刀补）
N70 M30;	

点评：

传统编程时，都是先计算坐标点，如图 5－1－1 中的 C 点坐标，通常采用手工或计算机计算，程序中对应的是具体坐标值。本例充分利用几何或函数关系，由数控系统自动计算所需坐标，效率很高，当图形发生变化时，通过修改参数就能重新计算出新的坐标。

［例 5－1－3］ 简单直角坐标方式编写 R 参数加工程序

加工图 5－1－2 所示的工件，工件厚度为 10 mm，用直角坐标方式编写 R 参数加工程序。

（1）参数设定与坐标计算

设 R01 = $\angle FOM$，R02 = $\angle KOE$，因为直角三角形 FMO 与直角三角形 FEO 全等，得 $\angle FOM = \angle FOE$，所以 $\angle KOE = 90° - 2\angle FOM$，即 R02 = 90° − 2 * R01，在直角三角形 FMO 中，R01 = $\angle FOM = \arctan(20/40) = 26.5651°$，R02 = 90° − 2 * R01 = $90° - 2\times 26.5651° = 36.87°$

则 E 点的坐标值为： $X=-40\times\sin(36.87^\circ)=-24, Y=40\times\cos(36.87^\circ)=32$ 。

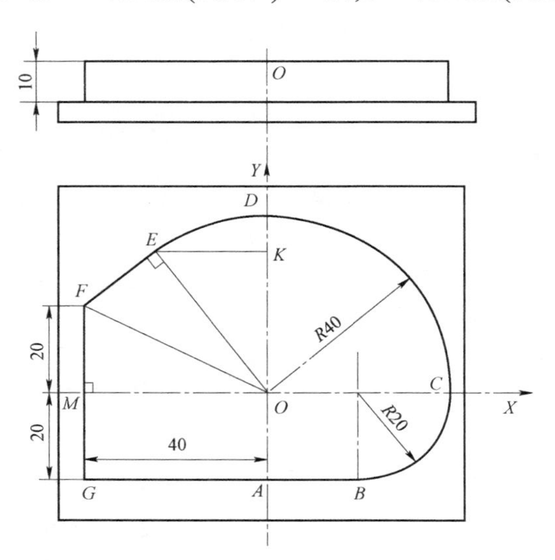

图 5－1－2　直角坐标方式 R 参数编程

（2）程序编制

```
YUANQEI.MPF;                              主程序名
N05 G90 G54 G00 S400 Z10 M03;             选择工作平面，主轴启动
N10 X－65 Y－20;                          到达起始位置
N15 G01 Z－10 F150;                       下刀，深度 Z=－10 mm
N20 G41 D01 X－40 Y－20;                  切入工件 G 点，完成半径补偿，刀补号 D01
N25  X20;                                 走到 B 点
N30 G03 X40 Y0 CR=20;                     加工 R20 mm 圆弧，走到 C 点
N35 G03 X0 Y40 CR=40;                     加工 R20 mm 圆弧，走到 D 点
N40 R01=ATAN(20/40);
N45 R03=SQRT(20*20+40*40);
N50 R02=ACOS(40/R03);
N55 G03 X=－40*COS(R01+R02) Y=40*SIN(R01+R02) CR=40;   走到 E 点
N60 G01 X－40 Y20;                                      走到 F 点
N65 Y－40;                                              走向 G 点，并退刀
N70 G00 D00 Y－65 M05;                                  退刀，D00 取消刀补
N75  Z50;                                               抬刀
N80  M30;                                               程序结束
```

N55 一行走刀到 E 点，其坐标是由人工计算的，相对比较麻烦，若由下面三行代替，也可达到同样的目的，其坐标计算由数控机床自动完成，可提高编程效率。

```
N40 R01=ATAN（20/40）;
N45 R02=90－2*R01;
N55 G03 X=－40*SIN（R02）Y=40*COS（R02）CR=40;          走到 E 点
…
```

点评：

从上面两例可以看出，基点或节点的计算可以手工进行，也可由数控机床自动完成，一般教材通常举的例子都是采用第一种方式，即手工或 CAD 把所有坐标值全部算出来，程序中用的是具体坐标编程，这种方法具有直观的特点，但遇到工件图形相似或相近时，原来的程序几乎不能再使用，修改起来也很麻烦，换言之，采用的第一种方式编写的程序通用性极差，这对多品种生产类型极为不利，采用第二种方式，即 R 参数坐标计算由数控机床自动完成的参数编程具有显著的优势，通过本单元第二节开始的各个例子，读者会更加感受到这一优势。

[例 5-1-4] 极坐标与 R 参数编程

加工图 5-1-3 所示的工件，工件厚度为 10 mm，用极坐标方式编写 R 参数加工程序。

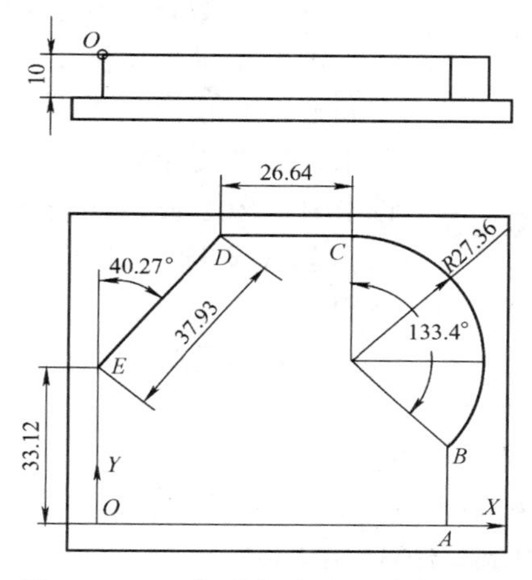

图 5-1-3　极坐标方式 R 参数编程

```
JIZUOBIAO.MPF;
N05 G90 G54 G00 X-30 Y-30;                到达起始点
N10 M03 S600 F80;
N15 G01 Z-10;                             下刀，深度 Z=-10 mm
N20 G41 D01 X0 Y0;                        切入工件 O 点，完成刀具半径补偿
N22 Y33.12;
N25 G111 X0 Y33.12;                       设定极心
N30 G01 AP=(90-40.27) RP=37.93;           采用表达式编程
N35 G01 X=IC(26.64);                      采用 IC 增量方式编程
N37 G110 Y=IC(-27.36);
N40 G02 AP=-43.4 RP=27.36;
N45 G01 Y0;
N50 X-10;
N55 G00 G41 D00 X-30 Y-30;                D00 取消刀补，回到起刀点
N60 M30;
```

点评：

通过上述三例可以看到，零件坐标点可以是一个具体的坐标值，也可以是带变量的表达式，在例 5－1－1、例 5－1－2 中，是应用表达式求出各点的直角坐标，再编写程序，在例 5－1－3 中，是应用表达式求出各点的极角坐标，用哪种坐标方式完全取决于图纸尺寸的标注形式与计算的方便程度。

［例 5－1－5］ 任意大小五角星的通用 R 参数编程

如图 5－1－4 所示任意大小五角星，轮廓相交处按铣刀半径考虑，五角星外接圆半径 $OP_1 = 100$ mm，深度 10 mm，Z 轴零点设在工件上表面，底部留有 30 mm 的夹头，在立铣上用台虎钳装夹，试编写程序。

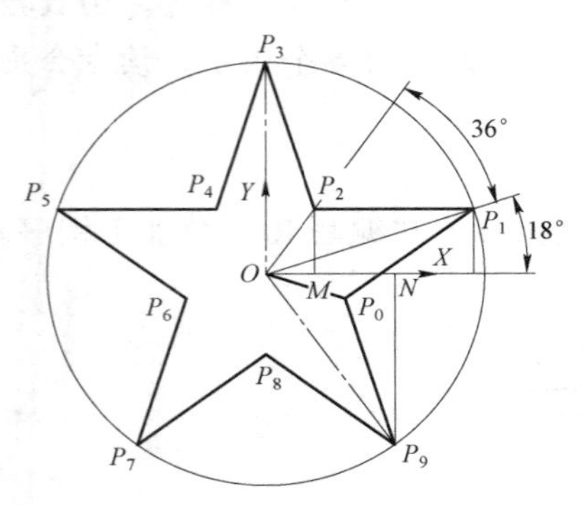

图 5－1－4　直线平面轮廓 R 参数编程

（1）参数设定与坐标计算

设五角星外接圆半径为 R10，五角星有五个大顶点和五个小顶点，每个顶点的夹角为 72°，由于对称关系，只需要计算 3 个点的坐标，即 P_0、P_1、P_2、P_9，设 R01、R02 分别代表 P_1 点的 X、Y 坐标，R03 代表 P_2 点的 X 坐标，则有

R01＝R10＊COS(18)， R02＝R10＊SIN(18)；

根据直角三角形 OMP_2，则有： R03＝R02 / TAN(54)；

设 R04 代表 P_2 点半径，则有

R04＝SQRT(R02＊R02＋R03*R03)；

设 R05、R06 分别代表 P_0 点的 X、Y 坐标，则有

R05＝R04＊COS(18)， R06＝R04＊SIN(18)；

设 R07、R08 分别代表 P_9 点的 X、Y 坐标，则有

R07＝R10＊COS(−54)， R08＝R10＊SIN(−54)。

（2）五角星参数程序

WUJIAOXING.MPF;	主程序名
N05 G90 G17 S400 Z10 M03;	程序初始化
N10 R10＝100;	外接圆半径

（五角星的大小由其外接圆半径确定，由操作者输入，即任意大小五角星的通用程序。）

N15 G00 X＝1.3*R10 Y0;	到达起始位置
N20 G01 Z－10 F150;	下刀，深度 Z＝－10 mm
N25 R01＝R10*COS(18);	计算 P_1 点的 X 坐标值
N30 R02＝R10*SIN(18);	计算 P_1 点的 Y 坐标值
N35 R03＝R02/TAN(54);	计算 P_2 点 X 坐标
N40 R04＝SQRT(R02*R02＋R03*R03);	计算 OP_2 的长度
N45 R05＝R04*COS(－18);	计算 P_0 点 X 坐标
N50 R06＝R04*SIN(－18);	计算 P_0 点 Y 坐标
N55 R07＝R10*COS(－54);	计算 P_9 点 X 坐标
N60 R08＝R10*SIN(－54);	计算 P_9 点 Y 坐标

N65 G42 D02 G01 X=R01 Y=R02;	走到 P_1 点，D02 刀具半径补偿号
N70 G01 X=R03 Y=R02;	走到 P_2 点
N75 X0 Y=R10;	走到 P_3 点
N80 X=-R03 Y=R02;	走到 P_4 点，坐标与 P_2 点对称
N85 X=-R01 Y=R02;	走到 P_5 点，坐标与 P_1 点对称
N90 X=-R05 Y=R06;	走到 P_6 点
N95 X=-R07 Y=R08;	走到 P_7 点
N100 X0 Y=-R04;	走到 P_8 点
N105 X=R07 Y=R08;	走到 P_9 点，坐标与 P_7 点对称
N110 X=R05 Y=R06;	走到 P_0 点，坐标与 P_6 点对称
N115 X=R01 Y=R02;	走到 P_1 点
N120 G00 D00 X=1.3*R10 Y0 M05;	退刀到起点并取消刀补
N12 M30;	程序结束

这是一个任意大小五角星（一个顶点在 Y 轴上且关于 Y 轴对称）的通用程序，只要给定五角星外接圆半径，就可以加工出任意大小的五角星，无须再编程。

通过本例可以看出，应用参数与变量编程的优点如下：

① 由于使用变量编程，程序能够用变量对零件的加工轮廓的编程坐标进行算术和逻辑运算，使编程坐标值的计算快速、准确。

② 在参数编程中，可用程序语句和 NC 语句进行条件转移和循环语句的编程，这就能将同样的加工轮廓编程大为缩短和简化。

③ 有利于典型零件加工表面编程的标准化。在应用变量编程时，对于表面轮廓相同而尺寸不同的零件，只需编写一个通用程序。当要加工该类零件时，将不同零件的尺寸输入相应的变量中（西门子编程系统为修改参数的赋值），就能够实现程序加工。

④ 简化工人的编程和操作，提高生产现场的编程效率。

本例是采用直角坐标系逐点计算各坐标点编写的五角星通用程序，要计算 10 个点的坐标，相对来说比较麻烦，在以后的例子中还可以看到更为简便的 R 参数五角星通用子程序。

［例 5-1-6］ 内矩形槽参数编程

在 XY 平面，编写图 5-1-5 所示的内矩形槽铣削 R 参数子程序，并调用该子程序加工图 5-1-6 所示的零件。

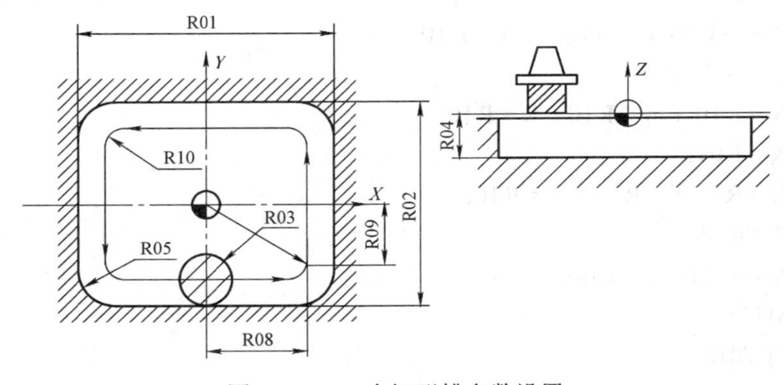

图 5-1-5 内矩形槽参数设置

（1）R 参数的设定

R01——槽长；R02——槽宽；R03——刀具半径；R04——槽内圆角半径；R04——刀具进深。

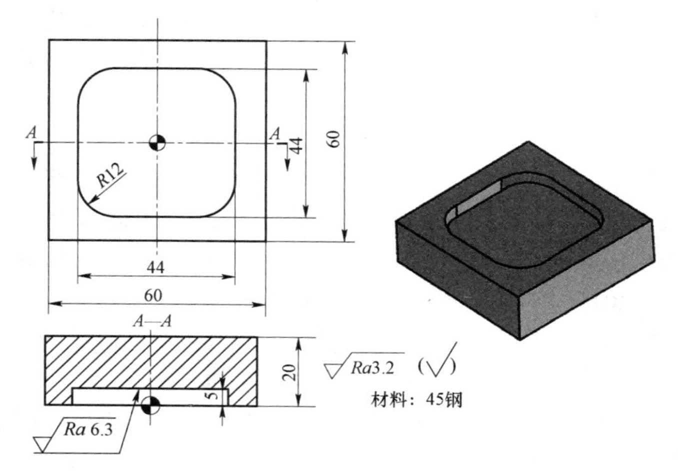

图 5－1－6　内矩形槽铣削加工

（2）R 参数子程序

```
NEIJUXING.SPF;                          内矩形槽参数子程序
N05 R06=2*R05;
N10 R10=R04-R03;                        刀具中心轨迹编程，减去了一个刀具半径 R03
N15 R08=R01/2-R03;
N20 R09=R02/2-R05;
N25 R01=R01-R06;
N30 R02=R02-R06;
N35 G91 G60 G01 Z=-R04;                 下刀
N40 G64 G01 X=R08 Y=-R09;               光滑切入工件
N45 Y=R02;
N50 G03 X=-R10 Y=-R10 CR=R10;
N55 G01=-R01;
N60 G03 X=-R10 Y=-R10 CR=R10;
N65 G01 Y=-R02;
N70 G03 X=R10 Y=-R10 CR=R10;
N75 G01 X=R01;
N80 G03 X=R10 Y=R10 CR=R10;
N85 G01 Z=R04;                          抬刀
N90 G00 X=-R08 Y=R09;
N95 G90 M17;
```

（3）主程序调用

DIAOYONG.MPF; 调用子程序（见图 5-1-5 内矩形槽铣削）

N05 G90 G54 G00 X0 Y0 Z25; 到达起始点，刀具在工件之外的安全位置

N10 M03 S600 F80; 选取ϕ18 mm 的键槽铣刀，便于垂直下刀

N15 R01=44 R02=44 R03=9 R05=12 R04=5；给内矩形槽各 R 参数赋值

N20 NEIJUXING; 调用内矩形槽铣削 R 参数子程序

N25 G00 Z25 M05;

N30 M30;

（4）几种变化情况分析

下面分六种情况对内矩形槽参数子程序进行讨论。

① 当 R01＞R02 时，是一个呈水平方向布置的长槽，如图 5-1-7（a）所示。

② 当 R01＜R02 时，是一个呈垂直方向布置的长槽，如图 5-1-7（b）所示。

③ 当 R01＞R02=2*R05 时，是一个呈水平方向布置的键槽，图中没画出。

④ 当 R02＞R01=2*R05 时，是一个呈垂直方向布置的键槽，如图 5-1-7（c）所示。

⑤ 当 R01=R02 时，是一个正方形槽，如图 5-1-7（d）所示。

⑥ R01=R02=2*R05 时，是一个半径为 R05 的圆，如图 5-1-7（e）所示。

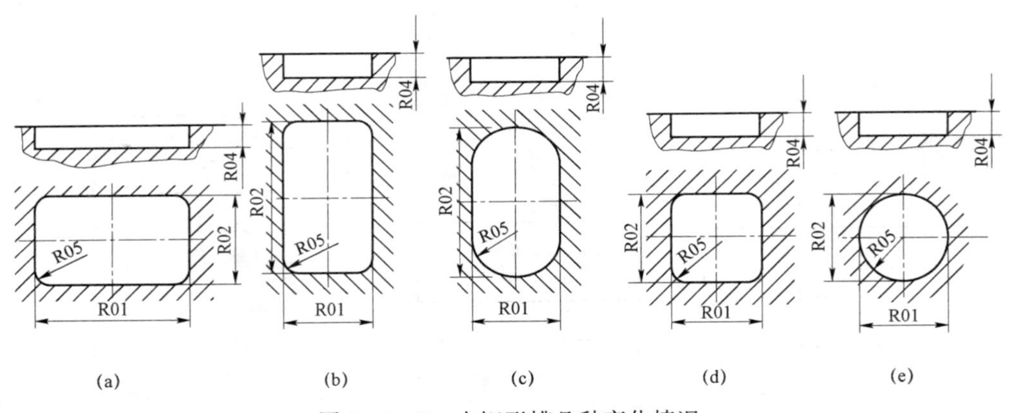

图 5-1-7　内矩形槽几种变化情况

这六种情况均可用一个参数子程序 NEIJUXING.SPF 完成加工。

内矩形槽这样的几何图形，原本是一个“死板”的矩形图形，以前在编写零件程序的过程中，总是把它看成固定不变的零件的一部分，一个零件图形对应一个甚至多个程序，零件图形稍有点变化，就需重新编程，程序重复利用率很低。由本例可以看出，通过改变参数 R01、R02、R05 等相关参数以及它们之间的关系，就可把原本是一个“死板”的矩形图形衍生出六种几何图形，而使用的程序还是原先那个子程序！

再结合 SINUMERIK 系统的平移、旋转、比例缩放、镜像等架构功能，这个“死板”的矩形还能衍生出更多的几何图形，这样图形便成为“活”的了，原先那个内矩形槽 R 参数子程序就可以解决所衍生出的众多几何图形的加工，正如任意大小正五角星参数程序一样，程序重复利用率得到了极大的提高。

5-2 程序跳转

引入案例

编写一个M48以上的任意大小、任意螺距、任意深度的内螺纹旋风铣削程序，如图5-2-1所示。案例要求：为了体现内螺纹任意的特性，要求加工的内螺纹为任意大小、任意螺距、任意深度，且所用的刀具直径也要随任意螺纹大小变化而变化。螺纹旋风铣削程序流程如图5-2-2所示。

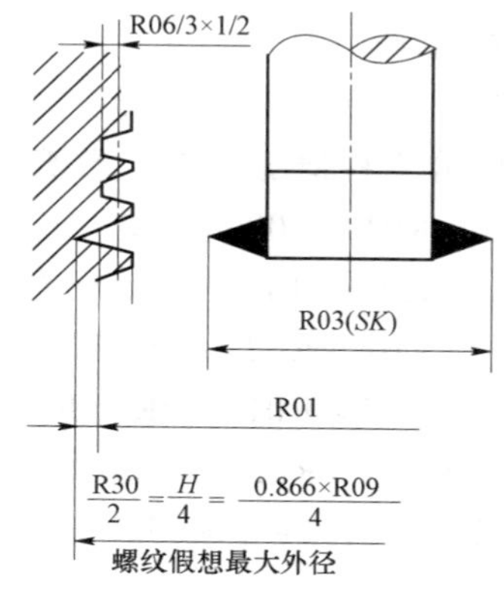

图5-2-1 内螺纹铣削程序轨迹及参数定义

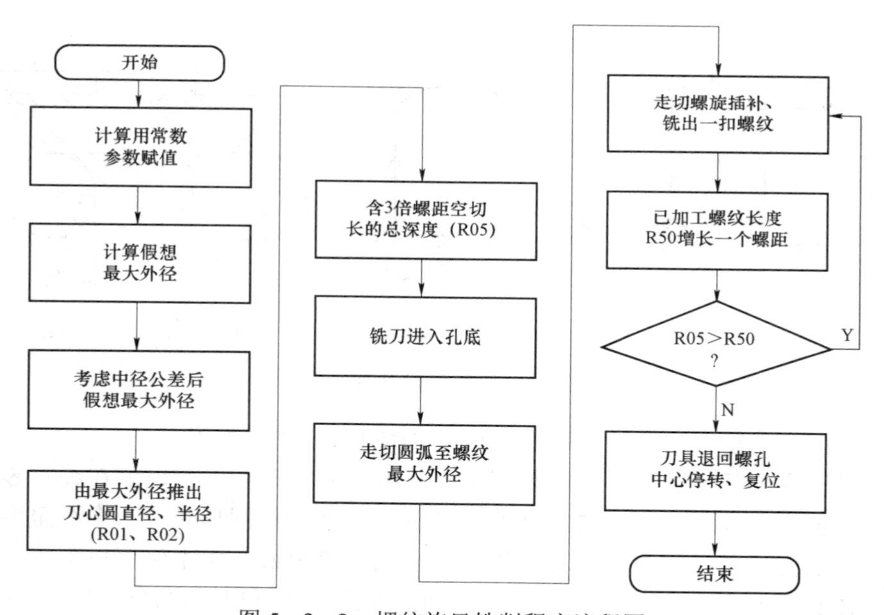

图5-2-2 螺纹旋风铣削程序流程图

相关知识

（1）标记符

跳转功能的标记符用于标记程序中所跳转的目标程序段，达到程序运行分支的目的。标记符位于所跳转的目标程序段开头，若有程序段号，则标记符紧跟程序段号之后，如N45

BIAO：G01 X40 Y40 CR=2，N45 就是程序跳转的目标程序段，BIAO 就是标记符。标记符可以自由选取，但必须由 2～8 个字母或数字组成，标记符的开头必须是字母或下划线，结尾必须是冒号，如“MARKE1：”。在一个程序中，多个地方不能有相同的标记符，标记符最好能反映所要标识位置的特征信息，如标记 1（MARKE1：），标记 2（TR789：），标记符不能使用程序专用符号，如 GOTO、M06 等。

（2）编程举例

N10 MARKE1：G01 X20;　　　MARKE1 为标记符，跳转目标程序段

…

N45 TR789：G00 X10 Z20;　　　TR789 为标记符，跳转目标段没有段号

（3）变量类型

INT：整型数；REAL：实型数；BOOL：布尔型或 CHAR：字符型（与 C 语言相同）。

（4）程序跳转

无条件跳转也称为绝对跳转，程序格式如下：

GOTOF　Label;　　向前跳转（程序结束方向）

GOTOB　Label;　　向后跳转（程序开始方向）

满足一定条件时的跳转称为条件跳转，条件用 IF 表示，

IF 条件　GOTOF　Label;　　向前跳转（程序结束方向）

IF 条件　GOTOB　Label;　　向后跳转（程序开始方向）

其中，Label 为标记符，确定转移的目标位置，“条件”是确定转移的前提，可以是计算参数、表达式、逻辑运算或比较运算等。比较运算符有：

== 等于；< > 不等于；> 大于；< 小于；>= 大于或等于；<= 小于或等于。

其中，Label 为标记符。

编程示例：

…

N20 GOTOF　MARKE0;　　　向前跳转到标记符 MARKE0

…

N50 MARKE0：R01=R02+R03;

…

IF R01>R02 GOTOF MARKE1;　　　当 R01 大于 R02，则跳转到 MARKE1

IF R07<=(R08+R09)*743 GOTOB MARKE1;　　条件为表达式“R07<=(R08+R09)*743”

IF R10 GOTOF MARKE1;

如果变量的值不为 0（非零），条件为真（条件满足），否则，条件为假（0 代表假）。

IF R01==0 GOTOF MARKE1 IF R01==1 GOTOF MARKE2;

同一程序段中的几个条件功能，跳转条件可以利用 IF 指令公式化，如果跳转条件满足，就可以执行跳转到编程跳转的目的点。

操作顺序：

跳转条件可以利用任何对比或逻辑操作来编程，结果为真时，程序跳转执行，例如：

…

```
N25 _MJD：G00 X400 Y55;            _MJD：标记符
N30 R23 = R04* R06;                根据 Z 坐标计算 X 坐标
N35 R24 = – R23;
N40 R05 = SQRT(R24);
N45 G01 X = 2*R05 Z = R06;         切削进给
N50 R06 = R06 – R21;               计算下一点 Z 坐标
N55 IF R06 > = R02 GOTOB _MJD;     向后跳转到_MJD 所标记的程序段
…                                  GOTOB 中的 B 表示程序开始的方向
```

任务实施

[**例 5–2–1**] 任意正多边形外轮廓参数编程

（1）图形设计

为了具有通用性，任意正多边形的边长要任意，边数要任意，且起始角度也要任意，加工用的刀具直径也要随任意正多边形的大小变化而变化，其设计的图形如图 5–2–3 所示。

（2）R 参数设定与相关尺寸计算

设正多边形边长 = R01，正多边形边数 = R02，起始位置角度 = R03，正多边形中心点坐标为（R05，R06）。

根据上述已知条件可以计算出正多边形中心点到各顶点的距离（即正多边形外接圆半径）：R07 =（R01/2）*SIN（180/R02）。

（3）选刀

加工用的刀具直径也要随任意正多边形的大小变化而变化，为此，将刀具大小与边长建立联系，根据实际经验，取刀具半径为边长的 1/10，且自动圆整并规定其最小半径与最大半径的范围，刀具半径为：R11 = DIV（R01/10）。起刀点 *ST* 的规定：以从正多边形中心点开始加上边长再加上三倍刀具半径所确定的坐标点作为程序起点，加工结束后再回到 *ST* 点，如图 5–2–3 所示。

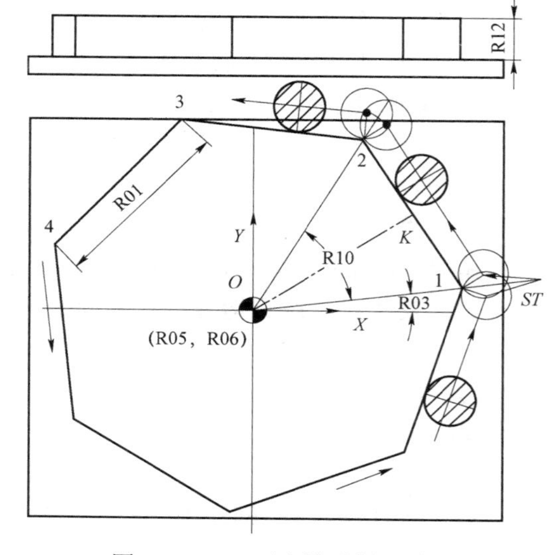

图 5–2–3　正多边形循环编程

（4）坐标计算

坐标计算有很多方法，如直角坐标系、极坐标系等，本例若采用直角坐标系计算坐标点就很不方便。分析正多边形可知，正多边形一定有一个外接圆，且每边所对应的圆心角相等，此时，采用极坐标系就方便多了这是因为各点的极心不变，极半径不变，且极角又有规律可循，再利用循环指令编程，那就可方便地编制出程序。因此本例采用极坐标系加循环指令编程的方法。为了体现程序的通用性，已知条件要参数化，具体参数用户在主程序中给定，已知条件如下：

正多边形边长 = R01，正多边形边数 = R02，起始位置角度 = R03，正多边形中心点坐标（R05，R06）。则刀具半径 R11 = ROUND（R01/10）。ROUND：取整函数，刀具半径取整且在直角三角形。*KO*1 中，有如下关系：

正多边形外接圆半径：R07=（R01/2）*SIN（180/R02）；

起刀点 *ST*：极半径值=R01+3*R11，极角=R03；

每边所对应的圆心角：R09=360/R02；

第 1 个顶点坐标：极半径值=R01，极角=R03；

第 2 个顶点坐标：极半径值=R01，极角=R03+R09；

以后每个顶点的极角增加一个 R12，而极半径值不变，当累计增加的角度值等于 360°时，正多边形加工结束。这就是循环的终止条件。

（5）程序编制

程序	说明
ZDBX.SPF;	任意正多边形参数子程序
N05 R07=(R01/2)*SIN(180/R02);	计算正多边形外接圆半径
N10 R11=ROUND(R01/10);	计算刀具半径，并取半径为 *R*2.5～157.5 mm 范围的标准刀具
N15 IF R11<2.5 THEN R11=2.5;	当计算值小于 *R*2.5 时，取ϕ5 的刀具
N20 IF R11>157.5 THEN R11=157.5;	当计算值大于 *R*157.5 时，取ϕ315 的刀具
N25 M06 T01 D01;	选取刀具，刀具半径补偿 D01=R11
N30 R22=R07+3*R11;	*ST* 点的极半径
N35 R12=360/R02;	每边所对应的圆心角
N40 G111 X=R05 Y=R06;	正多边形的极心位置
N45 G00 G90 RP=R22 AP=R03;	走到起点 *ST*
N50 G01 Z=−R12;	下刀
N52 R09=0;	用于累计圆心角度值
N55 XUN：G42 RP=R07 AP=R03+R09;	建立刀右补，走到第 1 个顶点，XUN：循环开始
N60 R09=R09+360/R02;	每加工一个顶点，累计一个圆心角度值
N60 IF R09<360 GOTOB XUN;	累计圆心角小于 360° 时，跳转到 XUN 的位置
N65 G01 G42 D00 RP=R22 AP=R03;	D00 取消刀补，并回到起点，加工完毕
N70 G00 G40 Z=IC(R12+10);	用 IC 增量方式抬刀，10 mm 是刀具安全距离
N75 RET(M17);	参数子程序结束

5-3 程序段重复功能（REPEAT/REPEATB）

引入案例

编写一个任意圈环形分布孔钻削程序。案例要求：为了体现任意圈环形分布孔的任意特性，要求环形孔圈数任意、孔数任意、孔的大小任意。

相关知识

为了提高编程效率，允许在任何组合中进行现有程序段的重复，与子程序技术相比，程序段重复更为方便、灵活。

对于加工形状不复杂的零件，计算比较简单，程序不多，采用手工编程较容易完成。但对于形状复杂的零件，用一般的手工编程就有一定的困难，且出错几率大，有的甚至无法编出程序。除了采用自动编程外，采用程序跳转、程序段重复功能和R参数配合编程可很好地解决这一问题。

1. 程序段重复的种类与格式

需要重复的程序段利用标号识别，其编程格式主要有以下四种。

（1）标号至REPEAT间的重复

程序示例：

```
N10 XUN1：R06=R06-1;
…
N40…
N50 REPEAT XUN1 P=4;          执行N10～N40程序段4次，共执行5次
N60 …
```

（2）区间重复

程序示例：

```
N10 XUN1：R05=R05+20;
N20 …
N30 XUN2：X=R05*SIN(38);
N40 …
N50 REPEAT XUN1 XUN2 P=5;     XUN1～XUN2：区间段执行5次，共执行6次
```

（3）标号与结束标号间的重复

程序示例：

```
N10 XUN1：R08=R08-1;
N20 …
N30 XUN2：X=R05+10;
N40 …
N50 ENDLABEL：G00 Z100;
N60 …
N70 XUN3：X50;
N80 …
N90 REPEAT XUN3 P=2;          N70～N90程序段执行2次，共3次
N100 REPEAT XUN2 P=4;         N30～N50程序段执行15次，3次外循环×5次内循环
N110 REPEAT XUN1 P=3;         N10～N50程序段执行3次，共4次
N120 …
```

（4）位置重复

程序示例：

N10 POSITION1：X10 Y20;　　　　位置循环

N20 POSITION2：CYCLE（0，9，8）;

N30 …

N40 REPEATB POSITION1 P=5;　程序段 N10 执行 5 次，共 6 次

N50 REPEATB POSITION2;　　　程序段 N20 执行 1 次，共 2 次

N60 …

N70 M30;

ENDLABEL 是带有固定名字的预定标号，ENDLABEL 表示程序段结束并且在程序中可以使用多次，使用前提如下：

① 程序段重复可以嵌套，每次调用使用一个子程序级。

② 如果 M17 或 RET 在程序段重复处理期间被编程，那么重复中止。程序在 REPEAT 执行后的程序段上恢复。

③ 在实际程序显示中，程序段重复作为一个独立的子程序级显示。

④ 如果在程序段重复期间被注销，则在程序段重复调用之后的位置恢复。

⑤ 控制结构与程序段重复可以联合使用，二者之间不会覆盖。程序段重复应该出现在控制结构分支中，或者控制结构应出现在程序段重复中。

⑥ 如果跳转与程序段重复混合，那么程序段只能依次执行。

任务实施

［例 5-3-2］ 任意圈环形分布孔钻削程序

如图 5-3-1 所示，已知第一圈孔中心圆半径为 50 mm，有 4 个均匀分的孔，第二圈孔中心圆半径为 90 mm，有 8 个均匀分布的孔，以后每圈孔的中心圆半径均增加 40 mm，均匀分布的孔数翻番，一共有 10 圈，所有的孔均为ϕ20 mm，通孔，孔深为 30 mm。用 REPEAT 程序段的重复指令，编写环形分布的各孔加工程序。

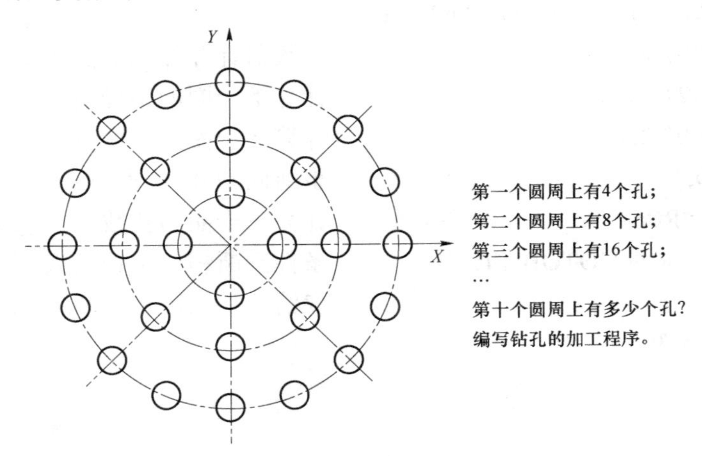

图 5-3-1　任意圈环形分布孔钻削

（1）题意分析

先确定第一圈循环的条件，第一个孔的位置如下：

极坐标：

极心：G111　X0　Y；

极角：AP＝0；

极半径：RP＝25；

以后每个孔的极坐标：极心不变，极半径不变，只变极角。

变化的规律：每次增加 R05＝90°，循环 R06＝4 次。

再确定第二圈循环的条件，第一个孔的位置如下：

极坐标：

极心：G111　X0　Y0；

极角：AP＝0；

极半径 PR＝RP＋25；

以后每个孔的极坐标：极心不变，极半径不变，只变极角。

变化的规律：每次增加 R05＝R05/2，循环 R06＝2*R06 次。

以加工的层数作为循环的终止条件，设定一个计数器 R07 即可。

（2）加工程序

```
HUANXINK.MPF;                              循环孔加工程序
N05  G54  G00  G90  X0  Y0;
N10  S600  M03  F100;
N15  R02＝3  R03＝30（孔深）  R07＝0（计算圈数）R06＝4（第一圈的孔数）;
N20  R05＝90  R20＝0（极角）R21＝25（极半径初值）R08＝10（总圈数）;
N25  TT：G111  X0  Y0;
N30  QUANB：  G81  AP＝R20  RP＝R21;
N35  QUANE：  R20＝R20＋R05;
N40  REPEAT  QUANB  QUANE  R06;
N45  R07＝R07＋1;                          计数器计算加工的圈数;
N50  R21＝R21＋25;                         计算下一圈的半径值
N55  R05＝R05/2;                           计算下一圈角度增量
N60  R20＝0;                               重新回到 0°位置
N65  R06＝2*R06;                           计算下一圈的孔数
N70  IF R07＜R08 GOTOB TT;                 条件判断程序是否结束
N75  G80;                                  取消孔加工固定循环
N80  MO5  M30;
```

5－4　程序架构 FRAME 功能

案例引入

在许多零件上往往有若干个大小、形状完全相同或者形状相似的几何图形。如图 5－4－1 所示，有两个大小不等的菱形、三个大小不等的正方形（特殊菱形），可以先编写出其中一个几何图形在坐标原点位置加工的子程序，即原始子程序，再通过坐标变换即坐标的平移 TRANS、旋转 ROT、比例缩放 SCALE 和镜像 MIRROR 等功能完成其他几何图形的加工，从而达到事半功倍的效果。

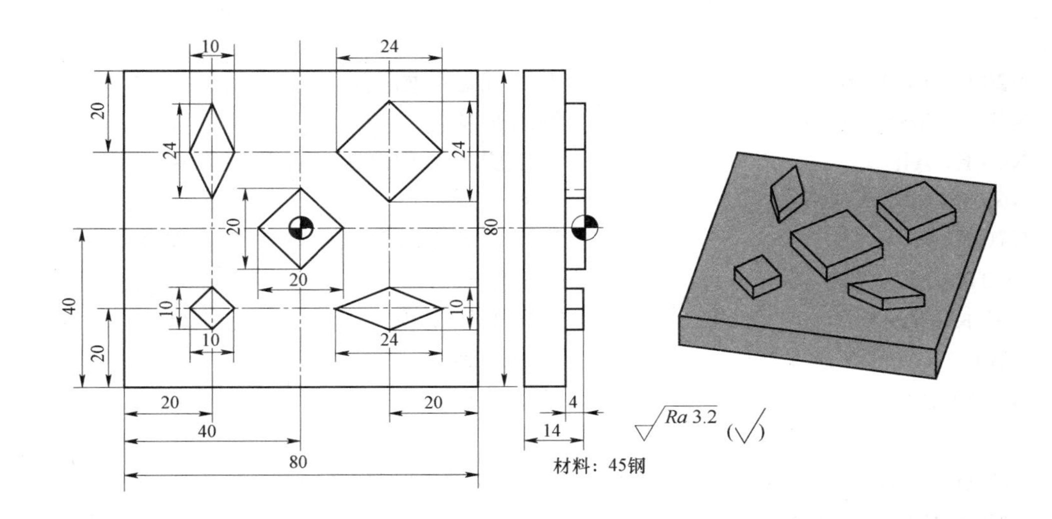

图 5－4－1　由相同或者相似几何图形构成的零件

相关知识

1. 坐标平移

（1）编程格式

TRANS　X__　Y__　Z__；绝对坐标平移，表示参考原始坐标的平移量，如图 5－4－2（a）所示。

ATRANS X__　Y__　Z__；相对坐标平移，表示参考上一个坐标的平移量，如图 5－4－2（b）所示。

（2）程序示例

如图 5－4－3 所示，加工 4 个形状完全相同而位置不同的凸台。将加工形状以一个子程序存储在数控系统中，原始子程序名为 KUAI，则主程序调用格式如下：

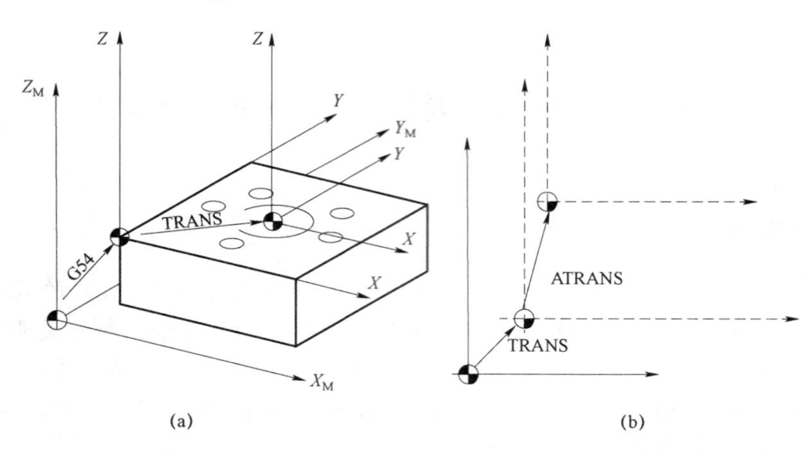

图 5－4－2　坐标系平移

…

N20 G00 X0 Y0;	刀具到达起始点
N30 TRANS X10 Y6;	绝对平移
N40 KUAI;	调用原始子程序 KUAI 加工工件 1
N60 TRANS X50 Y6;	绝对平移
N70 KUAI;	调用原始子程序 KUAI 加工工件 2
N80 TRANS X50 Y30;	绝对平移
N90 KUAI;	调用原始子程序 KUAI 加工工件 3
N100 TRANS X10 Y30;	绝对平移
N110 KUAI;	加工工件 4

…

如果采用 ATRANS 指令，则 N60～N110 可以改写为如下格式：

N60 ATRANS X40 Y0;	增量平移
N70 KUAI;	加工工件 2
N80 ATRANS X0 Y24;	增量平移
N90 KUAI;	加工工件 3
N100 ATRANS X－40 Y0;	增量平移
N110 KUAI;	加工工件 4

…

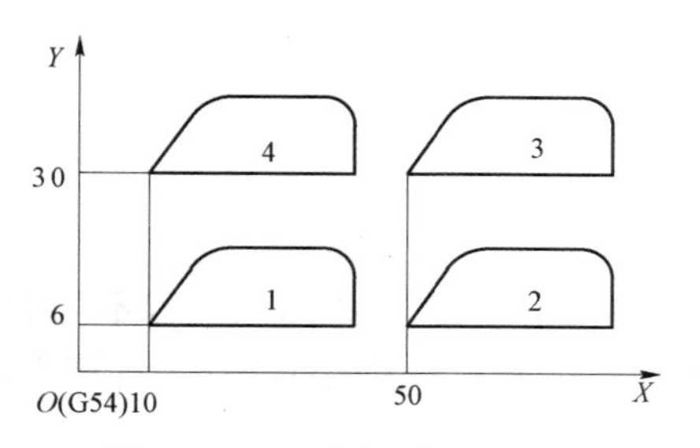

图 5－4－3　坐标系平移举例

2. 坐标旋转

坐标旋转分两种情况，一是加工平面（刀具轴）不变，工件在当前工作平面围绕刀具轴旋转一定角度，即平面旋转，如图 5－4－4（a）所示的平面旋转机座，坐标旋转用 RPL＝角度参数编程；二是工件表面与某一个坐标轴成一夹角，形成空间旋转，如图 5－4－4（b）所示，此时的加工平面或刀具轴发生变化，这种情况下机床必须带有角度铣头以改变刀具轴线才能完成加工，如图 5－4－4（c）所示，其旋转指令为 ROT 或 AROT。

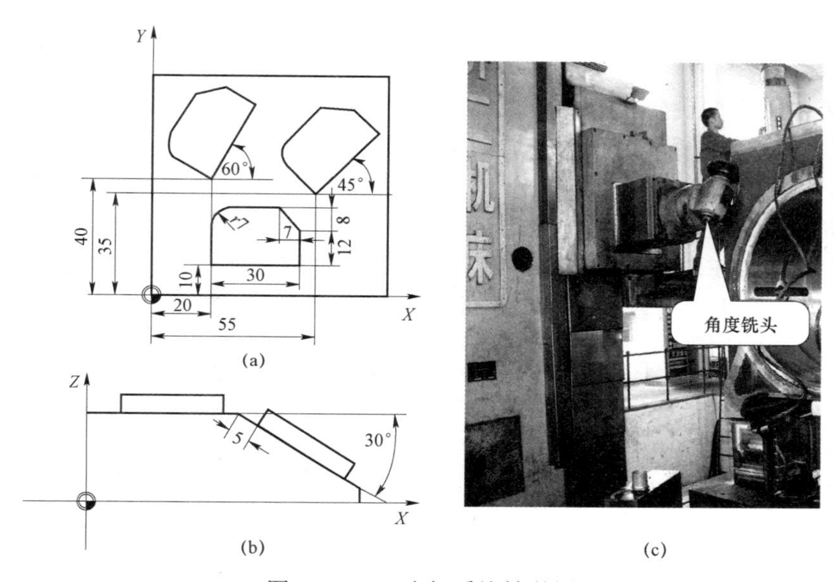

图 5－4－4　坐标系旋转举例

3. 比例缩放

比例缩放指令使一个形状的尺寸可以按照一定的规则变化。用此指令可以编制相似形状不同尺寸的零件的加工程序。在该指令中，*X*、*Y*、*Z* 值表示缩放比例，当 *X*、*Y*、*Z* 的值相同时，称为同比例缩放，图形完全相似，如图 5－4－5（a）所示；当 *X*、*Y*、*Z* 的值不同时，称为不同比例缩放，图形部分相似甚至完全不相似，图 5－4－5（b）所示。

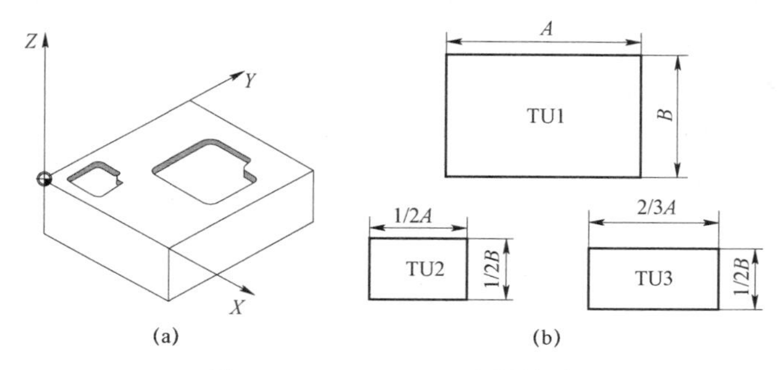

图 5－4－5　SCALE 比例缩放

TU1 为原始图形，TU2 为原始图形同比例缩小 1/2，图形完全相似，TU3 为原始图形不同比例缩放（*X* 方向缩小 2/3，*Y* 方向缩小 1/2）的情况，图形部分相似甚至完全不相似。

程序格式：

SCALE　X　Y　Z;　　　　　　　　X、Y、Z 值表示缩放比例

ASCALE X　Y　Z;　　　　　　　　在单独的 NC 程序段中编程

4. 镜像功能

如图 5－4－6 所示，图中的四个槽分别关于 X 轴、Y 轴对称，此时只需编写其中一个槽的子程序编程，另外三个槽使用镜像操作指令即可完成，程序格式如下：

MIRROR　X　Y　Z;

任务实施

［例 5－4－1］ 平面旋转机座的数控编程

如图 5－4－4（a）所示的平面旋转机座，编写加工程序。

（1）工艺分析

平面旋转机座由三个形状相同的凸台组成，先编写出其中一个凸台的加工程序，即原始程序 YUANSHI.SPF，如图 5－4－7 所示。再通过坐标变换——平移功能 TRANS、旋转功能 ROT 完成另外两个凸台的加工，且凸台均在加工平面内旋转，其刀具轴不变，因此采用 RPL 坐标旋转方式编程。

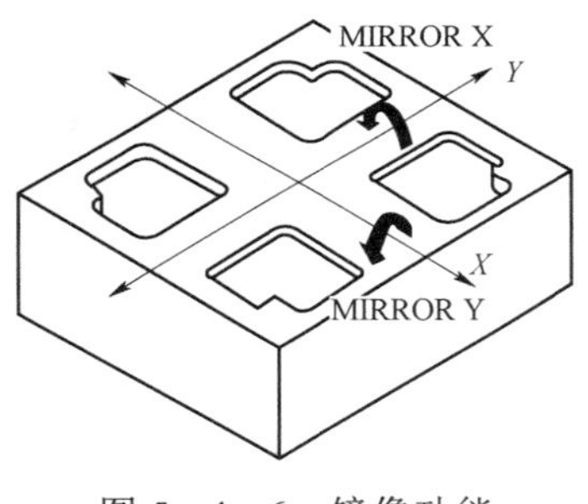

图 5－4－6　镜像功能

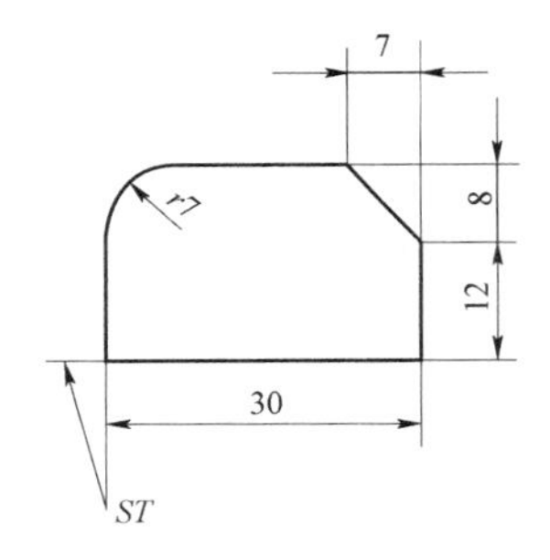

图 5－4－7　机座凸台走刀路线

（2）数控编程

```
YUANSHI.SPF;                    原始子程序
N01 G54 G90 G00 X0 Y-15;        走到起点 ST，大于刀具直径
N02 G01 G41 D02 X0 Y0;          完成刀补，走到 O 点
N03 G01 X=30-7;
N04 G02 X7  Y7 CR=7;            加工 R7 mm 的圆弧
N05 G01 X=30-10;
N06 G01 X30  Y20;               加工 45° 斜边
N07 G01 Y0;
N08 G01 X0 Y0;                  刀具走到 O 点
N09 G00 X0 Y-15 M05;            回到起点
N10 M02;                        程序结束
```

主程序：

PINMIANXZ.MPF;	平面旋转机座主程序
N05 G17 G54 Z10;	选择工作平面 *XY*，工件零偏 G54
N10 M03 S600 F100;	
N15 TRANS X20 Y10;	绝对平移，加工水平凸台
N20 YUANSHI;	调用子程序加工
N25 TRANS X55 Y35;	绝对平移到（*X*55，*Y*35）的位置（第一次平移）
N30 TRANS RPL = 45;	在加工平面内绕刀具轴（第一次）旋转
N35 YUANSHI;	调用子程序加工
N40 TRANS X20 Y40;	绝对平移到（*X*20，*Y*40）的位置（第二次平移）
N45 TRANS RPL = 60;	在加工平面内绕刀具轴（第二次）旋转
N50 YUANSHI;	调用子程序加工
N55 G00 Y50 Z50;	抬刀到安全位置
N60 ROT;	取消坐标旋转
N65 TRANS;	取消坐标平移
N70 M30;	

注：N40、N45 也可以用增量方式编写：

N40 ATRANS X – 35 Y5;	增量平移到（*X*20，*Y*40）的位置（第二次平移）
N45 ATRANS RPL = 15;	在加工平面内绕刀具轴（第二次）增量旋转 15°

点评：

本例中的三个凸台分别用了平移与旋转功能编程，其中一个只用一次平移即可，另外两个凸台要同时用到平移与旋转功能，至于是先平移还是先旋转，本例没有先后顺序关系，但在下一例中，先后顺序就有很大关系了，需要特别注意它们之间的区别。

[例 5－4－2] 空间旋转机座的数控编程

如图 5－4－4（b）所示的空间旋转机座，要加工两个凸台轮廓面，凸台高度为 5 mm，凸台轮廓的原始状态与上例相同，其中的一个凸台在空间绕 *Y* 坐标轴旋转了 30°，试编写程序。

（1）工艺分析

加工旋转机座的先决条件为在旋转的 *Z* 方向上，刀具必须垂直于倾斜表面，因此要求机床带有角度铣头，如图 5－4－8 所示。

图 5－4－8 角度铣头

对于大小、形状完全相同的凸台，可以先编写出其中一个凸台的加工程序，即原始程序 YUANSHI.SPF（同上例），再通过运用坐标变换——平移功能 TRANS、旋转功能 ROT 完成另一个凸台的加工，工件装夹视情况选用合适的夹具，本例选用 ϕ 10 mm 的立式铣刀。

（2）加工程序

主程序如下：

XUANTAI.MPF;

```
N05 G17 G54 Z10;              选择工作平面XY，工件零偏G54
N10 M03 S600 F100;
N15 TRANS X10 Y10;            绝对平移，加工水平凸台
N20 YUANSHI;                  调用子程序加工
N25 ATRANS X35;               增量平移（第一次平移）
N30 AROT Y30;                 关于Y轴（空间）旋转
N35 ATRANS X5;                增量平移（第二次平移）
N40 YUANSHI;                  子程序调用，加工斜面凸台
N45 G00 Y50 Z50;              抬刀到安全位置
N50 ROT;                      取消坐标旋转
N55 TRANS;                    取消坐标平移
N60 M30;
```

本例中综合应用了坐标变换——平移（TRANS）与旋转（ROT）的功能，加工水平凸台时，只需坐标的平移即可，对于斜面上的凸台，平移（TRANS）与旋转要同时应用，要经过两次平移一次旋转才能完成，其顺序为"平移→旋转→平移"，若采用"平移→平移→旋转"，则第二次平移的值不是5 mm，而是5/COS（30）＝5.774 mm，也可以先旋转再平移，第二次平移的值同样是5.774 mm，只有第一种情况才是5 mm，因此要特别注意。

[例5－4－3]"五角星"凸台的加工

加工一个带有5个"五角星"凸台的平面轮廓零件，如图5－4－9所示，试编写程序。

（1）题意分析

工件上有5个"五角星"凸台，其大小、方向、位置均不相同，若一个一个地编写，不且麻烦，而且工作效率也不高，当以后出现类似的几何图形时还需要再次编写，重复工作量大。若能用R参数编写一个一般性的"五角星"凸台的R参数子程序（称为"活"程序），通过调用或通过坐标变换及比例缩放等方法，就可以很容易完成本工件的程序编制，通常把初始状态下的R参数子程序称为原始子程序，因此必须先编写出五角星原始子程序。

（2）五角星原始子程序

五角星如图5－4－10所示，假定五角星的第一个顶点为水平位置，设五角星的外接圆半径为R01，在直角三角形P_1KO中则有：P_2点的半径为R02＝R01*SIN（18）/SIN（54）。

```
YUANWJXZ.SPF;                     子程序
N05 R02=R01*SIN(18)/SIN(54);      五角星的外接圆半径
N10 G90 G01 G42 D02 X=R01 Y0;     走到P1点，并完成刀补
N15 G01 Z-10;                     下刀，深度Z=-10 mm
N20 KK：G111 X0 Y0;               极心坐标
N25 RP=R02 AP=IC(36);             走到P2点，开始加工
N30 RP=R01 AP=IC(36);             走到P3点，加工出1/5的五角星
N35 REPEAT KK P=4;                程序段重复4次
N40 G00 Z10;                      抬高
N45 G40 X0 Y0;
```

```
N50 ROT;                      取消坐标旋转
N55 SCALE;                    取消比例缩放
N60 TRANBS;                   取消坐标平移
N65 M17;                      子程序结束
```

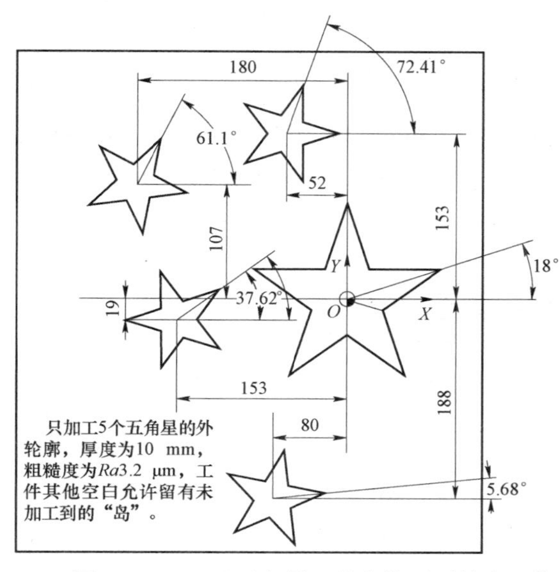

图 5－4－9　“五角星”凸台的平面轮廓工件

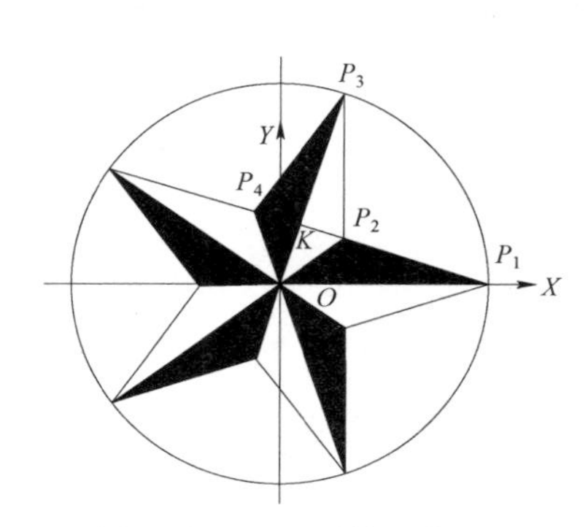

图 5－4－10　原始五角星

（3）五角星凸台平面轮廓加工主程序

```
WGEWJX.MPF;
N05 G90 G54 G00 Z10;          到达起始点，工件之外的安全位置
N10 M03 S600 F80;
N15 R01＝50;                  加工大五角星，R01＝50
N20 ROT Z18;                  旋转 18°
N25 WJXZCX;                   调入五角星原始子程序
N30 TRANBS X－52 Y153;        坐标平移到（X－52，Y153）
N35 ROT Z0.41;                旋转 0.41°
N40 SCALE X0.7 Y0.7;          比例缩放 0.7 倍，加工小五角星，R01＝35 mm
N45 WJXZCX;                   调入五角星原始子程序
N130 TRANBS X－180 Y107;      坐标平移到（X－180，Y107）
N135 ROT Z61.1;               旋转 61.1°
N140 SCALE X0.7 Y0.7;         比例缩放 0.7 倍，加工小五角星，R01＝35 mm
N145 WJXZCX;                  调入五角星原始子程序
N230 TRANBS X－153 Y－19;     坐标平移到（X－153，Y－19）
N235 ROT Z37.62;              旋转 37.62°
N240 SCALE X0.7 Y0.7;         比例缩放 0.7 倍，加工小五角星，R01＝35 mm
N245 WJXZCX;                  调入五角星原始子程序
```

```
N330 TRANBS X-80 Y188;        坐标平移到（X-80，Y188）
N335 ROT Z5.68;               旋转 5.68°
N340 SCALE X0.7 Y0.7;         比例缩放 0.7 倍，加工小五角星，R01=35 mm
N345 WJXZCX;                  调入五角星原始子程序
N500 G00 Z50;
M505 M30;
```

［例 5-4-4］体育馆看台模型编程

体育馆看台模型共 10 层，最高一层的长为 400 mm，宽为 300 mm，之后每层高度分别递减 5 mm，每层坐台宽度依次递减 5 mm，毛坯为实心的 440 mm×340 mm×70 mm 长方体，材质为 45 钢，如图 5-4-11 所示，试编写加工程序。

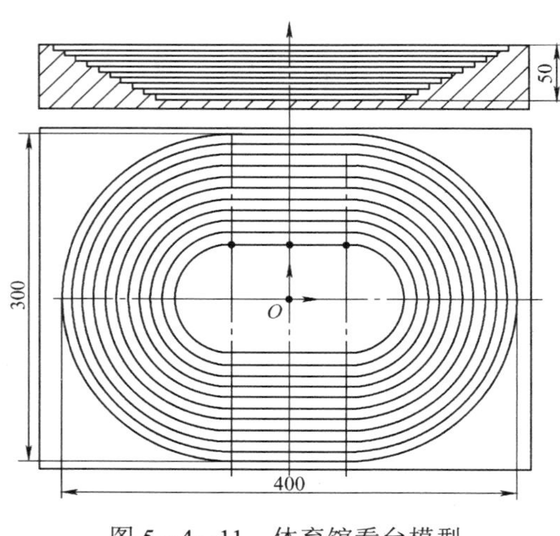

图 5-4-11　体育馆看台模型

（1）分析题意拟定工艺方案

因毛坯为实心的 440 mm×340 mm×70 mm 长方体，材质为 45 钢，要挖出内腔式的体育馆看台模型，则需要从上到下分层加工，由于看台模型的总高度仅为 50 mm 深，也可以先将最底层加工出来，然后又从底层向上逐层加工。

从下到上的方案：先用大的刚性好的刀具把底层按“最终尺寸”加工出来，然后从底层向上逐层加工。这种方法的特点是：加工余量十分集中，下刀很困难，可以考虑先用钻头“预钻”一个孔，其钻尖刚好到达底层表面或略高出 1 mm，再用铣刀铣出，后面各层在加工余量上逐层减少，但加工余量不均匀，特别是切削深度（背吃刀量）开始很大，刀具受力情况不好。

从上到下的方案：开始也是先用大的刚性好的刀具把底层加工出来，但不按“最终尺寸”加工，而是留有加工余量，其目的是便于以后各次加工的“进刀”，然后从上逐层向下加工。这种方法的特点是：钻孔及第一刀加工同前，但以后各层的加工，切削深度相同，刀具受力情况较好。

通过对比分析，后一种方案相对较好，并制订如下的加工工艺方案：ϕ25 mm 钻孔→TURN 旋铣→轮廓铣削。先用ϕ25 mm 钻头在工件的中心位置钻出深度为 49 mm 的孔

（深度包括钻尖在内），然后采用 TURN 旋铣方式，即一边走圆弧一边下刀的螺旋铣削，形成一个ϕ170 mm 的大孔，以方便铣削各层轮廓下刀。

（2）刀具的选择

由于加工余量小且不均匀，为了提高效率，选择硬质合金刀具。刀具半径 R05 的选择主要根据加工面积及深度确定，工件有效面积是不断变化的，顶层最大的槽的面积为 400 mm × 300 mm，底层最小的槽为 300 mm × 200 mm，若刀具半径太小，走刀的次数就很多，若刀具半径太大，加工底层的最小面积就受到限制，因此，根据底层最小的面积确定所用刀具的最大尺寸。

根据经验，按底层最小的面积考虑，刀具半径大约为 1/5～1/3 的键槽宽度，因此刀具半径为(1/5～1/3)×R02 = 40～67.5 mm，可选用ϕ90 mm 或ϕ100 mm 硬质合金立式（或端面）铣刀具。本例决定选取ϕ90 mm 硬质合金立式刀具，型号为 1513.003/90.114，刀具刃长 l = 114 mm，刀具总长 L = 299 mm，刀具锥柄 ISO = 50#，齿数 Z = 6，如图 5－4－12 所示。

铣削之前，先要在实心毛坯上加工出落刀孔，如图 5－4－13 所示。因此，先编制钻孔及 TURN 旋铣程序。

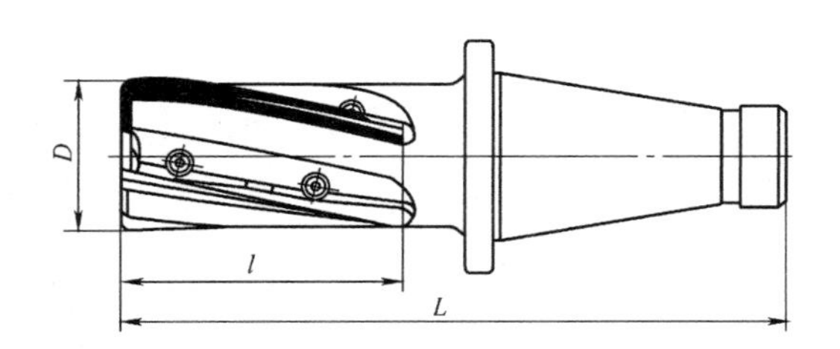

图 5－4－12　体育馆看台模型 TURN 旋铣刀具

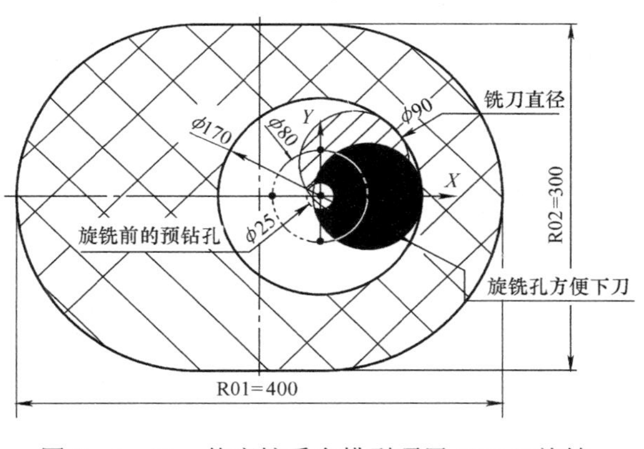

图 5－4－13　体育馆看台模型顶层 TURN 旋铣

（3）钻孔及落刀孔 TURN 旋铣程序

```
ZHANXUAN.MPF;                          落刀孔加工主程序
N05 G90 G54 G00 X0 Y0 Z100;            到达起始孔φ170 mm 中心点，高度安全位置
N10 T01 D01;                           手动换刀，φ25 mm 麻花钻头
N15 M03 S600 F180;
N20 R01 = 400 R02 = 300;               R01 为顶层的槽长，R02 为顶层的槽宽
N25 G00 X0 Y = R01 – R02;              走到钻孔位置
CYCLE83(RTP,RFP,SDIS,DP,DPR,FDEP,FDPR,DAM,DTB,DTS,FRF,VARI)
N30 CYCLE83(10,0,5,   ,49.5,   ,15,5,0.5,1,0.8,1);
N35 G01 Z = 100;                       抬刀
N40 T02 D02;                           手动换刀，φ90 mm 铣刀
N45 M03 S600 F180;
```

N50 G00 X0 Y0 Z50;	刀具接近工件 *X* 轴起始位置
N55 G00 Z5;	刀具快速接近工件
N55 G01 X = 170 – 45;	旋铣半径 – 刀具半径，刀具走到旋铣起点
N60 G03 X = 170 – 45 Y0 Z – 49 I – 40 J0 TURN = 10;	旋铣到深度为 49 mm，每圈下 5 mm 深
M65 G01 X0 Y0;	回到孔中心
N70 G00 Z50;	抬刀
N75 M30;	程序结束

（4）铣削各层轮廓

铣削各层轮廓是本例的关键，根据上述分析可知，决定选用ϕ90 mm 硬质合金刀具，走刀轨迹设计如图 5 – 4 – 14 所示，1—2—3—4—⋯是刀具中心运动轨迹，P_2、P_3、P_4 等是加工轮廓控制点。加工时，从 1 点开始下刀，沿 1—2—3—4—⋯各点走刀完成底面加工，达到 4 点时，开始切入工件轮廓 P_2 点，这里采用了内轮廓过渡圆弧切入与切出的方式，以达到轮廓光滑过渡而不留刀痕的目的；然后从 P_2 点开始切入，经过 $P_2 \to P_3 \to P_4 \to P_5$ 到达 P_2，完成轮廓加工；最后，圆弧切出达到 P_6 点之后直接走空间斜线，走到下一层的起点 1 的位置（注意要取消刀补）。

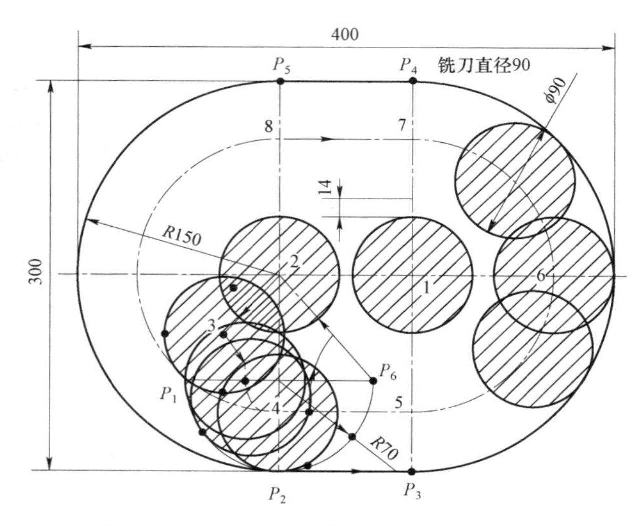

图 5 – 4 – 14　体育馆看台模型铣削各层轮廓

从图 5 – 4 – 14 可以看到，用ϕ90 mm 硬质合金刀具加工顶层时，还有 14 mm 宽的“环形岛”没有加工到，当加工下一层或再下一层时，这些“环形岛”就被加工掉了。

（5）过渡圆半径的选择

过渡圆是为了保证刀具能够圆弧切入与切出工件，其半径应该大于刀具半径，小于加工圆半径、根据经验，过渡圆半径可设为槽宽的 3/8～2/5，即 R04 = (1/4～2/5) × R02 = (1/4～2/5) × 200 = 40 ～ 80 mm，并且要满足下面的关系式：（R05 = 45 mm）＜ R04 ＜（R02/2 = 100 mm），本例决定过渡圆半径 R04 = 70 mm。

（6）加工的各层的参数子程序

体育馆看台模型共有十层，且每层都有规律可循，为了减少编程工作量，很有必要采用参数子程序方式编写。看台模型各层加工的走刀路线如图 5－4－15 所示，各层参数设计为：R01＝各层槽的长度［（400－n×2×5）mm］，R02＝各层槽的宽度［（300－n×2×5）mm］，R03＝各层槽的深度（5 mm），R04＝过渡圆半径（70 mm），R05＝刀具半径（45 mm）；体育馆看台模型各层参数子程序如下：

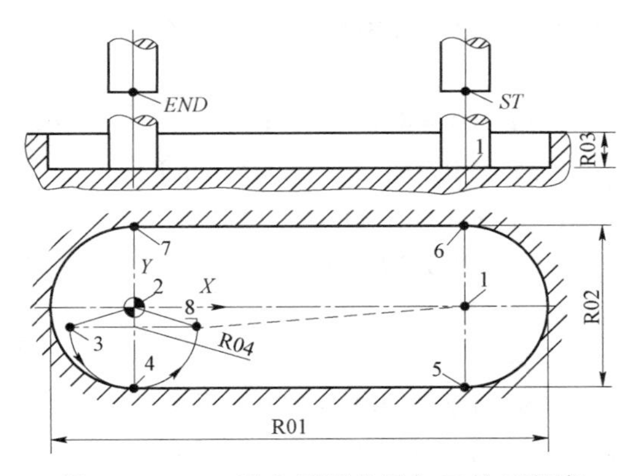

图 5－4－15 看台模型各层加工的子程序

程序	说明
KAITAI.SPF;	看台各层加工子程序
N05 G90 G01 X0 Y0;	槽的中间先加工一刀（1—2 点）
N10 G41 D02 X＝－R04 Y＝－(R02/2－R04);	建立刀补（2—3 点）
N15 G03 X0 Y＝－R02/2 CR＝R04;	圆弧切入（3—4 点）
N20 G01 X＝R01－R02 Y＝－R02/2;	加工下直边（4—5 点）
N25 G03 X＝R01－R02 Y＝R02/2 CR＝R02/2;	加工右半圆（4—6 点）
N30 G01 X＝0 Y＝R02/2;	加工上直边（6—7 点）
N35 G03 X＝0 Y＝－R02/2 CR＝R02/2;	加工左半圆（7—4 点）
N40 G03 X＝R04 Y＝R04 CR＝R04;	圆弧切出（4—8 点）
N45 M17;	

（7）体育馆看台模型主程序

体育馆看台模型共十层，每层都有规律：槽的长度、宽度都是逐层减少 10 mm，可用 R01＝各层槽的长度［（400－n×2×5）mm］，R02＝各层槽的宽度［（300－n×2×5）mm］来表示，其中，n 为层数，因此可利用循环方式编写主程序。

参数设计：层数计数器为 R20。

（8）加工主程序

程序	说明
WGEWJX.MPF;	
N05 G90 G54 G00 X0 Y0 Z40;	到达起始点（*ST*），工件之外的安全位置
N10 M03 S600 F180;	
N15 R01＝400 R02＝300 R03＝5 R04＝70 R05＝45;	给各 R 参数赋值，并用空格隔开
N20 R20＝0;	计数器清零，从“0”开始计数，加工第“0”层
N25 G01 Z＝－R05;	下刀（第一次下刀位置）
N30 IF R20＝＝0 GOTOB KP;	注意“＝＝”是两个“＝”，比较符号，表示相符
N35 KP1:G01 G41 D00 X0 Y＝R01－R02 Z＝IC(－5);	走空间斜线，到下一层的起点 1
N40 KP：KAITAI;	调用看台各层加工子程序

```
N45 R20＝R20＋1;                      加工第一层，并开始计加工的层数
N50 R01＝400－2*5 R02＝300－2*5;      计算下一层的槽长与槽宽尺寸
N55 IF R20＜＝9 GOTOB KP1;            层数判断，确定循环的终止条件
N60 G01 G41 D00 X0 Y0;                取消刀补回到 2 点
N65 G00 Z40 M05;                      抬刀到 END 点，结束加工
M70 M30;                              注意程序中的乘号只能用“*”
```

点评：

本例为实心零件“分层多次式”的粗加工提供了参考范例，工厂中有很多零件的毛坯都是实心的（实体零件），需要进行“分层多次式”的粗加工，这就要求考虑如何选刀、下刀以及各层之间的关系如何处理等问题，本例可提供借鉴。

5－5　平面方程曲线轮廓加工（渐开线、抛物线轮廓）

引入案例

有一段由 $X=10[\cos(t)+t\sin(t)]$，$Y=10[\sin(t)-t\cos(t)]$的渐开线构成的曲线轮廓，试编写该平面方程曲线轮廓的数控加工程序。

相关知识

1. 平面方程曲线轮廓的数控加工方法

数控机床加工对象为各种类型的直线或圆弧构成的几何平面几何图形，可以利用直线插补和圆弧插补指令完成，而对于椭圆、渐开线、抛物线等一些非圆曲线构成的轮廓，加工起来具有一定的难度。这是因为大多数的数控系统只提供直线插补和圆弧插补两种插补功能，更高档的数控系统提供双曲线、正弦曲线和样条曲线插补功能，但是一般都没有椭圆、渐开线、抛物线等插补功能。因此，在数控机床上对椭圆的加工大多采用小段直线或小段圆弧逼近的方法来编制上述非圆曲线的加工程序。

目前，数控加工中的编程方法通常有两种：对于由直线、圆弧组成的简单轮廓，直接用数控系统的 G 代码编程；对于由非圆曲线构成的复杂轮廓，要利用数控系统强大的函数运算功能，根据刀具中心轨迹方程，用直线逼近法编制加工程序。由于按任意的轮廓曲线方程直接编程，数控系统不能进行刀补，所以必须基于轮廓曲线方程用数学方法求出刀具中心轨迹方程。依据程序中给定的轮廓的起点、终点等数值，对起点、终点之间的坐标点进行数据密化，依据数据密化得到的坐标点，依次逼近理想轨迹线，从而完成整个零件的加工。

2. 编写方法

① 坐标计算，平面方程曲线轮廓按给定的方程用数控表达式计算刀具中心各插补点的坐标。

② 构成一个循环，由循环初始条件、循环体、循环结束三部分构成。

3. 编制一般步骤

（1）建立平面方程曲线方程

首先要有标准方程（或参数方程），一般图中会给出。

（2）建立工件坐标系

在工件坐标系中，对曲线方程进行转化，转化成相应机床的坐标表达式，一般用参数方程表达为 $X=f(t)$，$Y=f(t)$。

（3）设定循环变量

循环变量用于改变坐标值，以获得不同的插补点，使加工持续进行并构成循环体。

（4）循环终止

设定一或多个条件，用于判断循环结束。

任务实施

编写程序可以解决渐开线的加工，当然也就能解决任意平面方程曲线轮廓的铣削加工。任务实施条件或适用范围：具有西门子带函数功能的数控机床。

［例 5－5－1］椭圆方程曲线轮廓 R 参数编程

如图 5－5－1 所示的零件，其主要外形是由椭圆方程曲线构成的平面轮廓凸台，椭圆方程的有关参数为：长轴为 100 mm，短轴为 50 mm，凸台高度为 6 mm，毛坯为实心的 130 mm × 60 mm × 26 mm 的长方体，材质为 45 钢，试编写加工程序。

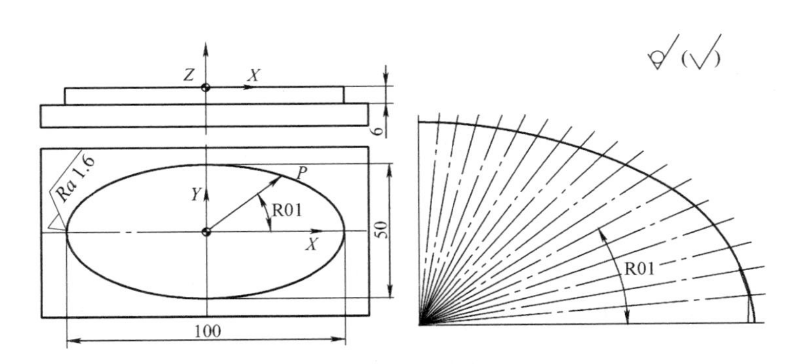

图 5－5－1 椭圆平面轮廓凸台

1. 工艺分析

零件外形规则，图中仅是椭圆轮廓要加工，表面粗糙度等有一定要求，其余为非加工表面，可预先在铣床上加工出工件的上下表面及四周轮廓，以便加工椭圆轮廓时的装夹与找正。工件装夹：选用机用虎钳装夹工件，校正机用虎钳固定钳口与工作台 X 轴移动方向平行。

在毛坯铣削完毕后，在工件下表面与机用虎钳之间放入厚度适当的平行垫块，工件装夹之前要用表检测垫块表面平面度，工件露出钳口表面不低于 10 mm，利用木槌或铜棒敲击工件，使平行垫块不能移动后再夹紧工件。找正工件 X、Y 轴零点位于工件对称中心位置，工件上表面为执行刀具长度补偿后的 Z 零点表面。选用 $\phi 20$ mm 平底键槽铣刀加工椭圆外形轮廓，达到尺寸要求。椭圆外形加工时的刀具与切削参见表 5－5－1。

表 5－5－1　椭圆外形加工时的刀具与切削参数

加工工序	刀具与切削参数						
加工内容	刀具规格			主轴转速	进给速度	刀具补偿	
	刀号	刀具名称	材料	r·min⁻¹	mm·min⁻¹	长度	半径
椭圆外形	T01	ϕ20 mm 键槽铣刀	硬质合金	1 200	600		D01

2. 编程思路

椭圆的参数方程：$X = a\cos(\beta)$，$Y = b\sin(\beta)$。

（1）参数定义

a 为椭圆长半径，用参数 R03 表示；b 为椭圆的短半径，用参数 R04 表示；β 为 0°～360°范围内的任意角度，用参数 R01 表示。

（2）计算点坐标

图示椭圆的参数方程式为 $X = \text{R03}\cdot\cos(\text{R01})$　$Y=\text{R04}\cdot\sin(\text{R01})$，即只要确定了 R01 的值，就可获得椭圆上点的 X，Y 坐标。

（3）插补

完成每次计算后的走刀，以“直线逼近”的插补方式进行，根据零件加工误差要求，只要控制好角度 R01 的变化（称为插补步长，其大小由加工误差确定）即可。根据零件加工误差，现取步长 R01＝1°，每走一步，进行角度累加，见程序中的 R01＝R01＋1 一段。

（4）循环判断

每走一步，进行角度累加，当加工角度小于等于 360°时继续，一直加到大于 360°后结束循环，见程序中的 IF R01＜＝360 GOTOB MM 一段。

3. 加工程序

```
TUOYUAN.MPF;                            加工椭圆方程曲线轮廓主程序名
N05 G54 G64 F150 S800 M03 T01;          设定零件的零点及加工参数
N10 G00 X60 Y－60 Z20;                  刀具在工件之外安全位置起刀
N15 G01 Z－6 F100;                      下刀
N20 G01 G42 D01 X50 Y0;                 完成刀补，切入工件（X50，Y0）
N25 R01＝0 R03＝50 R04＝25;             初始角度为 0°，长半径、短半径赋值
N30 MM：R01＝R01＋1;                    设定步长为 1°，即分成 360 等分加工
N35 G01 X＝50*COS(R01) Y＝25*SIN(R01);  计算各节点坐标，完成直线插补
N40 IF R01＜＝360 GOTOB MM;             循环判断，直到等于 360°时与切入
                                        点重合
N45 X0 Y20;                             切出工件
N50 G00 Z20;                            抬刀
N55 G00 D00 X60 Y－60;                  取消刀补，回到起点
N60 M30;                                程序结束
```

本例编写的是一个长半径为 50 mm、短半径为 25 mm（$X=50\cos\beta$，$Y=25\sin\beta$）的“死”椭圆的加工程序（长、短半径固定的椭圆称为“死”椭圆），而且还是一个完整的“死”椭

圆。若要编写一个长、短半径任意的“活”完整椭圆或部分椭圆，只要长、短半径是任意的参数，部分椭圆的起始角度也是任意的参数，即可实现“活”椭圆编程。当长半径为 60 mm、短半径为 30 mm 时，仿真效果如图 5－5－2 所示。

点评：

椭圆的加工程序有很多种编程方法，这仅是其中的一种，在后面读者还将看到椭圆球的加工。若是以椭圆为母线的回转体椭圆球，其在车床上车削加工的方法与此相似，若不是回转体椭圆球则不能用上述方法，详见后面章节。

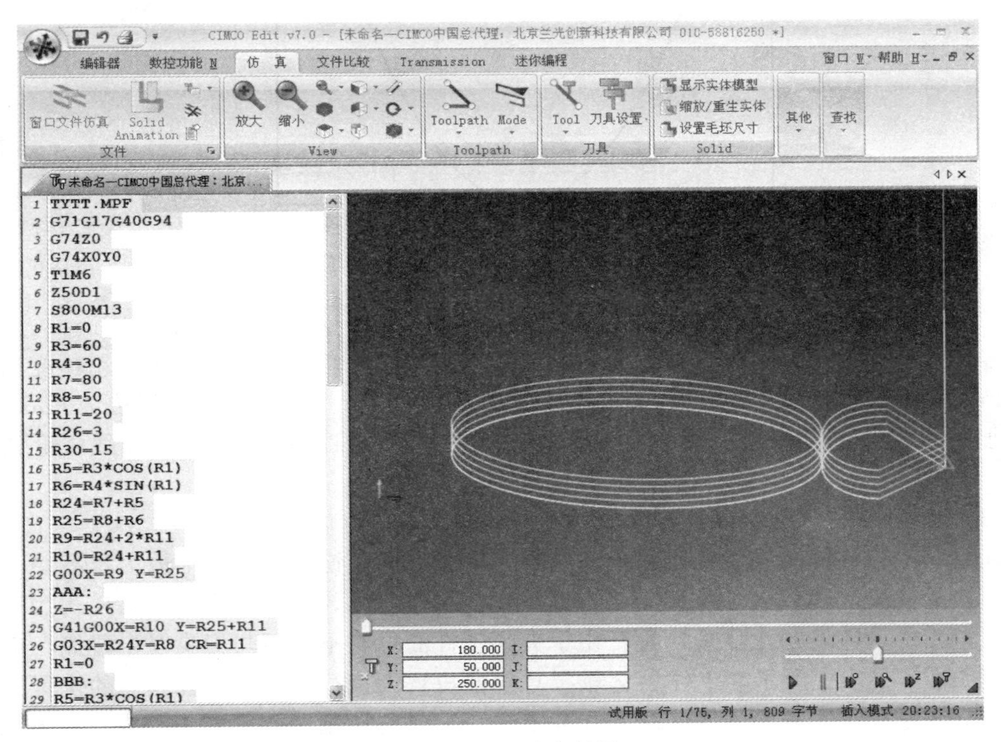

图 5－5－2 仿真效果

［例 5－5－2］ 抛物线方程曲线轮廓 R 参数编程

如图 5－5－3 所示的零件，其主要外形是由两条抛物线方程曲线与直线围成的平面轮廓凸台，下抛物线方程为 $Y=0.02X^2$，上抛物线方程为 $Y=0.01X^2$，由于抛物线方程的系数 $a=0.01\sim0.02>0$，所以两抛物线的开口均向上。由两条直线与两抛物线围成的封闭图形构成的平面轮廓，Ra 为 1.6 μm，毛坯为实心的 180 mm × 126 mm × 60 mm 的长方体，材质为 45 钢，试编写加工程序。

（1）课题分析

本例工件的外形轮廓为由抛物线方程曲线表示的非圆曲线轮廓，同前例，宜采用 R 参数编程的方式对抛物线曲线方程进行直线段拟合。参数编程时，以 X 为自变量，Y 为因变量，因此宜采用直角坐标系编程。由于是外轮廓，为了方便切入切出，采用轮廓延长线方式切入与切出，起刀点设在（X120，Y126）的位置，退刀点设在（X100，Y160）的位置。

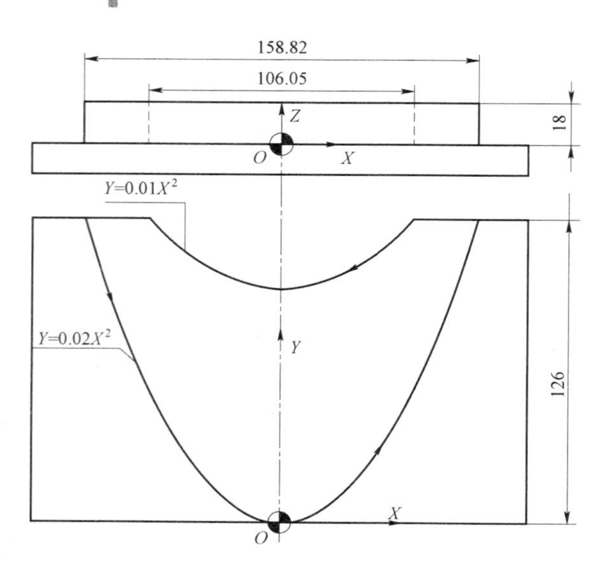

图 5－5－3　抛物线方程曲线轮廓工件

（2）工艺的装夹

零件外形为矩形，图中仅是抛物线曲线与直线围成的轮廓要加工，表面粗糙度 *Ra* 为 1.6 μm，其余为非加工表面，可预先在铣床上加工工件的上下表面及矩形周边达 *Ra*6.3 μm，以便加工轮廓时的装夹与找正，并选择立式数控铣床加工"抛物线方程曲线"轮廓形状工件。

（3）工件装夹

选用压板、螺杆装夹工件。在毛坯铣削完毕后，先在铣床工作台上放上等高块，校正各等高块的高度，再放上工件，利用木槌或铜棒敲击工件，打表找正工件后，再用压板、螺杆夹紧工件。注意防止压板、螺杆由于夹紧工件的位置不当而与刀具发生碰撞，工件零点位置如图 5－5－3 所示。工件上 *Z* 轴零点表面位置为执行刀具长度补偿后的位置，选用 ϕ32 的立式铣刀加工外形轮廓，达到尺寸要求。刀具与切削参数见表 5－5－2。

表 5－5－2　刀具与切削参数

加工工序	刀具与切削参数						
加工内容	刀具规格			主轴转速 r·min^{-1}	进给速度 mm·min^{-1}	刀具补偿	
	刀号	刀具名称	材料			长度	半径
椭圆外形	T02	ϕ32 m 立铣刀	硬质合金	1 000	500		D02

（4）编写程序

PAOWUXIAN.MPF;	加工抛物线方程曲线轮廓主程序名
N05 G54 G64 F200 S800 M03 T01;	设定零件的零点及加工参数
N10 G00 X100 Y126 Z30;	刀具在工件之外安全位置起刀
N15 G01 Z0 F100;	下刀
N20 G01 G42 D02 X＝180/2 Y126;	完成刀补，开始切入工件（毛坯位置）

```
N25 X=106.05/2;                         加工水平直边
N30 R01=106.05/2;                       赋初始值给 R01
N35 PAO1：R01=R01-0.5;                   设定步长为 0.5，即 ΔX=0.5 mm 等分插点加工
N40 G01 X=R01 Y=0.01*R01*R01;           计算各节点坐标，并完成直线插补
N45 IF R01<=-106.05/2 GOTOB PAO1;       循环判断，直到 X=106.05/2 mm 止
N50 X=-158.82/2;                        加工水平直边
N55 R02=-106.05/2;                      赋初始值给 R02
N60 PAO2：R01=R01+0.25;                  设定步长为 0.25，即 ΔX=0.25 mm 等分插点加工
N65 G01 X=R01 Y=0.02*R01*R01;           计算各节点坐标，并完成直线插补
N70 IF R01<=158.82/2 GOTOB PAO2;        循环判断，直到 X=158.82/2 mm 止
N75 D00 X100 Y160;                      取消刀补，回到起点
N80 G00 Z30;                            刀具抬到安全位置
N85 M30;                                程序结束
```

[例 5-5-3] 编写由渐开线及两段圆弧构成的平面轮廓的加工程序

平面方程的主要曲线轮廓是由一段 $X=10(\cos t+t\sin t)$，$Y=10(\sin t-t\cos t)$的渐开线及两段圆弧构成，如图 5-5-4（a）所示。其中，t 为渐开线的角度，单位为弧度（rad），使用的铣刀直径为 16 mm，试编写平面方程曲线轮廓的数控加工程序。

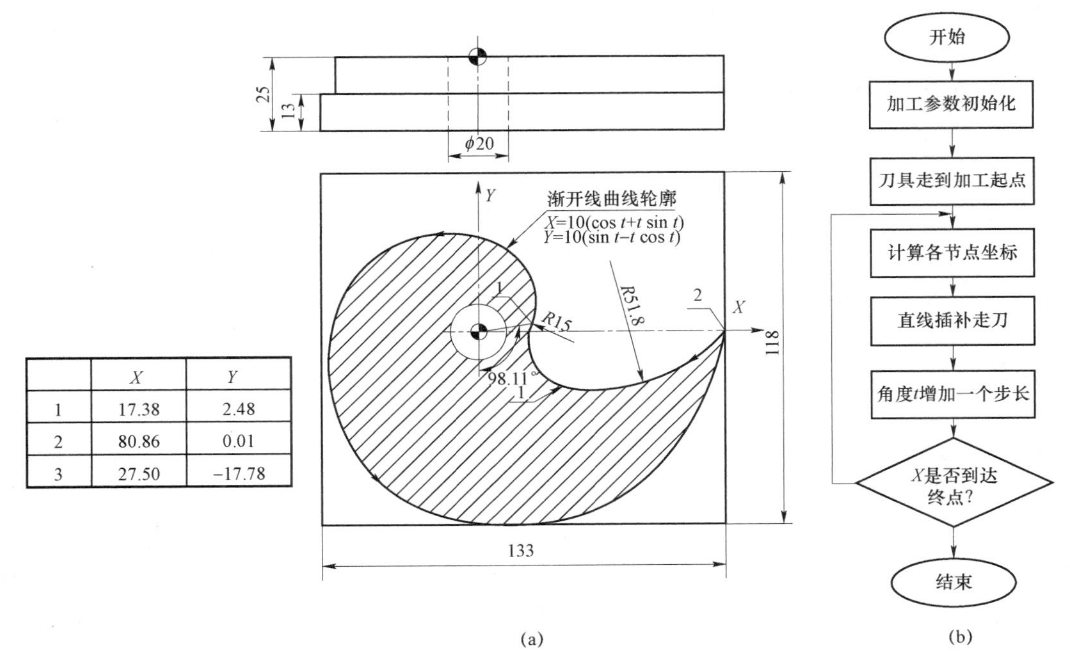

	X	Y
1	17.38	2.48
2	80.86	0.01
3	27.50	-17.78

图 5-5-4 渐开线平面方程曲线轮廓铣削

（a）渐开线平面方程曲线轮廓铣削；（b）程序流程图

（1）工件装夹

选用机用平口钳装夹工件，校正平口钳固定钳口与工作台 X 轴移动方向平行。在毛坯铣削完毕后，在工件下表面与平口钳之间放入厚度适当的平行垫块，工件装夹之前用表检

测垫块表面平面度，工件露出钳口表面要大于 15 mm，利用木槌或铜棒敲击工件，使平行垫块不能移动后，再夹紧工件。找正工件 X、Y 轴零点位于工件对称中心位置，工件上表面为执行刀具长度补偿后的 Z 零点表面，选用 ϕ20 mm 的立铣刀。

（2）程序编写

由于 SINUMERIK 数控系统的变量只能用 R 参数表示，现设 R10 代表参数 t，初始角度 R10＝98.11°，循环角度为 540°，根据图 5－5－4（b）所示，程序编写如下：

```
TUOQIU.MPF;                                  渐开线轮廓铣削主程序名
N05 R10＝98.11;                              参数赋值
N10 G54 G90 G00 Z50 T01;                     刀具初始位置
N15 S800 M03 F600;
N20 G00 X50 Y0;                              走到工件外安全位置起刀
N25 G01 Z－12;                               下刀
N30 G01 G42 D02 X13.74 Y2.91;                走到切入点，完成刀具补偿
N35 R10＝98.11/3.1416;                       渐开线（1 点）的起始角度，单位为弧度
N40 KK：X＝10*(COS(R10)＋R10*SIN(R10)) Y＝10*(SIN(R10)－R10*COS(R10))
N45 R10＝R10＋0.1;                           角度步长，角度增加一个增量值
N50 IF R10＞540/3.14159 GOTOB KK;            循环终止条件
N55 G02 X27.50 Y17.78 CR＝51.8;              加工 R51.8 的圆弧
N60 G02 X17.38 Y2.48 CR＝15;                 加工 R15 的圆弧
N65 G00 G42 D00 X40 Y50;                     退刀，D00 取消刀补
N70 G00 Z50;                                 抬刀
N75 M30;                                     程序结束
```

［例 5－5－4］玫瑰花瓣方程曲线轮廓 R 参数编程

如图 5－5－5 所示为一个玫瑰花瓣轮廓的工件，其主要外形是由极坐标方程表示的平面曲线构成的平面轮廓凸台，玫瑰花瓣方程是：$RP=100\sin(3AP)$，其中，100 表示玫瑰花瓣外接圆半径，3 表示玫瑰花瓣的数量，AP 为极角，取值范围在 0°～360° 内，但是在每两个花瓣间有 R30.5 mm 的圆弧相连，换言之 AP 极角的取值在 0°～360° 范围内是间断的，即：7.5°～52.5°、127.5°～172.5°、247.5°～292.5°，毛坯尺寸为 ϕ200 mm×50 mm，试编写其加工程序。

（1）课题分析

本例工件的外形轮廓为非圆曲线，宜采用参数编程的方式对这些曲线进行直线段拟合。三瓣玫瑰花瓣的起始角度值为：7.5°～52.5°、127.5°～172.5°、247.5°～292.5°，参数编程时以极角为自变量，极半径为因变量。为了方便切入切出，设计了 R30.5 mm 圆弧切入、切出。

为了避免重复切削，设计了一个比 R30.5 mm 小的圆弧切出，见图中的 M 点，并由圆弧的起点、中间点、终点三点所构成的圆弧作为切出的过渡圆弧，并用 CIP X38.36 Y5.1 I1＝17 J1＝－18 程序实现加工。

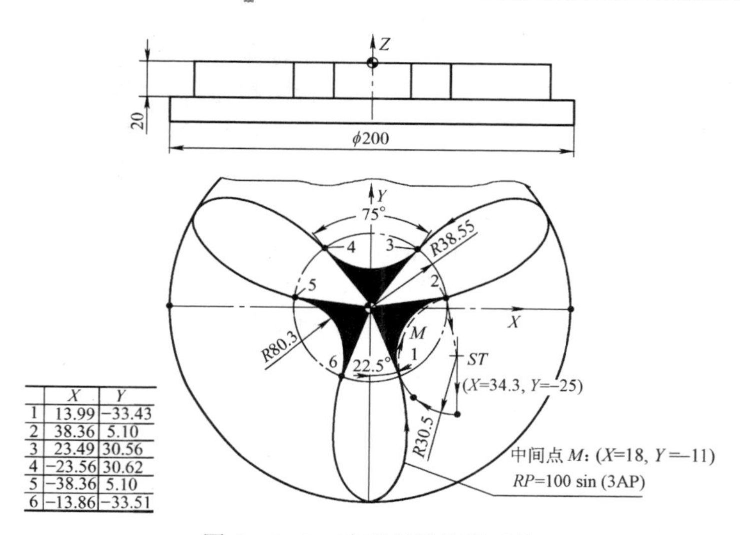

图 5－5－5　玫瑰花瓣轮廓工件

（2）工艺的装夹

零件外形为圆柱形，图中仅是玫瑰花瓣轮廓要加工，表面粗糙度等有一定要求，其余为非加工表面，可预先在车床上车出工件的外圆及端面表面粗糙度值达 *Ra*6.3 μm，以便加工轮廓时的装夹与找正，然后选择立式数控铣床加工玫瑰花瓣形状工件。

工件装夹：选用自定心卡盘装夹工件。先将自定心卡盘固定在铣床工作台上，校正自定心卡盘与工作台面平行。在毛坯铣削完毕后，在工件下表面放入厚度适当的垫块，工件露出自定心卡盘表面不低于 30 mm，利用木槌或铜棒敲击工件，使平行垫块不能移动后，再夹紧工件。找正工件 *X*、*Y* 轴零点位于工件对称中心位置，工件上表面为执行刀具长度补偿后的 *Z* 零点表面，选用 ϕ24 mm 立式铣刀加工玫瑰花瓣形状外形轮廓，达到尺寸要求。刀具与切削参数见表 5－5－3。

表 5－5－3　玫瑰花瓣形状外形加工的刀具与切削参数

加工内容	刀具规格			主轴转速/ $(r \cdot min^{-1})$	进给速度/ $(mm \cdot min^{-1})$	刀具补偿	
	刀号	刀具名称	材料			长度	半径
玫瑰花瓣形状外形	T01	ϕ24 mm 立铣刀	硬质合金	1 000	500	H01	D01

（3）编制程序

```
MEIGUIHUA.MPF;                        加工玫瑰花瓣方程曲线轮廓主程序名
N05 G54 G64 F150 S800 M03 T01;        设定零件的零点及加工参数
N10 G00 X100 Y－100 Z20;              刀具在工件之外安全位置起刀
N15 G01 Z－20 F100;                   下刀
N20 G01 X34.3 Y－25;                  走到 ST 起刀点
N25 G42 D01 X34.3 Y－55.5;            完成刀补
N100 G02 X38.36 Y5.1 CR＝30.5;        切入工件并加工 R30.5 圆弧，到达 2 点
N105 R01＝7.5;                        设定第一个“玫瑰花瓣”的初始角度
N110 MM1：R01＝R01＋0.5;               设定步长为 0.5 mm，计算各插补点的极
```

```
                                        坐标角度
N115 G111 X0 Y0;                        设定极心位置
N120 AP=R01;                            当前点极角赋值，该段可以与 N130 合并
N125 RP=100*SIN(3*AP);                  当前点极半径赋值，该段可以与 N130 合
                                        并
N130 G01 RP=100*SIN(3*R01) AP=R01;      以极坐标方式走直线进行插补加工花瓣
N135 IF R01<=52.5 GOTOB MM1;            循环判断，大于 52.5°时，第一个“花瓣”
                                        结束
N200 G02 X-23.56 Y30.62 CR=30.5;        切入工件并加工 R30.5 圆弧，到达 4 点
N205 R01=127.5;                         设定第二个“玫瑰花瓣”的初始角度
N210 MM2：R01=R01+0.5;                  设定步长为 0.5 mm，计算各插补点的极
                                        坐标角度
N215 G111 X0 Y0;                        设定极心位置
N220 AP=R01;                            当前点的极角
N225 RP=100*SIN(3*AP);                  当前点的极半径
N230 G01 RP=100*SIN(3*R01) AP=R01;      以极坐标方式走直线进行插补加工花瓣
N235 IF R01<=172.5 GOTOB MM2;           循环判断，到 172.5°时，第二个“花瓣”
                                        结束
N300 G02 X-13.86 Y-33.51 CR=30.5;       切入工件并加工 R30.5 圆弧，到达 6 点
N305 R01=247.5;                         设定第三个“玫瑰花瓣”的初始角度
N310 MM3：R01=R01+0.5;                  设定步长为 0.5 mm，计算各插补点的极
                                        坐标角度
N315 G111 X0 Y0;                        设定极心位置
N320 AP=R01;                            当前点的极角
N325 RP=100*SIN(3*AP);                  当前点的极半径
N330 G01 RP=100*SIN(3*R01) AP=R01;      以极坐标方式走直线进行插补加工花瓣
N335 IF R01<=292.5 GOTOB MM3;           循环判断，到 292.5°时，第三个“花瓣”
                                        结束
N400 CIP X38.36 Y5.1 I1=17 J1=-18;      切入工件并加工 R30.5 圆弧，到达 6 点
N405 X0 Y20;                            切出工件
N410 G00 Z20;                           抬刀
N420 G00 D00 X60 Y-60;                  取消刀补，回到起点
N425 M30;                               程序结束
```

说明：

本程序段的编号如下：

N05～N25 是本程序的准备部分；

N100～N135 是第一个“玫瑰花瓣”加工完成；

N200～N235 是第二个“玫瑰花瓣”加工完成；

N300～N335 是第三个“玫瑰花瓣”加工完成；

N400～N425 是本程序的结束部分。

5-6 立体方程曲线的参数编程（半球、椭球）

引入案例

内球面或半椭球的加工。内球面或半椭球均为立体曲面，至少需要三轴联动才能近似加工，只有带摆动轴（四轴或五轴）的数控机床才能比较精确加工。现在具有三轴联动的控机床上近似加工。

相关知识

曲面方程如下：

球的方程：$X^2+Y^2+Z^2=R^2$；

椭球方程：$X^2/a^2+Y^2/b^2+Z^2/c^2=1$。

球面零件加工比较常见，一般是在车床上车削加工，也比较容易，但有些球面零件不宜在车床上加工，如核电产品上的封头，技术要求也很高，需要在数控铣镗床上加工，如图 5-6-1 所示的内球面。因此，需要研究内外球面零件的铣削加工程序问题。

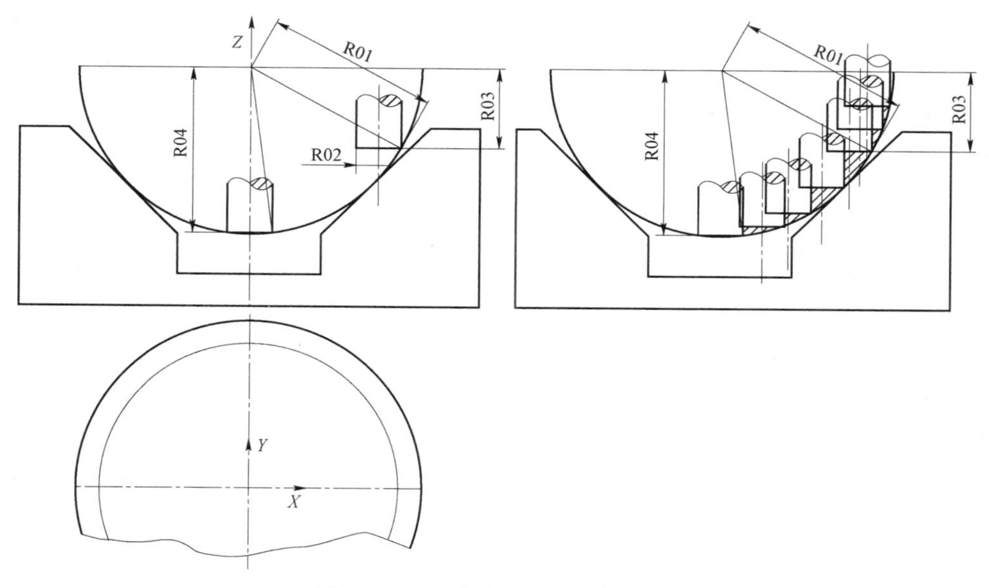

图 5-6-1 内球面零件的粗加工

［例 5-6-1］内球面的粗加工工艺方案设计

内球面粗加工所使用的方法为按“自上面下、高度方向等步长向下”进行的分层式粗加工，逐层去除余量，如图 5-6-1 所示。假设待加工的毛坯为一实心体，粗加工方式为：使用平底铣刀（或大直径铣刀盘），每次从中心垂直下刀，向 X 轴负方向走第一段距离，顺时针走整圆，由于是粗加工，所以全部采用逆铣，走完最后外圈后提刀返回中心，进给至下一层继续，直至到达预定深度。

（1）R 参数的设置

R01：内球面的圆弧半径；

R02：铣刀半径；

R03：*Z* 坐标值设为自变量，半球面 *Z*=0；

R04：内球面底部深度，R04＜＝SQRT（R01*R01－R02*R02）；

R20：深度方向 *Z* 坐标每次递减量。

（2）内球面的粗加工参数子程序

```
NEIQIUCU.SPF;                                  内球面粗加工参数子程序名
N05 G00 G90 X0 Y0 Z30;                         快速到达起点位置（30 为安全高度）
N10 R05＝1.4*R02;                              步距设为刀具直径的 70%（经验值）
N15 R03＝R03－R20;                             自变量 R03，赋予第 1 刀初始值（切
                                               削到材料）
N20 KK1：G01 Z＝R03＋2 F2000;                  Z 轴以较高的进给速度接近工件
N25 G01 Z＝R03 F100;                           Z 方向下降至当前加工深度
N30 R07＝SQRT(R01*R01－R03*R03)－R02;          任意切削深度时刀具中心对应的 X 坐
                                               标值
N35 R09＝R05;                                  横向进刀赋值
N40 KK2：IF R09＞＝R07 GOTOF KK3;              步距值＞＝刀具中心在内腔的最大回
                                               转半径时转 KK3
N45 G01 X＝R09 Y0 F400;                        进给至（R09，0）点
N50 G03 X＝R09 Y0 I＝－R09 J0;                 顺时针走整圆
N55 R09＝R09＋R05;                             横向进刀步距值累加
H60 GOTOB KK2;                                 返回 KK2 程序段，进行循环条件的判断
N65 KK3：R09＝R07;                             将刀具中心在内腔的最大回转半径赋
                                               予变量 R09
N70 G01 X＝R09 Y0 F400;                        进给至（R07，0）点
N75 G02 X＝R09 Y0 I＝R09 J0;                   顺时针走整圆
N80 G00 Z2;                                    抬刀至量高处 2 mm
N85 G00 X0 Y0;                                 快速回到工件坐标系零点，准备下一
                                               层加工
N90 R03＝R03－R20;                             Z 坐标依次递减 R20（层间距）
N95 IF R03＞R04 GOTOB KK1;                     当 R03＞＝R04，循环继续
N100 G00 Z40;                                  抬刀至安全高度
N105 RET;                                      子程序结束并返回
```

注意事项：

① 如果所加工的球为半球，则不需要对 R04 进行赋值，只需在参数子程序 N10 段："R05＝1.4*R02"前面增加一句："R04＝－SQRT（R01*R01＋R02*R02）"。

② 应确保实际加工深度 R04 能被 R20 整除。

（3）内球面的精加工工艺方案设计

内球面精加工所使用的方法为按“自上面下、高度方向等步长向下”进行的分层式粗加工，逐层去除余量，如图 5－6－2 所示。假设待加工的毛坯为一实心体，精加工方式为：使用平底铣刀（或大直径铣刀盘），每次从中心垂直下刀，向 *X* 轴负方向走第一段距离，逆时针走整圆，由于是精加工，所以全部采用顺铣，走完最后外圈后提刀返回中心，进给至下一层继续，直至到达预定深度。

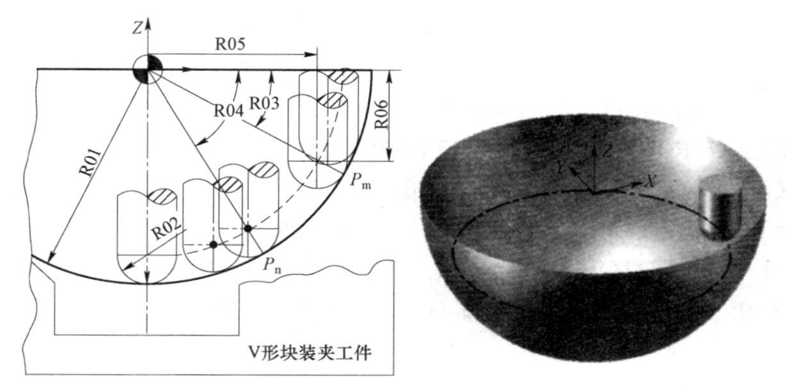

图 5－6－2　内球面零件的精加工

为了便于进刀，内球面精加工所使用的方法一般是“自上而下等角度水平圆弧环绕曲面精加工”，如图 5－6－2 所示，球头铣刀在每层都是以 G03 方式走刀，由于是内凹曲面，需采用自上而下的加工顺序，每层加工时刀具的开始和结束位置重合，均指定在 *ZX* 平面内的正 *X* 方向上。也正因为所加工曲面为内凹曲面，为避免过切，这里不适宜采用圆弧切入和圆弧切出的进刀与退刀方式。另外，在相邻两层之间的进刀，宜采用圆弧插补的方式进行层间连接。

这里是在 *ZX* 平面进行圆弧插补，应注意视角方向：沿着刀具轴方向，由负向正看去的方向为视角方向，*ZX* 平面，*Z* 是第一轴，*X* 是第二轴，这里的刀具轴 *Y* 是第三轴，根据右手定则（大拇指指向为 *Z* 轴的正方向，食指指向为 *X* 轴的正方向，中指指向为 *Y* 轴的正方向）判定方向。层间连接的圆弧插补方向判断如下：如果正对纸面看，刀具由上而下进刀，则圆弧插补方向应该为 G02，由于视角方向不符，判断的结果取反即为 G03。

各 R 参数定义：

R01：内球面的圆弧半径；

R02：球头铣刀半径；

R03：（*ZX* 平面）角度设为自变量，若为标准半球面，赋其初始值为 0°；

R04：球面终止角度，R04＜＝90°；

R20：角度每次递增量（绝对值）。

（4）内球面的精加工参数子程序

```
NEIQIUJIN.SPF;                  内球面精加工参数子程序名
N05 G00 G90 X0 Y0 Z30;          快速到达起点位置（30 为安全高度）
```

```
N10 R12=R01-R02;                          计算球心与刀心连线距离（常量）
N15 R05=R12*COS(R03);                     初始点刀心（刀尖）的坐标值（绝对值）
N20 R06=-R12*SIN(R03);                    初始点刀心（刀尖）的 Z 坐标值
N25 G00 X=R05-2.0;                        X 方向以 G00 移动至距初始点 2 mm 处
N30 Z=R06-R02+2.0;                        Z 轴快速接近工件，距初始点刀尖 2 mm 处
N35 G01 Z=R06-R02 F400;                   Z 进给，下降至初始点
N40 X=R05;                                X 方向 G01 进给初始点
N45 G17 G03 X=R05 Y0 I=-R05 J0 F600;      G17 平面内（当前层）沿球面 G03 走整圆
N50 KK1：R07=R12*COS(R03+R20);            下一层刀心（刀尖）的 X 坐标值
N55 R08=R12*SIN(R03+R20)-R02;             下一层刀尖的 Z 坐标值（绝对值）
N60 G18 G03 X=R07 Z=R08 CR=R12 F400;      G18 平面内当前层以 G03 过渡至下一层
N65 G17 G03 X=R07 Y0 I=R07 J0 F800;       G17 平面内（当前层）沿球面 G03 走整圆
N70 R03=R03+R20;                          角度 R03 每次递增 R20
N75 IF R03＜R04 GOTOB KK1;                如果 R03＜R04，跳转到 KK1 程序段
N80 G00 Z30;                              抬刀至安全高度
N85 RET;                                  参数子程序结束并返回
```

注意：

① 如果 R03=0°，R04=90°，即对应于一个完整（标准）的半球面。

② 应确保球面终止角度 R04 能被 R20 整除。

［例 5-6-2］ 立体半椭球的加工

如图 5-6-3 所示半椭球，参数尺寸：长半轴为 R10，短半轴为 R11，椭球高度为 R12，试用参数方式编写半椭球通用子程序，并编写一个长轴为 300 mm，短轴为 160 mm，高度为 80 mm 的半椭球加工程序，毛坯为实心的 360 mm × 200 mm × 80 mm 的长方体，材质为 45 钢，试编写加工程序。

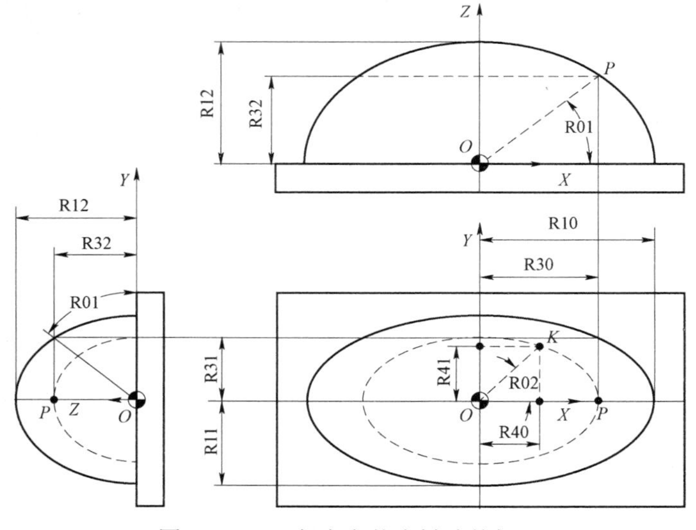

图 5-6-3　任意立体半椭球的加工

（1）工艺分析

若是以椭圆为母线的回转体椭球，车床上车削加工的方法就很容易。零件外形为立体的半椭球（注意：不是回转体）规则曲面，图中仅是半椭球要加工，表面粗糙度按 *Ra*3.2 μm，其余为非加工表面，可预先在铣床上加工出工件的上下表面及四周轮廓，以便加工椭圆轮廓时的装夹与找正。

（2）工件装夹

选用机用平口钳装夹工件，校正平口钳固定钳口与工作台 *X* 轴移动方向平行。在毛坯铣削完毕后，在工件下表面与平口钳之间放入厚度适当的平行垫块，工件装夹之前用表检测垫块表面平面度，工件露出钳口表面不低于椭球高度 10 mm，利用木槌或铜棒敲击工件，使平行垫块不能移动后，再夹紧工件。找正工件 *X*、*Y* 轴零点位于工件对称中心位置，工件上表面为执行刀具长度补偿后的 *Z* 零点表面，视椭球大小选用合适的平底键槽铣刀（粗加工）与球头铣刀（精加工）加工椭球外形轮廓，达到尺寸要求，铣刀半径 R05，采用刀心编程，刀心尺寸为轮廓尺寸加铣刀半径 R05。

（3）参数设定

为了使程序能够通用，将立体半椭球的加工编写成 R 参数子程序，然后通过调用子程序的方式加工某一具体的立体半椭球。有关参数题目中已给定，中间参数 R01 为椭球上任意点与椭球中心点的连线在垂直平面上与 *X* 轴的夹角；R02 是连线在水平面上与 *X* 轴的夹角，如图 5-6-3 所示。

（4）编程思路

与平面上的椭圆轮廓加工相似，本例也要利用椭圆方程式 $X=a\cos(\beta)$，$Y=b\sin(\beta)$ 编写，不同之处在于本例是立体的椭球，用平行于坐标平面的平面去截取椭球，得到的截面均为椭圆，不同截平面所获得的椭圆方程式 $X=a\cos(\beta)$，$Y=b\sin(\beta)$，其长半径 *a*、短半径 *b* 是变化的，这就要求必须找出它们的变化规律。如图 5-6-4 所示，*P* 点为半椭球上的任意一点，过 *P* 点的水平截平面所截得的椭圆轮廓如图中虚线所示，在主视图上是一条直线，另外两个视图上的投影如图 5-6-3 虚线椭圆（或半椭圆）所示。通过变量 R01 求得不同水平截平面所截得椭圆轮廓，每一层的椭圆由 R01 变量控制，取值范围为 0～90°，同一层椭圆轮廓的任意位置是 *K* 点，*K* 的位置由 R02 变量控制，取值范围为 0°～360°。

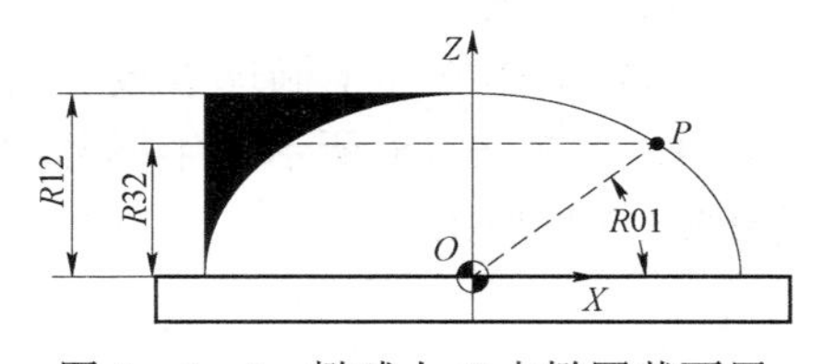

图 5-6-4 椭球上 *P* 点椭圆截面层

椭球程序编制的关键：

① 如何分层及层数的循环与控制；

② 每层的加工循环与控制；

③ 各轴的坐标计算；

④ 加工方向的确定。

由此可以看到，要用内外两层循环才能实现立体半椭球的程序编制，关于加工方向的确定，分析如下：

首先要确定是逐层向下还是逐层向上加工。从图 5-6-4 中可以看出，无论是逐层向下还是逐层向上，加工余量都是不均匀的，当经过粗加工后，加工出半椭球的大体形状，余量都是不均匀的情况会有所改善。采用逐层向下加工，开始加工的宽度余量较宽，需要较大直径的刀具；采用逐层向上加工，开始加工的深度余量较深，需要较大刃长的刀具，这就要根据椭球长短径比来确定了，本例采用逐层向上加工的方法编写。

（5）立体半椭球参数子程序

```
BANTUOQIU.SPF;                                立体半椭球的子程序名
N05 R01=0;                                    R01 层变量，从底层开始逐层向上加工
N10 KP1：R30=(R10+R05)*COS(R01);              P 点 X 坐标，R05 平底铣刀半径
N15 R31=(R11+R05)*COS(R01);                   P 点 Y 坐标，“刀心”方式编程
N20 R32=R12*SIN(R01);                         P 点 Z 坐标，若是球头铣刀，加铣刀半径
N25 G01 Z=R32 X=R30;                          刀具走到每层的起点 P
N30 R02=0;                                    R02 各层的角度变量
N35 KP2：R40=R10*COS(R01)* COS(R02);          K 点的 X 坐标
N40 R41=R11*COS(R01)*SIN(R01);                K 点的 Y 坐标
N45 G01 X=R40 Y=41;                           加工每一层的椭圆
N50 R02=R02+1;                                层内的角度变化按 1° 增加
N55 IF R02<=360 GOTOB KP2;                    内层循环结束
N55 R01=R01+0.5;                              层间的角度变化按 0.5° 增加
N60 IF R01<=90 GOTOB KP2;                     外层循环结束，刀具到顶部
N65 Z=INC(10);                                抬刀 10 mm
N70 RET;                                      子程序结束
```

（6）调用立体半椭球参数子程序加工

如图 5-6-5 所示，半椭球的方程为：$X^2/50^2+Y^2/25^2+Z^2/35^2=1$，现调用半椭球参数子程序进行加工。

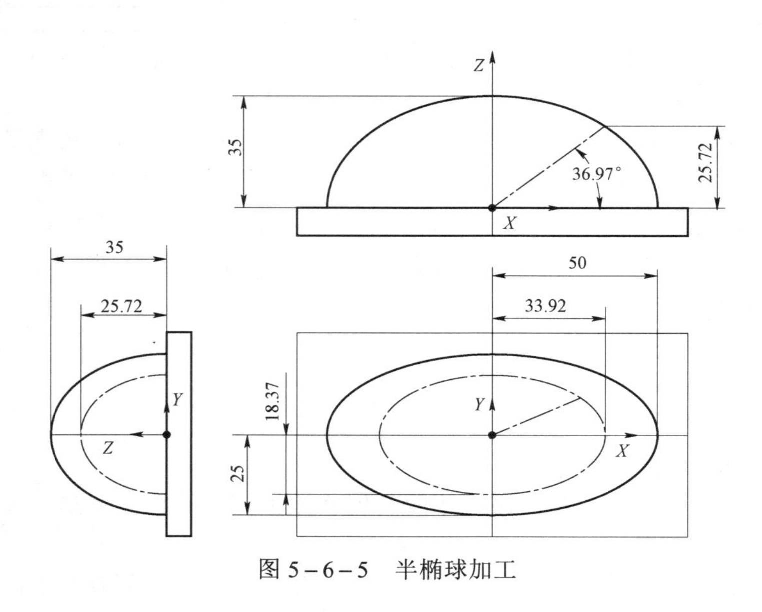

图 5-6-5　半椭球加工

主程序如下：

```
TUOQIU.MPF;                              半椭球的主程序名
N05 R10=50 R11=25 R12=35 R05=10;         参数赋值
N10 G54 G90 G00 Z=R12+10 T01;            刀具初始位置
N15 S1000 M03 F600;
N20 G00 X=R10+R05+20 Y0;                 走到工件外安全位置的起刀点
N25 G01 X=R10+R05 Z20;                   刀具接近工件准备加工
N30 BANTUOQIU;                           调用半椭球参数子程序
N20 G00 X=R10+R05+20 Y0;                 回到工件外安全位置的起刀点
N35 M30;
```

5-7　孔系与槽系的加工

引入案例

① 编写呈直线均布孔系或圆周均布孔系的程序。

② 冲床凹模座的加工。

相关知识

1. 直线均布孔系

（1）指令格式：HOLES1（SPCA，SPCO，STA1，FDIS，DBH，NUM）;

直线均布孔系循环用于加工直线均布孔，在加工时首先要用 MCALL 指令以模态方式调用单个孔加工循环，再根据孔的分布情况设定直线均布孔循环的各项参数，最后用 MCALL 取消循环。循环参数可以设置为变量，通过调用循环及进行简单的变量运算，可加工矩形均布或菱形均布的网格孔，如图 5-7-1（a）所示的菱形均布网格孔系的加工。HOLES1 用于计算孔的坐标，本身不钻孔，孔加工循环采用 CYCLE81。

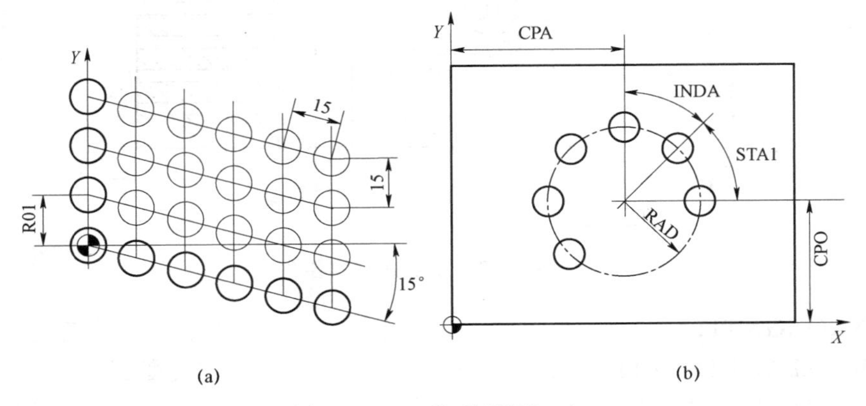

图 5-7-1　孔系循环加工

（a）直线均布孔系；（b）圆周均布孔系

（2）参数说明

SPCA：参考点的 X 坐标（绝对值），射线的起点 X 坐标；

SPCO：参考点的 Y 坐标（绝对值），射线的起点 Y 坐标；

STA1：孔中心所在直线与 X 坐标的（射线的）夹角，取值范围：$-180°\sim180°$；

FDIS：第一个孔中心到参考点的距离（无符号数）；

DBH：相邻孔孔距（无符号数）；

NUM：孔的数量。

2. 圆周均布孔样式循环

（1）指令格式：HOLES2（CPA，CPO，RAD，STA1，INDA，NUM）；

圆周均布孔样式循环与孔加工固定循环（CYCLE8__）联用可用于加工沿圆周均布的一圈孔。同样可将循环参数设置为变量，加工圆周均布孔系，如图 5－7－1（b）所示圆周均布孔系。

（2）参数说明

CPA：圆中心点的 X 坐标（绝对值）；

CPO：圆中心点的 Y 坐标（绝对值）；

RAD：圆周半径（无符号数）；

STA1：初始角，取值范围：$-180°\sim180°$；

INDA：分度角度；

NUM：孔的个数。

任务实施

［例 5－7－1］ 矩阵均布孔系加工

编写呈矩阵均布的各孔加工程序，如图 5－7－2 所示，所有的孔均为 $\phi8$ mm，通孔，孔深为 80 mm。

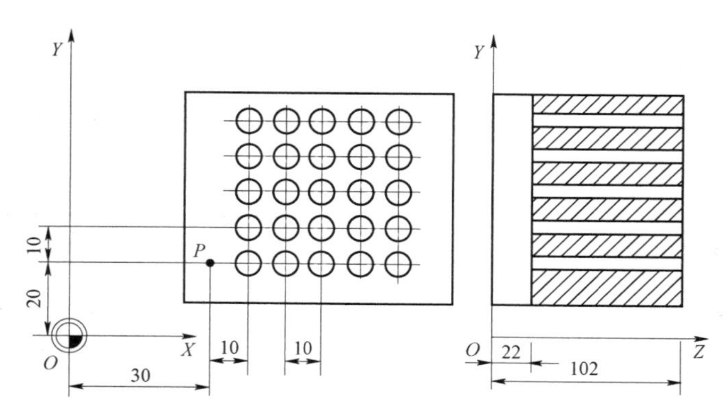

图 5－7－2　矩阵均布的各孔

```
JUZHNKONG.MPF;                       矩阵孔主程序
N05 DEF REAL RTP   RFP   SDIS   DP;  定义变量
N10 DEF REAL SPCA SPCO;              矩阵孔的起始位置
N15 DEF REAL STA1 DBH FDIS;          射线夹角，孔距，第一孔距离
```

```
N20 DEF INT HNUM LNUM ZAEL;                                   行数，列数，已加工行数
N25 DEF INT HJ LJ;                                            行距，列距
N30 G54 G90 G00 X100 Y100 Z50;
N35 RTP=105 RFP=102 SDIS=3 DP=22;                             定义变量并赋值
N40 FDPR=20 DAM=10 DTB=0.5 DTS=1 FRF=0.9 VARI=1;              参数赋值
N45 HJ=10 LJ=10;                                              行间距、列间距
N50 STA1=0 DBH=10 FDIS=10;                                    夹角 0°，孔距 10 mm，第一孔距 10 mm
N55 SPCA=30 SPCO=20;                                          矩阵孔的起始位置
N60 ZAEL=0;                                                   计数器
N65 HNUM=5，LNUM=5;                                           用于计算行数
N70 M03 S600 F100;
N75 JZK;                                                      调用子程序
N80 M30;
JZK.SPF;                                                      矩阵孔子程序
N05 G17 G00 X=SPCA+10 Y=SPCO;
N10 MCALL;
N15 CYCLE83(RTP,RFP,SDIS,DP,DPR,FDEP,FDPR,DAM,DTB,DTS,FRF,VARI);
N20 MARKE1:HOLES1(SPCA,SPCO,STA1,FDIS,LJ,LNUM);
N25 SPCO=SPCO+HJ;                                             计算下行的位置
N30 ZAEL=ZAEL+1;                                              计算加工行数
N35 IF ZAEL<HNUM GOTOB MARKE1;                                判断加工的行数是否到总行数
N40 MCALL;
N45 G90 G00 X=SPCA-10 Y=SPCO Z105;
N50 M17;
```

说明：

① DEF：定义，定义后面的变量类型；

② REAL：实型变量；INT：整数变量；

③ 钻削循环 CYCLE83。

CYCLE83（RTP，RFP，SDIS，DP，DPR，FDEP，FDPR，DAM，DTB，DTS，FRF，VARI）；

RTP：返回平面（绝对值）；RFP：参考平面（绝对值）；

SDIS：安全距离（无符号数）；DP：最终钻削深度（绝对值）；

DPR：相对参考平面的钻削深度（无符号数）；

FDEP：第一次钻削深度（绝对值）；

FDPR：相对于参考平面的第一次钻削深度（无符号数）；

DAM：其余每次钻削深度（无符号数）；

DTB：孔底暂停时间（断屑）；

DTS：在起始点和排屑点停留时间；

FRF：第一次钻削深度的进给速度系数（无符号数），取值范围为 0.001～1；

VARI：加工方式，1—排屑，0—断屑。

［例 5-7-2］圆周均布孔系加工

编写呈圆周均布的各孔加工程序，如图 5-7-3 所示，所有的孔均为ϕ10 mm，通孔深度为 40 mm。

（1）编程思路

根据图 5-7-3，工件坐标系零点 G04 设定在工件的几何中心点上，循环指令中的各项参数如下：

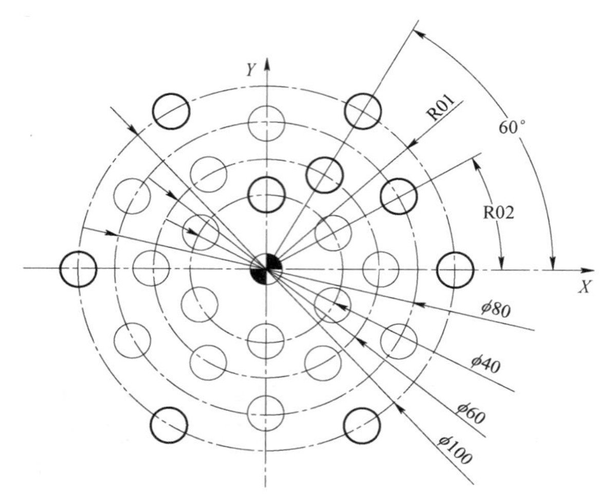

图 5-7-3　圆周均布的各孔

圆周孔均布中心点的横坐标 CPA=0；

圆周孔均布中心点的纵坐标 CPO=0。

根据孔的分布情况，将最外圈孔的圆周均布半径 RAD 设为变量 R01，R01 的初值为 50 mm，终值为 20 mm，每圈依次递减量为 10 mm；将每圈孔的起始角度 STA1 设为变量 R02，最外圈 R02（R02 的初值）为 0°，最内圈 R02（终值）为 90°，递增量为 30°，每圈孔的增量角 INDA=60°，孔数 NUM=6。

（2）加工程序

```
YUANZHOU.MPF;                            圆周均布的各孔加工主程序
N05 G54 G90 G00 X0 Y0 Z50;               刀具走到工件中心上方
N10 M03 S600 F100;
N15 R01=50;                              孔的圆周均布半径 RAD 设为变量 R01
N20 R02=0;                               圆周均布孔起始角 STA1 设为变量 R02
N25 MCALL;
CYCLE81(RTP,RFP,SDIS,DP,DPR)             方便读者阅读，给出的对照
N30 CYCLE81(10,0,3,  ,-40);              模态调用单个孔加工循环
HOLES2(CPA,CPO,RAD,STA1,INDA,NUM)
N35 MA1:HOLES2(0,0,R01,R02,60,6)         调用圆周均布循环
```

```
N40 R01=R01-10;                    RAD 每次递减 10 mm
N45 R02=R02+30;                    STA1 每次递增 30°
N50 IF R01>=20 GOTOB MA1;          条件判别，RAD 值小于 20 mm 时，循环结束
N55 MCALL;                         取消孔加工循环的模态调用
N60 G00 Z50 M05;                   刀具抬到安全位置
N65 M30;                           程序结束
```

5-8 铣镗床加工高级编程

引入案例

① 漏斗孔的加工。

② 大螺纹旋风数控铣削程序。

按螺旋线方式加工漏斗孔，其工作原理为：刀具在 *XY* 平面上完成圆弧插补的同时，*Z* 轴也同时进给，这样刀具就不是垂直下刀，而是按螺旋线 TURN 方式，一边圆弧进给，一边下刀，加工过程连续进行，效率也很高；由于是螺旋线插补方式，刀具主轴高速旋转，相当于刀具自转，刀具圆弧插补相当于刀具公转，由于刀具自转速度高，又有公转配合，形成旋风，所以十分有利于排屑，再辅助以高压风冷，排屑会十分顺畅。

任务实施

[例 5-8-1] 漏斗孔加工

如图 5-8-1 所示是一个 340.5 mm×340.5 mm×57.92 mm 的方形工件，外形已加工到尺寸，上面要加工一个漏斗孔。漏斗孔是由半径不同、深度不同的共十一层圆台构成，每个圆台从上到下由 ϕ300～100 mm 依次递减 20 mm，深度均为 5 mm，形状像漏斗，试分析加工工艺并编写数控程序。

（1）零件的加工工艺分析

漏斗形零件的加工，尺寸精度与表面粗糙度要求不高，主要考虑下刀方便、加工过程连续、排屑顺畅，并适当考虑加工效率等问题。选定在数控铣床上加工，且在上道工序中已把工件的外形加工到尺寸，已有了找正基准，因此找正装卡十分方便。

（2）刀具选择

选用硬质合金螺旋齿立铣刀，由于是旋铣，不用垂直下刀，省去了预钻孔工序，也不用键槽铣刀，而是选用加工效率更高的硬质合金螺旋齿立铣刀或三面刃刀盘。

（3）程序编制

```
XUANXI1.MPF;                       正常编程
N05 G54 G17 G90 Z100;
N10 G00 X150 Y0;                   刀具到达第一个台阶起点
```

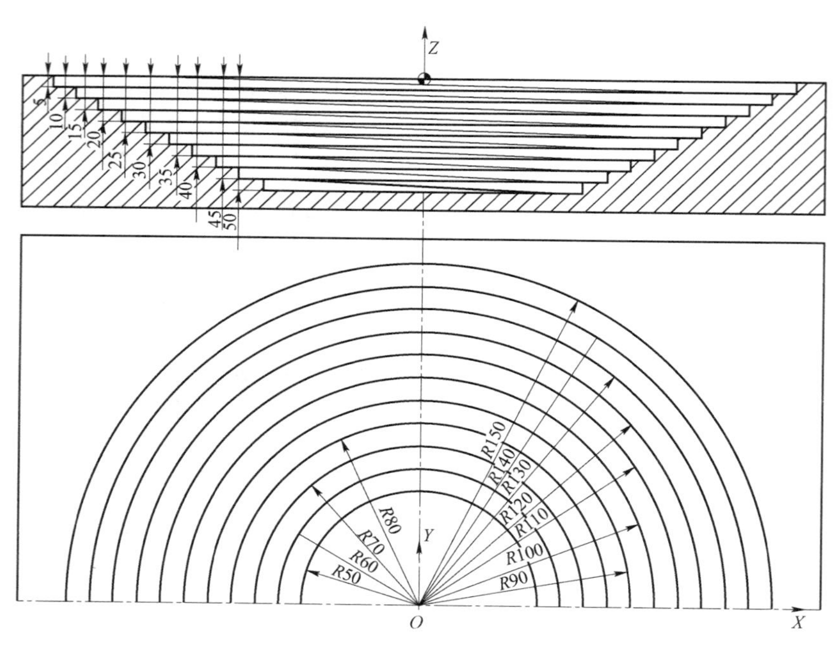

图 5－8－1　漏斗孔的加工

```
N15 G01 Z1 F100 F80;                                  下刀，刀具刃长要大于每圈下降的深度
N20 G03 X150 Y0 Z－5 I＝AC(0) J＝AC(0) TURN＝2;
N25 G01 X140 F100;                                    刀具到达第二个台阶起点
N30 G03 X140 Y0 Z－10 I＝AC(0) J＝AC(0) TURN＝2;
N35 G01 X130;                                         刀具到达第三个台阶起点
N40 G03 X130 Y0 Z－10 I＝AC(0) J＝AC(0) TURN＝2;
N45 G01 X120;                                         刀具到达第四个台阶起点
N50 G03 X120 Y0 Z－10 I＝AC(0) J＝AC(0) TURN＝2;
N55 G01 X110;                                         刀具到达第五个台阶起点
N60 G03 X110 Y0 Z－10 I＝AC(0) J＝AC(0) TURN＝2;
N65 G01 X100;                                         刀具到达第六个台阶起点
N70 G03 X100 Y0 Z－10 I＝AC(0) J＝AC(0) TURN＝2;
N75 G01 X90;                                          刀具到达第七个台阶起点
N80 G03 X90 Y0 Z－10 I＝AC(0) J＝AC(0) TURN＝2;
N85 G01 X80;                                          刀具到达第八个台阶起点
N90 G03 X80 Y0 Z－10 I＝AC(0) J＝AC(0) TURN＝2;
N95 G01 X70;                                          刀具到达第九个台阶起点
N100 G03 X70 Y0 Z－10 I＝AC(0) J＝AC(0) TURN＝2;
N105 G01 X60;                                         刀具到达第十个台阶起点
N110 G03 X60 Y0 Z－10 I＝AC(0) J＝AC(0) TURN＝2;
N115 G01 X50;                                         刀具到达第十一个台阶起点
N120 G03 X50 Y0 Z－10 I＝AC(0) J＝AC(0) TURN＝2;
```

```
N125 G00 Z50;
N130 M30;                                   程序结束
```

本程序也可用循环编程，达到简化程序的目的。

```
XUANXI2.MPF;                                循环编程
N05 G54 G17 G90 Z100;
N10 R01=150 R02=1;
N15 G01 Z0 F100 F80;                        下刀，刀具刃长要大于每圈下降的深度
N20 KK：G01 X=R01 Y0;                       刀具到达第一个台阶起点
N25 G03 X=R01 Y0 Z=-5*R02 I=AC(0) J=AC(0) TURN=2;
N30 R01=R01-10 R02=R02+1;                   每加工一层，R01 减 10 mm，R02 计数一次
N35 IF R02<=11 GOTOB KK;                    当加工层数小于等于 11 时，进行循环
N40 G00 Z50;
N45 M30;                                    程序结束
```

［**例 5－8－2**］大螺纹旋风铣削

M56 以上的大型内螺纹的数控加工——旋风铣削参数子程序。

（1）选题意义

内螺纹常用的加工方法有攻螺纹和挑扣，在有现成丝锥的情况下，选择上述方法即可。对于重大装备制造业中的大型内螺纹（通常在 M56～M120 范围内）的加工就没那么容易了，若用上述方法来加工大型内螺纹，要经过“一锥、二锥、…”才能完成，每锥加工不可能完全重合，必然会产生螺纹牙型不重合即所谓的“双眼皮”现象，从而严重影响螺纹的旋合甚至无法旋合而造成零件报废，其次，若用上述传统的方法加工大型内螺纹，效率很低。现采用旋风铣削的方法加工大型内螺纹，可加工 M56×3～M120×9 的内螺纹，并用 R 参数子程序的方法编写，使用方便，十分有效。

在数控镗铣类机床上，内螺纹可以用攻螺纹、挑扣或铣削来完成。在有现成丝锥，螺纹直径为非标准，或者加工材质过硬等难以加工的情况下，选择铣削来加工螺纹尤显简捷；对于精密的、孔数多的螺孔，可选英格索尔的 NC-120 内螺纹旋风铣削装置，它可严格控制中径公差、减小或消除刀具切削时对牙型的干涉。由于该装置的安装、调试和量块等准备工作繁杂、耗时冗长，所以不常用。对普通螺纹的加工，常取主轴直接装夹成形铣刀，利用数控中的螺旋插补功能来完成铣削螺纹的方法，较为省时、简便。

（2）原理和加工工艺方法

① 加工原理和轨迹。在数控镗铣类机床上加工大型内螺纹，可采用旋风铣削的原理：高速旋转的成形铣刀，其刀尖回转圆始终与内螺纹外径处于内接状态，与此同时，刀具绕工件孔轴线做螺旋运动，此时，60° 成形刀把与刀尖干涉的金属切除，在工件孔壁上切出螺纹槽。螺旋运动是通过数控机床的螺旋插补功能实现的，为防止加工到孔底部时，切屑与刀具的干扰阻挤和加工部位被切屑遮盖，旋风铣削均取从孔底向外加工的走刀方向。

② 刀具和附具。在进行内螺纹旋风铣削时，通常借用 NC-120 装置上的刀片、刀盘和刀杆（图 5－8－2），另外设计制造了一根专用接杆，前面连接 NC-120 刀杆与刀盘，后面的锥柄与机床连接。该刀片是可转位硬质合金刀片，其尺寸和角度精度较高，可装于铣刀盘，同时可装 4～6 把刀片，组成多刃铣刀盘，该铣刀盘通过刀盘尾部的定心柱和螺纹

与刀杆联结，又通过刀杆尾部的短锥、键和螺钉紧固在可装入主轴锥孔的专用刀杆上。NC-120 刀具具有同时可参与切削的刀具多、精度高、耐磨性能好等优点，因此保证了牙型轮廓的准确性。在选择刀盘时，主要考虑加工的螺距大小和螺孔深浅，螺孔直径不是考虑的主要因素。铣螺纹用刀具也可自行设计，但其制造精度要满足工件的要求。为保证其牙型轮廓精度和粗糙度，应尽可能采用多刃结构。

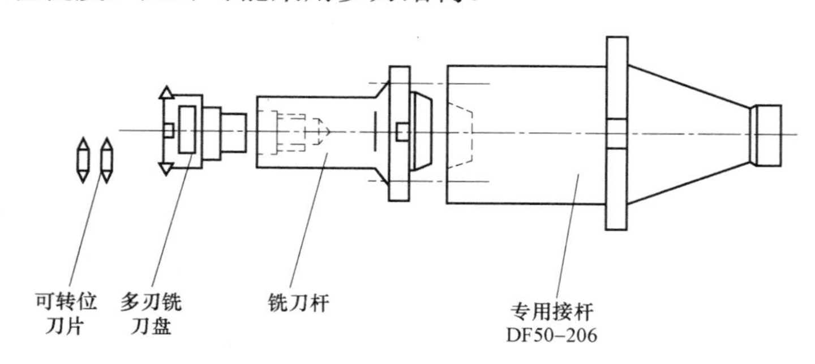

图 5-8-2 铣削内螺纹刀具

（3）螺纹有关参数设定与相关尺寸计算

图 5-8-3 所示为内螺纹有关尺寸参数计算。螺纹标准中规定其牙型是将等腰三角形尖峰削去高度，并以此处作为螺纹公称直径。体现螺纹尺寸精度的重要标志之一是中径公差；通过对中径公差进行不同取向，达到内外螺纹配合间隙的要求。数控铣削中，为使刀尖点 A 与牙型尺寸中的点 B 重合，必须计算出螺孔的假想最大直径 D_1。其计算如下：

$$D_1 = D + 2 \times H/8 = D + H/4$$

式中，$H = P$*COS(30)，为螺纹牙型全高，P 为螺距，中径公差若按其公差值的 1/3 考虑，则 D_1 直径还将加大。

$$D_1 = D + H/4 + e/3$$

式中，e 为螺纹的中径公差值，一般按 H6～H7 级精度考虑。

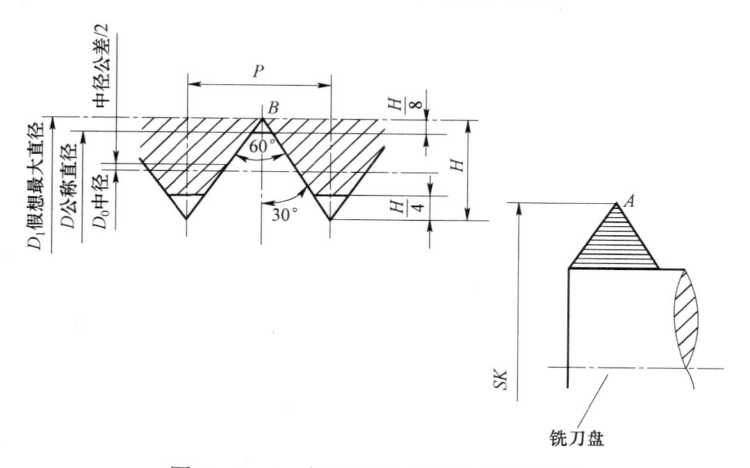

图 5-8-3 螺纹有关尺寸参数的计算

（4）参数的定义和轨迹

R01——加工螺纹公称直径；　　　　R05——加工螺纹的深度；
R03——专用铣刀盘刀尖直径（*SK*）；　R09——螺距；
R06——螺纹中径的公差值；　　　　R08——螺纹铣削走刀速度。

图 5-8-4 为内螺纹铣削程序轨迹及参数定义。

为了适应在不同坐标平面使用，设定一个刀具轴参数 R11，以确定加工平面，R11 为刀具轴编号：*X* 轴为 R11=1，*Y* 轴为 R11=2，*Z* 轴为 R11=3。

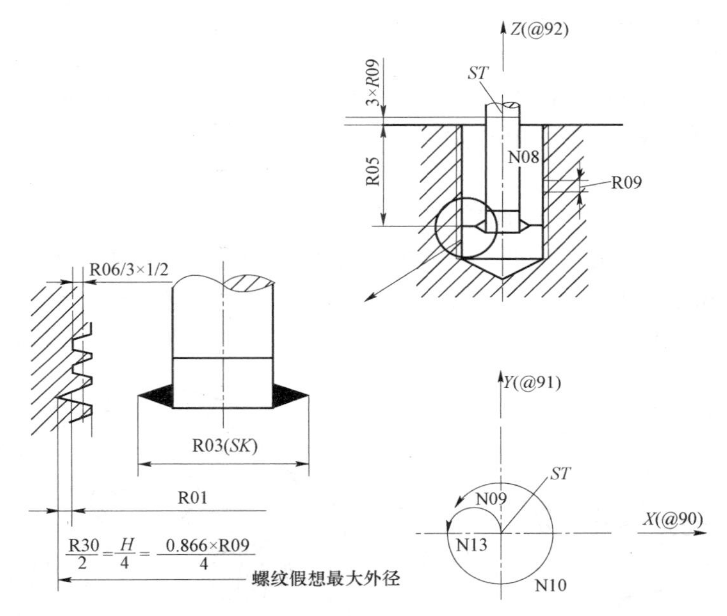

图 5-8-4　内螺纹铣削程序轨迹及参数定义

（5）程序编制

程序采用西门子（SINUMERIK840D）系统的代码编写，以子程序形式编制。用 R 参数代替语句中的数码和数值，能适用于不同直径、不同螺距、不同深度的螺纹加工，具有一定的通用性。程序按刀心轨迹编写，因此没有使用刀补功能。程序可长期存入数控机床，使用时，由主程序调用并给出切削用量、初始参数赋值和使刀具中心定位在已加工好的底孔上方即可。图 5-8-5 是车间旋风铣削内螺纹的实况。

图 5-8-5　内螺纹铣削实况

```
XUANFENG.SPF;                                          XY平面上内螺纹铣削子程序
N05 R01=R01/2 R04=0.866*R09 R04=R04/8;                 螺纹参数计算
N10 R01=R01+R04 R05=3*R09+R05;
N15 R06=R06/6 R0l=R01+R06 R0l=R01-R03/2;
N20 R02=R01/2 R30=0;
N25 G64 G91 G01 Z=-R05 F=R08 M03;                      螺纹切入
N30 XUN: G03 X=-R01 Y=0 CR=R02;                        旋风铣削螺纹循环
N40 G03 X=0 Y=0 I=R01 J=0 Z=R09;
N45 R30=R30+R09;
N50 IF R30<R05 GOTOB XUN;                              螺纹循环条件判断
N55 G03 X=R01 Y=0 CR=R02 M05;                          螺纹切出
N60 G60 G90 M17;
```

[例 5-8-3] 大直径斜孔的加工

如图 5-8-6 所示为某汽轮机厂生产的“60 MW 燃气轮机中压缸体”零件，上面分布了 4 个 ϕ1 194 mm/ϕ990.6 mm，深 200 mm 的斜孔，材质为 ZG15Cr2Mo1，毛坯为铸钢件，4 个斜孔已铸出毛坯孔，外球表面为非加工表面，试制订工艺方案，编写加工程序。

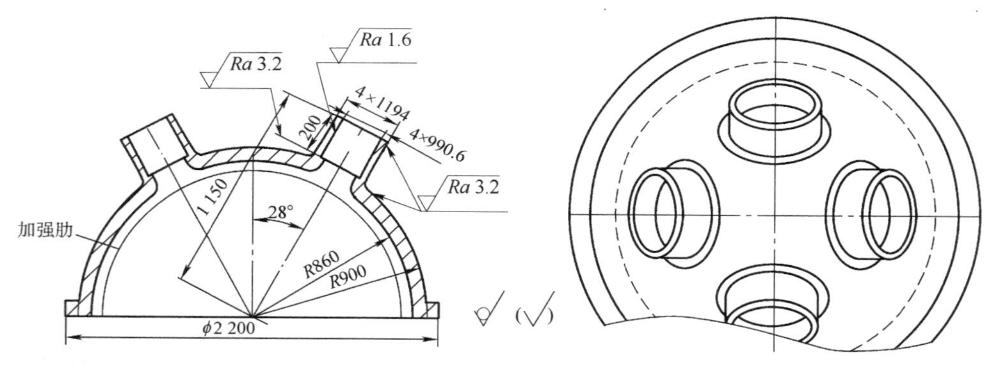

图 5-8-6　60 MW 燃气轮机中压缸体

（1）工艺方案设计

60 MW 燃气轮机中压缸体零件加工主要是在外球面上加工 4 个 ϕ1 194 mm/ϕ990.6 mm，深为 200 mm 的斜孔，所要加工的空间斜孔与机床主轴不垂直，而且孔的直径很大，“钻—扩—铰”的方案已不能满足加工要求。以往针对这类情况，通常的方法是将工件倾斜一定角度，使所加工的孔轴线与机床主轴一致，即人们通常所用的“摆活”方式，如图 5-8-7 所示，由于孔径在 ϕ1 000 mm 左右，可采用镗床镗孔的方式，也可采用铣床铣孔的方法，两种方法对比分析如下：

① 镗孔方案。若采用图 5-8-7（a）所示的在卧式（落地）镗床上的镗孔方案，机床主轴呈水平状态，工件要倾斜 62°，所要加工的孔轴线才能到水平位置，此时，工件下方所垫方箱的高度按下列公式计算：

$$H=(1\,100+860)\sin(62^\circ)\approx 1\,730\ (\text{mm})$$

而且，气缸棱边着地，气缸所受的加工力与工作台平行，因此装夹稳固性极差，致使背吃刀量小，效率低，而且因重心过高极易造成倾翻等安全事故。

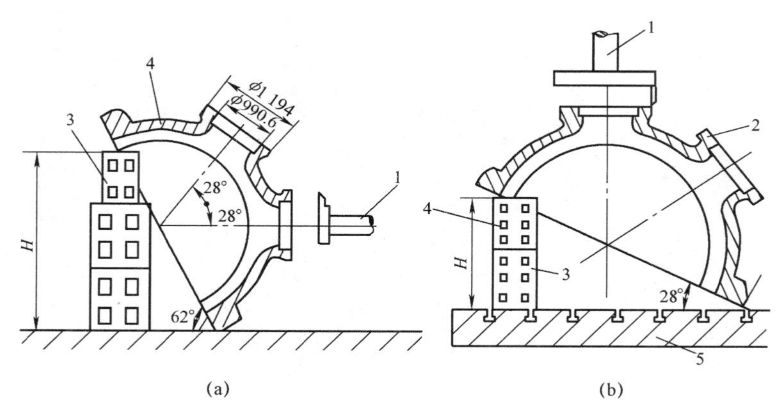

图 5－8－7　60 MW 燃气轮机中压缸体加工方案之一

② 铣孔方案。若采用图 5－8－7（b）所示的在 4.8 m×12.8 m 龙门铣床上完成的铣孔方案，机床主轴呈垂直状态，工件要倾斜 28°，所要加工的孔轴线才能到水平位置，此时，工件下方所垫方箱的高度按下列公式计算：

$$H=(1\ 100+860)\sin(28°)\approx 920\text{（mm）}$$

这时，下垫高度减少了近一半，而工件上受到的加工力与工作台垂直，使工件的装夹稳固性大为提高，加工效率也成倍增长。具体方法为：在龙门铣床上，机床主轴按气缸中心及其他已加工基准面精确定位后，先用丁字刀盘刻内圆 ϕ990.6 mm、外圆 ϕ1 194 mm 加工线，然后用玉米铣刀“排铣”内外圆，单边留量 5 mm，最后用丁字刀盘加工内圆 ϕ990.6 mm、外圆 ϕ1 194 mm 至符合图样。

上述两种方案都是要将工件倾斜一定角度，才能使所加工的孔轴线与机床主轴一致，这就是人们通常所说的通过“摆活”来实现。在这两种方式加工中，每加工一个斜孔，工件均要装夹一次，不仅费工、费力，而且每装夹一次，基准也不容易重合，找正定位误差大，加工质量无保证，因此不是较好的方法。

③ 万向角度铣头铣孔方案。除以上两种“摆活”方式外还可利用万向角度铣头加工工件，如图 5－8－8 所示。该方案重点在于通过万向角度铣头改变机床主轴方向，使孔轴线与铣刀轴线一致。加工时，先在普通立式车床上加工出半球底面，并在半球底面附近加工出“找正带”以便工件的找正与装夹。万向角度铣头铣孔只需一次装夹工件，省工、省力，定位精度高，但加工程序相对复杂，这就是“用脑力换体力、用脑力换效率、用脑力换质量”的方法。

（2）参数设定

在 TK6920 卧式落地数控镗床上，利用万向角度铣头加工工件，关键是燃气轮机缸体斜孔各参数的设定与计算，具体的参数设定如图 5－8－9 所示。图上标注的坐标系是按加工时零件在机床上所处的实际位置确定的。工件装夹在机床工作台上，要求所加工的内孔 ϕ990.6 mm 端面必须与 X 轴平行，另外，Y、Z 两轴与孔端面成一定夹角，在一定程度上降低了加工难度。

图 5－8－8　60 MW 燃气轮机中压缸体加工方案之二

1—镗床主轴；2—工件；3—万向角度铣头

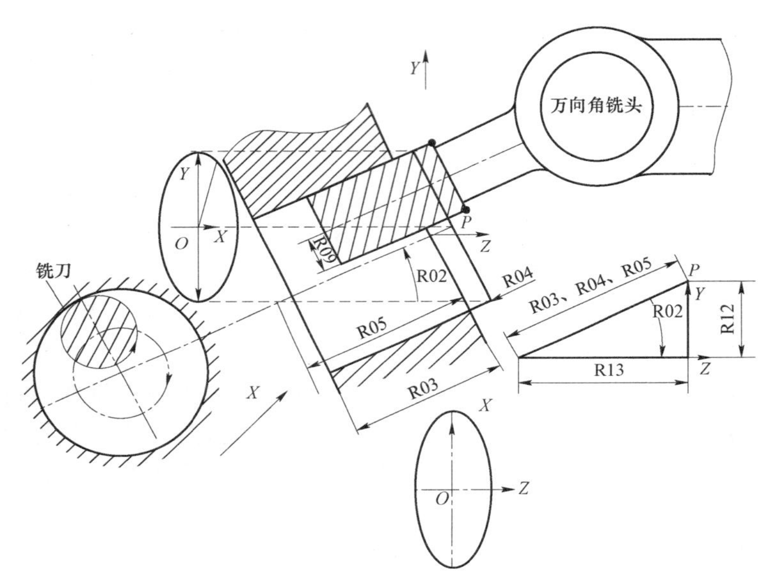

图 5－8－9　燃气轮机缸体斜孔参数设定

① 直接变量。

R01：加工孔半径；

R02：斜孔倾斜角度（孔轴线与水平轴线正方向的夹角）；

R03：斜孔的有效深度；

R04：刀具与斜孔底面的进刀距离；

R05：考虑出刀距离之后，孔的最终深度；

R06：斜孔顶面中心孔的 X 坐标，孔中心的 X 坐标轴设为 0；

R07：斜孔顶面中心孔的 Y 坐标；

R08：斜孔顶面中心孔的 Z 坐标；

R09：铣刀半径；

② 操作控制参数。

R46：圆周方向，圆周等分参数；

R47：深度方向，每个层次加工的深度（深度步长）；

R48：每次插补的距离控制插补精度（角度步长）；

R49：考虑到程序同时适合斜外圆柱/斜内孔的加工，R49 = ±1，+1 为斜圆柱的加工，-1 为斜圆孔的加工，如图 5-8-10 所示。

（a）

（b）

图 5-8-10 斜外圆柱/斜内孔的加工

（a）斜外圆柱 R49 = +1；（b）斜内孔 R49 = -1

（3）空间各参数坐标点的计算

空间各参数坐标点的计算如图 5-8-11 所示。

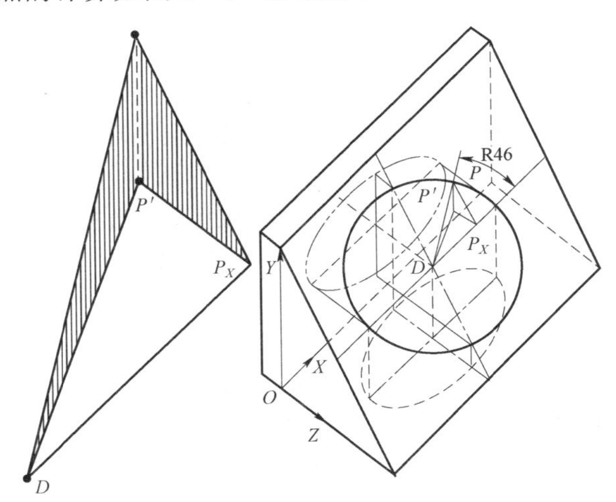

图 5-8-11 缸体斜孔空间各参数坐标点的计算

要计算动点 P 的坐标，OP 是加工圆半径，首先将它投影到相应的坐标平面内，因所加工的内孔 ϕ990.6 mm 端面与 X 轴平行，根据图 5-8-11 所示的几何关系有：

$$OP_X = \text{R01*COS(R46)} \quad PP_X = \text{R01*SIN(R46)}$$

图中 OP_X 与 X 轴平行，其长度就是动点 P 的 X 坐标，PP_X 的长度是在 YZ 坐标平面，需要进行分解，即动点 P 的 Y 坐标等于 PP' 的长度，动点 P 的 Z 坐标等于 $P'P_X$ 的长度，因此 P 点的坐标计算如下：

X=R01*COS(R46);Y=(R01SIN(R46))SIN(R02)+R07;Z=(R01SIN(R46))COS(R02)+R08。

这是动点 P 的坐标，编程时还要考虑刀具半径 R03 与孔的深度参数。

（4）编制程序

① 参数子程序（用于计算空间各参数坐标点）。

```
KONGJISHUAN.SPF;                      空间点计算子程序名
N05 R01=R01+R49*R09 R46=0;            R49=±1，+1为加工斜圆柱，-1为加工斜圆孔
N10 WAICEN:R20=R20-R47;               孔深为外层循环，每铣完一层圆孔，深度再下刀
N15 R12=R20*SIN(R02);                 计算P点的Y坐标，见图5-8-11
N20 R13=R20*COS(R02);                 计算P点的Z坐标
N25 R32=R22+R20*SIN(R02);             孔中心点Y坐标R07
N30 R33=R23+R20*COS(R02);             孔中心点Z坐标R08
N35 G01 Y=R32 Z=R33;                  深度方向进刀，第一次在孔中心，以后在0°位置
N40 MEICEN;                           孔圆周为内层循环开始
N45 R12=R01*COS(R46);                 OPX的长度
N50 R13=R01*SIN(R46);                 PPX的长度
N55 R31=R12;                          最终切入零件轮廓的X坐标
N60 R32=R32+R13*SIN(R02);             最终切入零件轮廓的Y坐标
N65 R33=R32+R13*COS(R02);             最终切入零件轮廓的Z坐标
N70 G01 X=R31 Y=R32 Z=R33;
N75 R46=R46+R48;                      圆周角度改变，进行下个点插补
N80 IF R46＜=360 GOTOB MEICEN;        孔圆周为内层循环结束
N85 IF R20＞=R05 GOTOB MEICEN;        孔圆周为外层循环结束
N90 M17;
```

② 斜孔铣削主程序。燃气轮机缸体斜孔在 TK6920 落地数控镗床上加工，如图 5-8-12 所示。通过主程序调用相应 R 参数子程序，赋予相应变量值，就可完成相应孔的加工，每加工完一个孔后，工作台（带 B 轴）旋转一个角度，加工下一个孔，直到加工完全部孔，结束程序。

```
XIEKONG.MPF;                          斜孔铣削主程序
N05 R01=0 R02=62 R49=-1;              R01=0表示刀具先走到斜孔的中心位置，R02
                                      倾角R49=-1表示加工内孔
N10 R04=20 R05=-200;                  起刀高度：设为20 mm，R05表示孔的最终深度
N15 R06=0 R07=1150*SIN(62);           R07表示斜孔中心的Y坐标
N20 R08=1150*COS(62);                 R08表示斜孔中心的Z坐标
N25 G00 G54 G90 X0 G17;               选择XY平面，确定工件零点，用绝对尺寸编程
N30 G00 Y=R07+20 Z=R08+20;            快速定位，50 mm为安全距离
N35 R20=R04;                          斜孔初始高度
```

N40 R22＝R20*SIN(R02)＋R07;	考虑孔中心点坐标 R07
N45 R23＝R20*COS(R02)＋R08;	考虑孔中心点坐标 R08
N50 S1200 M03 F3;	设定主轴转速、转向、进给速度
N55 G00 X＝0 Y＝R22 Z＝R23;	快速接近工件，到达图 5－8－11 所示斜孔中心 *P* 起点位置
N60 KONGJISHUAN;	调用子程序
N65 G01 X＝0;	由于是斜孔，退刀很关键，先将刀具退到孔底中心
N70 G00 Y＝R22 Z＝R23;	走斜线退到斜孔中心，千万不能直接抬刀，否则会碰到工件
N75 M30;	程序结束

图 5－8－12 TK6920 落地数控镗床加工缸体斜孔

1—数控落地镗床；2—工件找正带；3—铣削 ϕ990 mm、6 个倾斜内孔

在机械加工中，常会遇到与机床主轴不垂直的空间大斜孔系的铣削加工。在具有三轴联动的数控镗铣床上，采用万向角度铣头改变机床主轴方向，使孔轴线与铣刀轴线一致，运用空间几何建立各加工变量之间的数学模型，实现空间斜孔铣削加工数控程序参数化。结果表明工件只需一次装夹，赋予相应变量值，就可完成孔系的加工，加工精度高，省工省力，可推广到类似空间斜面、斜槽的加工。

学 习 小 结

通过本单元的学习，知道了：

① SINUMERIK 数控编程的高级形式，重点是 R 参数编程、坐标变换、比例缩放、程序段重复（REPEAT/REPEATB）等功能；

② 应用上述功能可以解决比较复杂的零件编程，如平面方程曲线轮廓加工（渐开线、抛物线轮廓），立体方程曲线的参数编程（半球、椭球），孔系与槽系的加工编程等，对高级编程人员帮助很大。

生产学习经验

（1）正确运用 R 参数编程，提高程序的通用性

R 参数编程可以显著提高程序的通用性，虽然手工编程仍广泛应用，但对于形状复杂的零件，尤其是具有非圆曲线，列表曲线及曲面的零件，用一般的手工编程就有一定的困难，且出错概率大，有的甚至无法编出程序，而采用 SINUMERIK 数控系统 R 参数编程，则可很好地解决这一问题。

（2）掌握 R 参数编程的方法

非圆曲线轮廓零件的种类很多，但不管是哪一种类型的非圆曲线零件，编程时所做的数学处理是相同的，一是选择插补方式，即首先应决定是采用直线段逼近非圆曲线，还是采用圆弧段逼近非圆曲线；二是插补节点坐标计算。

（3）节点数学处理

一般数学处理较简单，但计算的坐标数据较多。等间距法是使一坐标的增量相等，然后求出曲线上相应的节点，将相邻节点连成直线，用这些直线段组成的折线代替原来的轮廓曲线，其特点是计算简单，坐标增量的选取可大可小，选得越小则加工精度越高，同时节点会增多，相应的编程费用也将增加，而采用 R 参数编程正好可以弥补这一缺点。

企业家点评

本单元对 SINUMERIK 840D 数控系统高级编程指令在复杂轨迹处理中的应用进行了有针对性的应用举例。SINUMERIK 840D 数控系统高级编程为编程人员提供了一种新的思路，让更多的数控编程人员能够更加充分地利用西门子数控系统的资源，更进一步地提高零件程序的编写水平。尤其是 SINUMERIK 强大的函数功能、数学表达式功能编程最具实用性。

思考与练习

一、选择题

1. 在数控加工中，刀具补偿功能除对刀具半径进行补偿外，在用同一把刀进行粗、精加工时，还可进行加工余量的补偿。设刀具半径为 r，精加工时半径方向余量为 Δ，则最后一次粗加工走刀的半径补偿量为（　　）。

A. r　　B. Δ　　C. $r+\Delta$　　D. $2r+\Delta$

2. 球头铣刀的球半径通常（　　）加工曲面的曲率半径。

A. 小于　　B. 大于　　C. 等于　　D. 以上三项

3.（　　）指令不能用来定义加工原点。

A. G55　　B. G59　　C. G90　　D. TRANS

4. 数控机床的旋转轴之一 *B* 轴是绕（　　）直线轴旋转的轴。

A. *X*　　B. *Y*　　C. *Z*　　D. *W*

5. SINUMERIK 840D 数控系统中，下面指令能用作子程序返回指令的是（　　）。

A. M00　　B. M01　　C. M30　　D. RET

6. 下列 SINUMERIK 840D 数控系统程序名称错误的是（　　）。

A. PP18.MPF　　B. xy5.MPF　　C. L22.SPF　　D. PP－9.SPF

7. 加工平面选择指令 G19 是指选择（　　）平面。

A. *XY*　　B. *YZ*　　C. *XZ*　　D. 任意

8. SINUMERIK 840D 数控系统中的操作/算术功能，表示“平方”的是（　　）。

A. TRUNC（ ）　　B. ABS（ ）　　C. SQRT（ ）　　D. POT（ ）

9. 某数控车床，刀尖点在（*X*20，*Z*0）处，执行程序段“G03 G18 G90 X60 Z－20 CR＝20 F0.1”，刀尖点的运动轨迹是（　　）。

A. *R*20 的 1/4 圆弧　　B. *R*20 的 1/2 圆弧　　C. *R*20 的 3/4 圆弧　　D. *R*20 的圆

10. 某数控车床，若机械原点与参考点重合，均处在正向极限位置，则自动返回参考点后，机械坐标系的示值为（　　）。

A.（*X*0，*Z*0）　　B. 开机时显示的值

C.（*X*－300，*Z*－400）　　D. 任意值

二、判断题（正确画“√”，错误画“×”）

1. 数控加工程序中绝对尺寸和增量尺寸不能同时出现在同一程序段中。（　　）

2. 绝对尺寸与增量尺寸指令可以用 G90 或 G91 方式，也可以采用 AC 或 IC 方式，如 X＝AC（　　），其中 AC 方式是绝对方式，属于非模态方式。（　　）

3. 数控加工过程中，主轴转速倍率开关和进给速度倍率开关随时均有效。（　　）

4. 旋转轴（DC/ACP/ACN）编程，格式如：A＝DC（ ）B＝DC（ ）C＝ACP（ ），其中，DC 是绝对尺寸，逆时针方向逼近指定的位置。（　　）

5. 铣削零件轮廓时，进给路线对加工精度和表面质量有直接影响。（　　）

6. G25 S500 表示主轴转速上限为 500 r/min。（　　）

7. G111 表示极点定义，是相对工件坐标系的设定位置。（　　）

8. 所有数控机床自动加工时，必须用 M06 指令才能实现换刀动作。（　　）

9. 为了使加工尺寸准确和编程方便，以及考虑到刀具半径大小，因此每道工序加工时，都必须带上刀具半径补偿指令 G41 或 G42。（　　）

10. 若铣刀为 ϕ10 mm，铣削速度为 31.4 m · min^{-1}，则其转速为 100 r · min^{-1}。（　　）

11. 圆弧插补时，若用半径 *R* 指定圆心位置，不能描述整圆。（　　）

12. 数控机床坐标轴一般采用笛卡尔右手定则来确定。（　　）

13. 可用 G94 与 G95 来区分车床上的分进给和转进给两种方式。（　　）

14. 进给功能一般是用来指令机床主轴的转速。（　　）

15. 一般情况下，半闭环控制的精度高于开环系统，但低于闭环系统。（　　）

16. 在刀具半径补偿中，在一定情况下可以实现 G41 与 G42 相互转化。（　　）

17. 在立式铣床上铣削曲线轮廓时，立铣刀的直径应大于工件上最小凹圆弧的直径。（　　）

18. 在轮廓铣削加工中，若采用刀具半径补偿指令编程，刀补的建立与取消应在轮廓上进行，这样程序才能保证零件的加工精度。（　　）

19. 对于整圆，其起点和终点相重合，用 R 参数编程无法定义，因此只能用圆心坐标编程。（　　）

20. G00、G01 指令都能使机床坐标轴准确到位，因此它们都是插补指令。（　　）

三、简答题、分析题及简单程序编制

1. 简述 G110、G111、G112 的区别。

2. 指出下列指令的含义。

（1）G111 X20 Y60

（2）MIRROR Y0

（3）G71

（4）ROT Y50

（5）SCALE X0.8 Y0.8

3. 根据习题图 5－1 在空格处填写坐标值。

（1）G00 X50 Y30

（2）G111 X50 Y30

G00 AP＝__RP＝___

（3）G110 AP＝___ RP＝___

G00 AP＝30 RP＝50

…

（4）G111 X__ Y___

G00 AP＝135　RP＝30

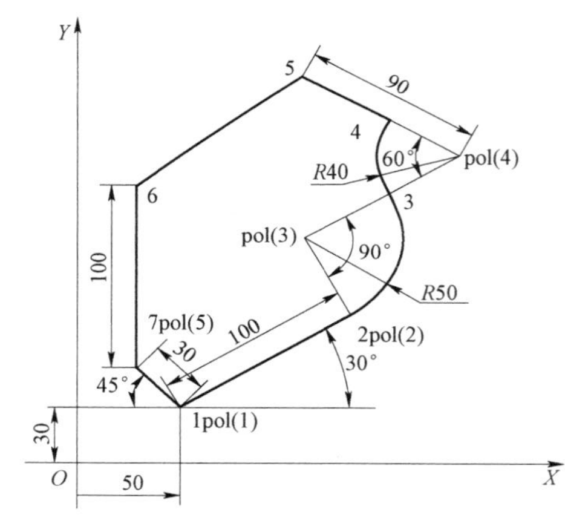

习题图 5－1

4. 分析执行后结果。

（1）R02＝3 R03＝9 R04＝5；

LOOP：R02＝R02＋3；

R04＝3*R04；

G90 G01 X＝R04；

IF R02＜＝R03 GOTOB LOOP；

M30；

分析执行结束后 *X* 坐标值。

（2）N10 R01＝0.866；

N20 R02＝ASIN（R01）；

执行后 R02＝？

（3）R50＝45 R51＝60；

G00 X0 Y0 Z50；

```
START：G00 X=R50 Y=R51；
       R50=R50+20 R51=R51+40；
       REPEAT START P=4；
       M30；
```

分析执行结束后 X、Y 坐标值。

5. 采用极坐标方式编程，如习题图 5-2 所示。

（1）加工圆弧 AB［习题图 5-2（a）］。

（2）走刀路线为 $O \to P_1 \to A$［习题图 5-2（b）］。

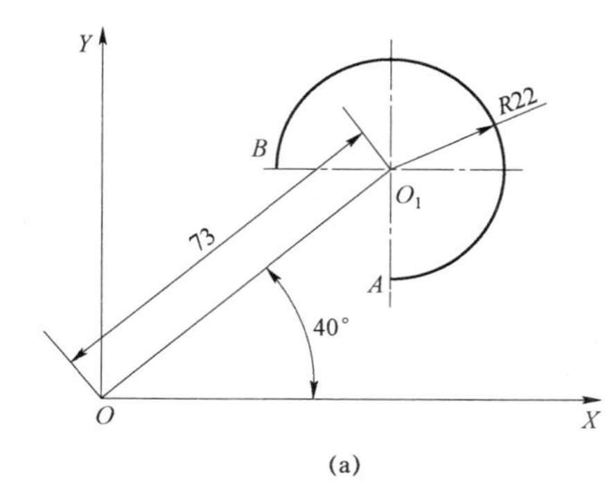

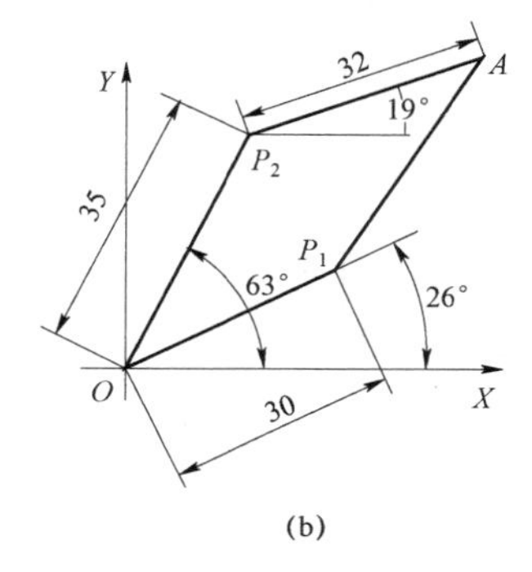

习题图 5-2

四、指出下列指令的含义

1. MIRROR Y0

2. MIRROR X0 Y0

3. ROT RPL=30

4. TRANS X50 Y60

5. ROT Y50

6. SCALE X0.8 Y0.8

7. AMIRROR Y0

五、编程题

1. 有一空间曲面槽，如习题图 5－3 所示，是由一条余弦曲线 $Y=38\times\cos(X)$ 和一条正弦曲线 $Z=18\times\sin(X)$ 叠加而成，毛坯尺寸为 400 mm × 144 mm × 62 mm，外形已加工好，本工序只需在数控铣床上加工出空间曲面槽，刀具中心轨迹见图所示，槽底为 $R12.5$ mm 的圆弧。可以直接选用 $\phi 25$ mm 的球头刀来加工，为了方便编制程序，可采用微分方法忽略插补误差来加工。

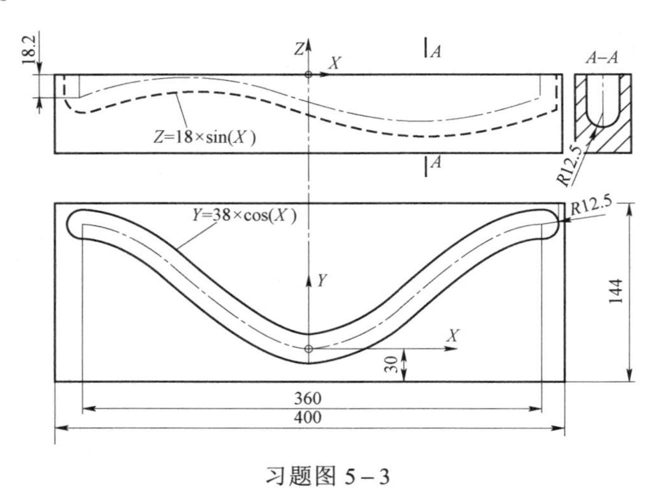

习题图 5－3

2. 如习题图 5－4 所示星形曲线轮廓工件，毛坯尺寸为 80 mm × 80 mm × 15 mm，试进行课题分析并编写参数加工程序。

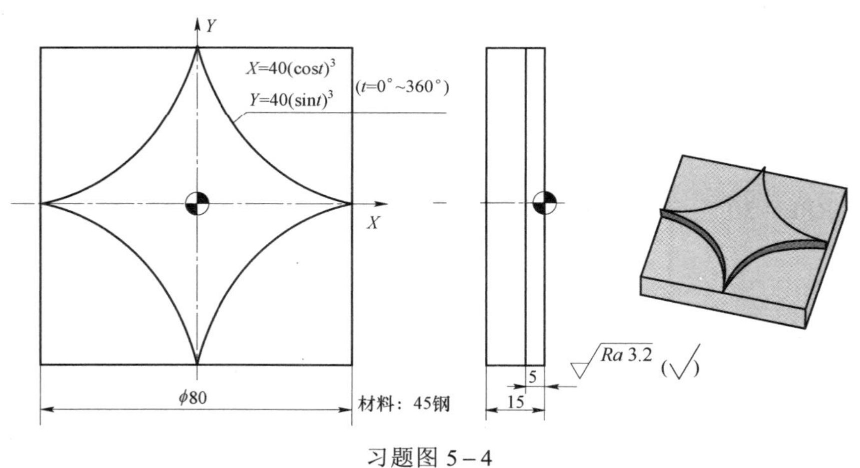

习题图 5－4

3. 如习题图 5－5 所示，在滑板工件上有若干油槽，油槽的分布是按工件最佳工作状态设计的，油槽从进油点开始进油，油槽深度为 5 mm，到出油点时，油槽深度为 10 mm，油槽底部是半径为 $R4$ mm 的弧面，滑板的上下面、四周各面均已加工好，所需各点坐标见习题表 5－1，试设计油槽的加工方案并编写加工程序，装夹与加工可参照习题图 5－6。

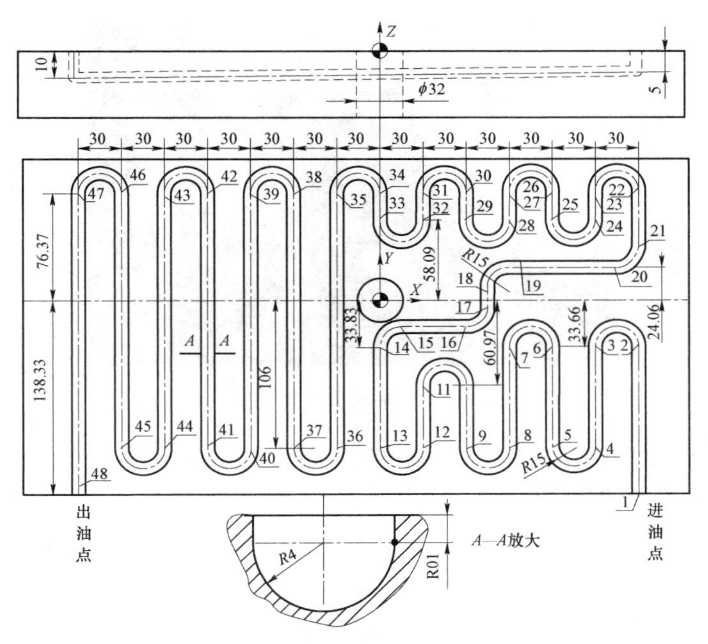

习题图 5－5　滑板润滑油槽

习题表 5－1

点	X	Y	深度递增	Z	点	X	Y	深度递增	Z
1	180	－142	0	5	25	120	58.09	0.05	6.625
2	180	－33.66	0.25	5.25	26	120	76.37	0.025	6.65
3	150	－33.66	0.05	5.3	27	90	76.37	0.05	6.7
4	150	－106	0.125	5.425	28	90	58.09	0.025	6.725
5	120	－106	0.05	5.475	29	60	58.09	0.05	6.775
6	120	－33.66	0.125	5.6	30	60	76.37	0.025	6.8
7	90	－33.66	0.05	5.65	31	30	76.37	0.05	6.85
8	90	－106	0.125	5.775	32	30	58.09	0.025	6.875
9	60	－106	0.05	5.825	33	0	58.09	0.05	6.925
10	60	－60.97	0.075	5.9	34	0	76.37	0.025	6.95
11	30	－60.97	0.05	5.95	35	－30	76.37	0.05	7
12	30	－106	0.075	6.025	36	－30	－106	0.375	7.375
13	0	－106	0.05	6.075	37	－60	－106	0.05	7.425
14	0	－33.83	0.125	6.2	38	－60	76.37	0.375	7.8
15	15	－18.83	0.025	6.225	39	－90	76.37	0.05	7.85
16	60	－18.83	0.05	6.275	40	－90	－106	0.375	8.225
17	75	－3.83	0.025	6.3	41	－120	－106	0.05	8.275
18	75	9.06	0.025	6.325	42	－120	76.37	0.375	8.65
19	90	24.06	0.025	6.35	43	－150	76.37	0.05	8.7
20	165	24.06	0.075	6.425	44	－150	－106	0.375	9.075
21	180	39.06	0.025	6.45	45	－180	－106	0.05	9.125
22	180	76.37	0.05	6.5	46	－180	76.37	0.375	9.5
23	150	76.37	0.05	6.55	47	－210	76.37	0.05	9.55
24	150	58.09	0.025	6.575	48	－210	－142	0.45	10

习题图 5－6　滑板润滑油槽的装夹与加工

4. 如习题图 5－7 所示，在圆形工件上有 24 个均匀分布的 U 形槽，尺寸为：槽宽 60 mm，槽深 20 mm，圆弧半径 R 为 30 mm，毛坯为 $\phi600\times100$ mm 的圆柱体，外形已加工，试编写加工程序。

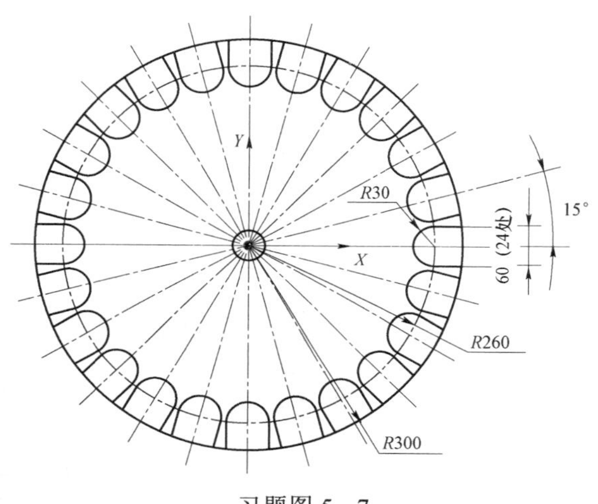

习题图 5－7

5. 如习题图 5－8 所示的链轮，其中相关坐标为：C(0，800)，A(400，650)，1(193.37，616.49)，2(46.6，534.54)，试编写加工程序。

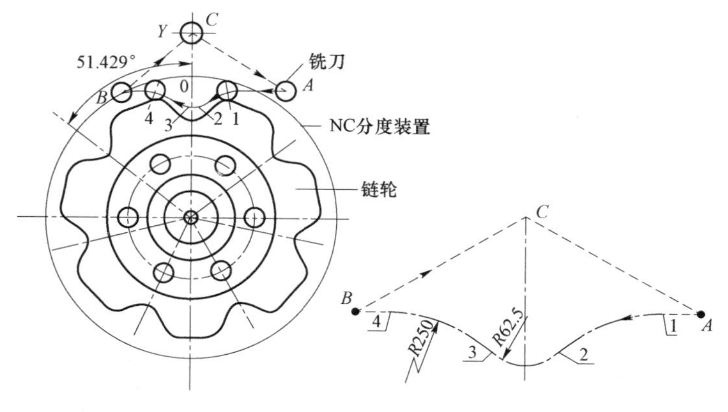

习题图 5－8

附　　录

附录 A　SINUMERIK 840C 数控系统常用功能代码

组别	ISO	代码	功能与含义
	%		程序开始
	MPF	1～9999	主程序
	SPF	1～9999	子程序
	:	1～9999	主程序段
	N	1～9999	子程序段
	/:	1～9999	可跳过的主程序段
	/N	1～9999	可跳过的子程序段
G1	G	00	快速移动、粗定位
		* 01	线性插补
		02	圆弧插补、顺时针方向
		03	圆弧插补、逆时针方向
		10	极坐标编程、快速移动
		11	极坐标编程、线性插补
		12	极坐标编程、圆弧插补、顺时针方向
		13	极坐标编程、圆弧插补、逆时针方向
		33	螺纹加工、恒导程
		34	螺纹加工、导程递增（线性）
		35	螺纹加工、导程递减（线性）
G2	G	# 09	减速、精定位
G3	G	16	轴地址自由选择平面
		17	选择 *XY* 平面
		*18	选择 *ZX* 平面
		19	选择 *YZ* 平面

续表

组别	ISO	代码	功能与含义
G4	G	*40	取消刀具半径补偿
		41	刀具半径补偿——左补（刀在工件左侧）
		42	刀具半径补偿——右补（刀在工件右侧）
G5	G	#53	删除零位偏置
G6	G	*54	可设置零位偏置（1）
		55	可设置零位偏置（2）
		56	可设置零位偏置（3）
		57	可设置零位偏置（4）
G7	G	*04	暂停、延时秒数在地址 X 或 F 下，亦可在主轴转数 S 下
		25	工作区域、最小限界
		26	工作区域、最大限界；主轴转速极限（G26 S__）
		58	可编程零位偏置
		59	可编程零位偏置
		[2)]92	主轴速率限界、设置在地址 S 下（仅有效在 G96 下）
		74	
G8	G	60	减速精定位
		63	攻螺纹，用于主轴不带编码器，在 G01 下生效
		*64	连续轨迹运行，不减速转换程序段
G9	G	70	英制尺寸系统
		71	公制（米制）尺寸系统
G10	G	80	删除 G81～G89
		81	调用 L81、模态运行、钻孔、钻中心孔
		82	调用 L82、模态运行、钻孔、刨平
		83	调用 L83、模态运行、钻深孔
		84	调用 L84、模态运行、攻螺纹
		85	调用 L85、模态运行、镗孔 1
		86	调用 L86、模态运行、镗孔 2
		87	调用 L87、模态运行、镗孔 3
		88	调用 L88、模态运行、镗孔 4
		89	调用 L89、模态运行、镗孔 5

续表

组别	ISO	代码	功能与含义
G11	G	*90	绝对尺寸
		91	增量尺寸
G12	G	*94	F 地址下的进给率（$mm \cdot min^{-1}$ 或 $in \cdot min^{-1}$）
		95	F 地址下的进给率（$mm \cdot r^{-1}$ 或 $in \cdot r^{-1}$）
		96	恒切削速度、切速在 S 地址下
		97	取消 G96，最后转速记忆存入 G97
G13	G	#147 2)	用直线趋近轮廓
		#247 2)	以 1/4 圆弧趋近轮廓
		#347 2)	以半圆弧趋近轮廓
		#148 2)	用直线退出轮廓
		#248 2)	以 1/4 圆弧退出轮廓
		#348 2)	以半圆弧退出轮廓
		#48 2)	以趋近方式退出轮廓
G14	G	* 50	取消 G51
		51	比例变更
G25	G	450	用圆弧过渡拐角
		451	用直线过渡拐角
G26	G	#455	修正补偿轨迹趋近轮廓
		#456	直接趋近轮廓
	A	0～359.99999	定义轮廓的角度
		±359.99999	极坐标下的角度
	U	0～99999.999	圆插补和极坐标下的半径（mm）
		0～3999.9999	圆插补和极坐标下的半径（in）
	D	1～（204）819	选择刀具偏置
		0	取消刀具偏置
	F	1～10 000	进给率（$mm \cdot min^{-1}$）
		0.001～99999.999	暂停时间（s）（G04 F__）
		0.001～50.000	每转进给率（$mm \cdot r^{-1}$）
		0.001～16.000	螺纹、导程增减率（$mm \cdot r^{-1}$）

续表

组别	ISO	代码	功能与含义
	I/J/K	±0.001～±99999.999	*X* 轴的圆参数（mm）/*Y* 轴/*Z* 轴
		±0.0001～3999.9999	*X* 轴的圆参数（in）/*Y* 轴/*Z* 轴
		0.001～120 000	螺纹导程（mm）
		0.000 1～12 000	螺纹导程（in）
	L	1～9999	子程序号
	P	0.000 01～9.99999	比例因子
		1～9999	子程序重复调用次数
	S	99999 （本机床 5～630）	主轴转速（r • min^{-1}）
			恒切削速度（m • min^{-1}）（用 G96 S__）
			主轴速度限（r • min^{-1}）（G92 S__）
		0.1～359.99	主轴定向停止在（M19 S__）方位上（° ）
		0.1～99.9	以主轴转数确定程序暂停，延时长短（s）（G04 S__）
	T	1～99	刀具编号
	X	±0.001～±99999.999	线性位移数据（mm）；程序暂停时间（s）（G04 S__）
		±0.000 1～±3999.9999	线性位移数据（in）
	Y/Z/W	±0.001～±99999.999	线性位移数据（mm）
		±0.000 1～±3999.9999	线性位移数据（in）
	R	0～49	位移量参数
		50～199	运算参数
		100～10019	内部参数
M1	M	#　00	程序无条件停止
		01	程序有条件停止（可选择停止）
M2	M	02	程序结束
		17	子程序结束
		30	主程序结束（指针返顶）
M3	M	03	主轴正转
		04	主轴反转
		05	主轴停转
		19	主轴定向停止、方位在其 S__角度上
M4	M	36	进给率 F 缩小 100 倍（1:100）
		37	取消 G36（1:1）

续表

组别	ISO	代码	功能与含义
M5	M	10	滑枕不倾斜
		11	滑枕正倾斜
		12	滑枕负倾斜
	M	08	切削液开
		09	切削液关
	M	13	排屑启动
		14	排屑停止
	M	20	直角铣头 0° 正倾斜
		21	直角铣头正倾斜（取消带刀）
		22	直角铣头负倾斜（取消带刀）
		23	主轴松刀
		24	主轴拉刀
	M	50	取消各镜像
		51	*X* 轴镜像
		52	*Y* 轴镜像
		53	*Z* 轴镜像
		54	*W* 轴镜像
	M	61	*X* 轴夹紧
		62	*Y* 轴夹紧
		63	*Z* 轴夹紧
		64	*W* 轴夹紧
		71	*X* 轴松开
		72	*Y* 轴松开
		73	*Z* 轴松开
		74	*W* 轴松开
	M	M40	主轴转速空挡
		M41	主轴转速 Ⅰ 挡（5～225 r・min^{-1}）
		M42	主轴转速 Ⅱ 挡（14～630 r・min^{-1}）
供用户使用的固定子程序	L	81～89	可被 G81～G89 调用的子程序（模态）
		900	钻削圆周分布的孔的循环程序
		901	辐射分布的长槽铣削循环程序（槽宽＞刀直径）

续表

组别	ISO	代码	功能与含义
供用户使用的固定子程序		902	辐射分布的长槽铣削循环程序（槽宽＝刀直径）
		903	矩形槽铣削循环程序
		904	环形槽铣削循环程序
		905	单孔钻削循环程序
		906	斜线分布等距孔系钻削循环程序
		930	周铣圆孔循环程序
		999	清空缓冲存储器（与@714 等效）
供系统使用的子程序	L	990	附件铣头自动装卸、转位程序
		994～998	L990 内部子程序（用户不能直接调用）
		说明： *——复位状态，通电后就有效； #——非模态； 2)——带下标 2)的指令需单独编写一段。	

附录 B　SINUMERIK 840D 数控系统功能/预备条件一览表

G 组说明 NO：内部编号　PLC 接口　M：模态　D：车削　S：非模态

STD：缺省设置　X：不允许　G：代码__　F：铣削

组 1：有效模态行为指令				
名称	编号	定　　义	M/S	默认
G0	1	快速移动	M	
G1	2	直线插补	M	默认
G2	3	顺时针圆弧插补	M	
G3	4	逆时针圆弧插补	M	
CIP/G05	5	通过几个点的圆：通过中介点的圆弧插补	M	
ASPLINE	6	AKIMA 条件	M	

续表

名称	编号	定　义	M/S	默认
BSPLINE	7	B 样条	M	
CSPLINE	8	立方样条	M	
POLY	9	多项式：多项式插补	M	
G33	10	带恒导程的螺纹切削	M	
G331	11	攻螺纹	M	
G332	12	回退（攻螺纹）	M	
组 2：非模态指令				
G4	1	预先确定的停止时间	S	
G63	2	非同步攻螺纹	S	
G74	3	参考点趋近同步	S	
G75	4	定点趋近	S	
REPOSL	5	从中断程序段后的下一程序段终点位置继续执行零件程序	S	
REPOSQ	6	重新定位 1/4 圆	S	
REPOSH	7	半圆重新定位	S	
REPOSA	8	所给直线轴的重新定位	S	
REPOSQA	9	重新定位所给轴的 1/4 圆：返回到所给线性轴轮廓，1/4 的几何轴轮廓	S	
REPOSHA	10	定位所给轴的半圆	S	
G147	11	带直线的软趋近	S	
G247	12	带 1/4 的软趋近	S	
G347	13	带半圆的软退出	S	
组 2：非模态移动，停止时间				
G148	14	带直线的软退出	S	
G248	15	带 1/4 的软退出	S	
G348	16	带半圆的软退出	S	
组 3：写存储器				
TRANS	1	TRANSLATION：可编程转换	S	
ROT	2	ROTATION：可编程旋转	S	
SCALE	3	SCALE：可编程比例缩放	S	

续表

名称	编号	定　　义	M/S	默认
MIRROR	4	MIRROR：可编程镜像	S	
ATRNS	5	辅助 TRANSLATION：可编程的辅助转换	S	
AROT	6	辅助旋转：可编程旋转	S	
ASCALE	7	辅助 SCALE：可编程比例缩放	S	
AMIRROR	8	辅助镜像：可编程镜像	S	
TOFRAME	9	设置当前程序，使 FRAME 进入刀具坐标系	S	
G25	10	最小工作区域极限/主轴转速下限	S	
G26	11	最大工作区域极限/主轴转速上限	S	
G110	12	与最后编程的设置位置相关的极编程	S	
G111	13	与当前工件坐标系原点相关的极编程	S	
G112	14	与最后有效极点相关的极编程	S	
G58	15	可编程偏置，轴向替换	S	
G59	16	可编程偏置，辅助轴向替换	S	
组 6：平面选择				
G18	1	平面选择第 1～2 个几何轴	M	默认
G18	2	平面选择第 3～1 个几何轴	M	
G19	3	平面选择第 2～3 个几何轴	M	
组 7：刀具半径补偿				
G17	1	无刀具半径补偿	M	默认
G18	2	刀具半径补偿到轮廓左侧	M	
G19	3	刀具半径补偿到轮廓右侧	M	
组 8：可设置零偏置				
G500	1	如果 G500 中没有值，则取消可设置的 FRAME	M	默认
G54	2	可设置零偏置 1	M	
G55	3	可设置零偏置 2	M	
G56	4	可设置零偏置 3	M	
G57	5	可设置零偏置 4	M	
G505	6	可设置零偏置 5	M	
G5××	N	可设置零偏置 N	M	

续表

名称	编号	定　义	M/S	默认
G599	100	可设置零偏置 99	M	
组 9：坐标框压缩				
G53	1	取消当前 FRAME	S	
SUPAG153	2	取消当前所给零偏，包括可编程的零偏	S	
	3	取消当前 FRAME（包括基础 FRAME）	S	
组 10：准停－轮廓方式				
G60	1	减速，准停	M	默认
G64	2	轮廓方式	M	
G641	3	带可编程近似距离的轮廓方式	M	
G642	4	带轴向精度的圆角	M	
组 11：准停非模态				
G9	1	减速，准确停止	S	
组 12：带准停的块改变规则（G60/G90）				
G601	1	精确准停上的程序段改变	M	默认
G602	2	近似准停上的程序段改变	M	
G603	3	在 IPO 上的程序段改变－程序段结束	M	
组 13：工件尺寸（英制/公制）				
G70	1	英制	M	
G71	2	公制	M	默认
组 14：工件尺寸绝对/增量				
G90	1	绝对尺寸	M	
G91	2	增量尺寸	M	
组 15：进给类型				
G94	1	直线进给率（$mm \cdot min^{-1}$，$in \cdot min^{-1}$）	M	默认
G95	2	旋转进给率（$mm \cdot r^{-1}$，$in \cdot r^{-1}$）	M	
G96	3	恒定切割速度 ON		
G97	4	恒定切割速度 OFF		

附录 C　SINUMERIK 802D 车床指令系统

地址	含义	赋值	说明	编　　程
D	刀具补偿号	0～9 整数，不带符号	用于某个刀具 T__的补偿参数;D0 表示补偿值=0，一个刀具最多有 9 个 D 补偿号	D__
F	进给率	0.001～99999.999	刀具/工件的进给速度，对应 G94 或 G95，单位分别为 $mm \cdot min^{-1}$ 或 $mm \cdot r^{-1}$	F__
F	进给率（与 G4 一起可以编程停留时间）	0.001～99999.999	停留时间（s）	G4 F__；单独程序段
G	G 功能(准备功能字)	仅为整数，已事先规定	G 功能按 G 功能组划分，一个程序段中同组的 G 功能只能有一个。 G 功能按模态有效(直到被同组中其他功能替代)，或者以程序段方式有效	G__或者符号名称，如 CIP
G0	快速移动		1. 运动指令（插补方式）	G0 X__ Z__;
G1*	直线插补			G1 X__Z__F__;
G2	顺时针圆弧插补			G2 X__Z__I__K__F__; 圆心和终点 G2 X__Z__CR=__F__; 半径和终点 G2 AR=__I__K__F__; 张角和圆心 G2 AR=__X__Z__F__; 张角和终点
G3	逆时针圆弧插补		模态有效	G3__；其他同 G2
CIP	中间点圆弧插补			CIP X__Z__I1=__K1=__F__;
G33	恒螺距的螺纹切削			G33 Z__K__SF=__; 圆柱螺纹; G33 X__I__SF=__; 横向螺纹; G33 Z__X__K__SF=__; 锥螺纹，*Z* 方向位移大于 *X* 轴方向位移; G33 Z__X__I__SF=__; 锥螺纹，*X* 方向位移大于 *Z* 轴方向位移

续表

地址	含义	赋值	说明	编　程
C331	不带补偿夹头切削内螺纹		模态有效	N10 SPOS=__； 主轴处于位置调节状态 N20 G331 Z__K__S__； 在 Z 轴方向不带补偿夹具攻螺纹； 右旋螺纹或左旋螺纹通过螺距的符号（比如 K+）确定： +：同 M3；−：同 M4
G332	不带补偿夹头切削内螺纹——退刀			G332 Z__K__； 不带补偿夹具切削螺纹——Z 向退刀； 螺距符号同 G331
CT	带切线过渡的圆弧插补			N10 __ N20 CT Z__X__F__； 圆弧，与前一段轮廓为切线过渡
G4	暂停时间		2. 特殊运行，程序段方式有效	G4 F__或 G4 S__； 自身程序段
G74	回参考点			G74 X__Z__； 自身程序段
G75	回固定点			G75 X__Z__； 自身程序段
TRANS	可编程偏置		3. 写存储器，程序段方式有效	TRANS X__Z__； 自身程序段
SCALE	可编程比例系数			SCALE X__Z__； 在所给定轴方向的比例系数；自身程序段
ATRANS	附加的可编程偏置			ATRANS X__Z__； 自身程序段
ASCALE	附加的可编程比例系数			ASCALE X__Z__； 在所给定轴方向的比例系数；自身程序段
G25	主轴转速下限或工作区域下限			G25 S__； 自身程序段； G25 X__Z__；自身程序段
G26	主轴转速上限或工作区域上限			G26 S__； 自身程序段； G26 X__Z__；自身程序段
G17	（在加工中心孔时要求）		6. 平面选择	
G18*	*Z/X* 平面			

续表

地址	含义	赋值	说明	编程
G40*	刀尖半径补偿方式的取消		7. 刀尖半径补偿，模态有效	
G41	调用刀尖半径补偿，刀具在轮廓左侧移动			
G42	调用刀尖半径补偿，刀具在轮廓右侧移动			
G500*	取消可设定零点偏置		8. 可设定零点偏置，模态有效	
G54	第一可设定零点偏置			
G55	第二可设定零点偏置			
G56	第三可设定零点偏置			
G57	第四可设定零点偏置			
G58	第五可设定零点偏置			
G59	第六可设定零点偏置			
G53	按程序段方式取消可设定零点偏置		9. 取消可设定零点偏置，程序段方式有效	
G153	按程序段方式取消可设定零点偏置，包括手轮偏置			
G60*	准确定位		10. 定位性能，模态有效	
G64	连续路径方式			
G9	准确定位，单程序段有效		11. 程序段方式准停，程序段方式有效	
G601*	在 G60、G9 方式下精准确定位		12. 准停窗口，模态有效	
G602	在 G60、G9 方式下粗准确定位			
G70	英制尺寸		13. 英制/公制尺寸，模态有效	
G71*	公制尺寸			
G700	英制尺寸，也用于进给率 F			
G710	公制尺寸，也用于进给率 F			
G90*	绝对尺寸		14. 绝对尺寸/增量尺寸，模态有效	
G91	增量尺寸			
G94	进给率 F，单位：$mm \cdot min^{-1}$		15. 进给/主轴，模态有效	
G95*	主轴进给率 F，单位：$mm \cdot r^{-1}$			
G96	恒定切削速度（F 单位：$mm \cdot r^{-1}$；S 单位：$m \cdot min^{-1}$）			G96 S__LIMS= __F__;
G97	取消恒定切削速度			

续表

地址	含义	赋值	说明	编　程
G450*	圆弧过渡		18. 刀尖半径补偿时拐角特性，模态有效	
G451	交点过渡，刀具在工件转角处不切削			
BRISK*	轨迹跳跃加速		21. 加速度特性，模态有效	
SOFT	轨迹平滑加速			
FFWOF*	预控制关闭		24. 预控制，模态有效	
FFWON	预控制打开			
WALIMON*	工作区域限制生效		28. 工作区域限制，模态有效	适用于所有轴，通过设定数据激活；值通过 G25，G26 设置
WALIMOF	工作区域限制取消			
DIAMOF	半径尺寸输入		29. 尺寸输入，半径/直径，模态有效	
DIAMON*	直径尺寸输入			
G290*	西门子方式		47. 其他 NC 语言	
G291	其他方式		模态有效	
注：带*的功能在程序启动时生效（指系统处于供货状态，没有编程新的内容时）。				
H H0～ H9999	H 功能	±0.0000001～99999999（8 个十进制数据位）或使用指数形式：±（10^{-300}～10^{+300}）	用于传送到 PLC 的数值，其由机床定义制造厂家确定	H0=__H9999=__， 如 H7=23.456
I	插补参数	±0.001～99999.999 螺纹 0.001～2000.000	X 轴尺寸，在 G2 和 G3 中为圆心坐标；在 G33 中则表示螺距大小	参见 G2、G3 和 G33
K	插补参数	±0.001～99999.999 螺纹 0.001～2000.000	Z 轴尺寸，在 G2 和 G3 中为圆心坐标；在 G33 中则表示螺距大小	参见 G2、G3 和 G33
I1=	圆弧插补的中间点	±0.001～99999.999	属于 X 轴；用 CIP 进行圆弧插补的参数设定	参见 CIP
K1=	圆弧插补的中间点	±0.001～99999.999	属于 Z 轴；用 CIP 进行圆弧插补的参数设定	参见 CIP
L	子程序名及子程序调用	7 位十进制整数，无符号	可以选择 L1～L9999999；子程序调用需要一个独立的程序段； 注意：L0001 不等于 L1；名称“LL6”用于刀具更换子程序	L__; 自身程序段

续表

地址	含义	赋值	说明	编　　程
M	辅助功能	0～99 整数，无符号	用于进行开关操作，如“打开切削液”，一个程序段中最多有 5 个 M 功能	M__
M0	程序停止		用 M0 停止程序的执行，按“启动”键加工继续执行	
M1	程序有条件停止		与 M0 一样，但仅在出现专门信号后才生效	
M2	程序结束		在程序的最后一段被写入	
M30	—		预定，没用	
M17	—		预定，没用	
M3	主轴顺时针旋转			
M4	主轴逆时针旋转			
M5	主轴停			
M6	更换刀具		在机床数据有效时用 M6 更换刀具，其他情况下直接用 T 指令进行	
M40	自动变换齿轮级			
M41～M45	齿轮级 1～齿轮级 5			
M70，M19	—		预定，没用	
M__	其他的 M 功能		这些 M 功能没有定义，可由机床生产厂家自由设定	
N	副程序段	0～99999999 整数，无符号	与程序段段号一起标识程序段，N 位于程序段开始	如 N20
:	主程序段	0～99999999 整数，无符号	指明主程序段，用字符“:”取代副程序段的地址符“N”；主程序段中必须包含其加工所需的全部指令	如：20
P	子程序调用次数	1～9999 整数，无符号	在同一程序段中多次调用子程序，如 N10 L871 P3；调用三次	如 L781 P__；自身程序段
R0～R249	计算参数	± 0.0000001 ～ 99999999（8 位）或带指数±（10^{-300}～10^{+300}）		

续表

地址	含义	赋值	说明	编　程
计算功能			除了+、−、*、/四则运算外还有以下计算功能	
SIN（ ）	正弦	单位，（°）		如 R1=SIN（17.35）
COS（ ）	余弦	单位，（°）		如 R2=COS（R3）
TAN（ ）	正切	单位，（°）		如 R4=TAN（R5）
SQRT（ ）	平方根			如 R6=SQRT（R7）
POT（ ）	平方根			如 R12=POT（R13）
ABS（ ）	绝对值			如 R8=ABS（R9）
TRUNC（ ）	取整			如 R10=TRUNC（R11）
RET	子程序结束		代替 M2 使用，保证路径连续运行	RET：自身程序段
S	主轴转速	0.001～99999.999	主轴转速单位是 $r \cdot min^{-1}$	S__
S	在 G96 的程序段中为切削速度	0.001～99999.999	在 G96 中 S 作为恒切削速度（$m \cdot min^{-1}$）	G96 S__
S	在 G4 的程序段中为停留时间	0.001～99999.999	主轴旋转停留时间	G4 S__； 自身程序段
T	刀具号	1～32000 整数，无符号	可以用 T 指令直接更换刀具，也可由 M6 进行，这可由机床数据设定	T__
X	坐标轴	±0.001～99999.999	位移信息	X__
Z	坐标轴	±0.001～99999.999	位移信息	Z__
AC	绝对坐标	—	对于某个进给轴，其终点或中心点可以按程序段方式输入，可以不同于在 G90/G91 中的定义	N10 G91 X10 Z=AC（920）； X——增量尺寸，Z——绝对尺寸
ACC［轴］	加速度补偿值的百分数	1～200，整数	进给轴或主轴加速度的补偿值，以百分数表示	N10 ACC［X］=80； N20 ACC［S］=50； *X* 轴 80%， 主轴 50%
ACP	绝对坐标，在正方向靠近（用于回转轴和主轴）	—	对于回转轴，带 ACP（ ）的终点坐标的尺寸可以不同于 G90/G91；同样也可以用于主轴的定位	N10 A=ACP（45.3）； 在正方向逼近绝对位置 N20 SPOS=ACP（33.1）； 定位主轴

续表

地址	含义	赋值	说明	编程
ACN	绝对坐标，在负方向靠近（用于回转轴和主轴）	—	对于回转轴，带 ACP（ ）的终点坐标的尺寸可以不同于 G90/G91； 同样也可以用于主轴的定位	N10 A=ACN（45.3）； 在负方向逼近绝对位置 N20 SPOS=ACN（33.1）； 定位主轴
ANG	在轮廓中定义直线的角度	±0.0001～359.99999	单位为（°）；在 G0 或 G1 中定义直线的一种方法；平面中只有一个终点坐标已知，或者在几个程序段表示的轮廓中最后的终点坐标已知	N10 G1 X__Z__； N11 X__ANG=__； 或者通过几个程序段表示的轮廓； N10 G1 X__Z__； N11 ANG=__； N12 X__Z__ANG=__；
AR	圆弧插补张角	0.00001～359.99999	单位为（°），用于在 G2/G3 中确定圆弧大小	参见 G2、G3
CALL	循环调用	—		N10 CALL CYCLE__（1.78，8，…）；
CHF	倒角，一般应用	0.001～99999.999	在两个轮廓之间插入给定长度的倒角	N10 X__Z__CHF=__； N20 X__Z__
CHR	倒角，轮廓连接	0.001～99999.999	在两个轮廓之间插入给定长度的倒角	N10 X__Z__CHF=__； N20 X__Z__
CR	圆弧插补半径	0.001～99999.999 大于半圆的圆弧带负号“-”	在 G2/G3 中确定圆弧	参见 G2、G3
CYCLE__	加工循环	仅为给定值	调用加工循环时要求一个独立的程序段；事先给定的参数必须要赋值（参见有关“循环”的章节）	
CYCLE82	钻削、沉孔加工			N10 CALL CYCLE82；（ ） 自身程序段
CYCLE83	深孔钻削			N10 CALL CYCLE83；（ ） 自身程序段
CYCLE840	带补偿夹头切削螺纹			N10 CALL CYCLE840；（ ） 自身程序段
CYCLE84	带螺纹插补切削螺纹			N10 CALL CYCLE84；（ ） 自身程序段
CYCLE85	镗孔 1			N10 CALL CYCLE85；（ ） 自身程序段

续表

地址	含义	赋值	说明	编　程
CYCLE86	镗孔 2			N10 CALL CYCLE86; (　) 自身程序段
CYCLE88	镗孔 4			N10 CALL CYCLE88; (　) 自身程序段
CYCLE93	凹槽循环			N10 CALL CYCLE93; (　) 自身程序段
CYCLE94	退刀槽循环（E 和 F 形），精车			N10 CALL CYCLE94; (　) 自身程序段
CYCLE95	毛坯切削循环			N10 CALL CYCLE95; (　) 自身程序段
CYCLE97	螺纹切削循环			N10 CALL CYCLE97; (　) 自身程序段
DC	绝对坐标，直接逼近位置（用于回转轴和主轴）	—	对于回转轴，带 DC（　）的终点坐标的单位可以不同于 G90/G91； 同样也可以用于主轴的定位	NC10A=DC（45.3）; 直接逼近轴 A 位置 NC20 SPOS=DC（33.1）; 主轴定位
GOTOB	向上跳转指令	—	与跳转标志符一起，表示跳转到所标志的程序段，跳转方向向程序开始方向	如 N20 GOTOB MARKE 1;
GOTOF	向下跳转指令	—	与跳转标志符一起，表示跳转到所标志的程序段，跳转方向向程序结束方向	如 N20 GOTOF MARKE 2;
IC	增量坐标	—	对于某个进给轴，其终点或中心点可以按程序段方式输入，可以不同于在 G90/G91 中的定义	N10 G90 X10 Z=IC（20）; Z——增量尺寸， X——绝对尺寸
IF	跳转条件	—	有条件跳转，指符合条件后进行跳转，比较符有： ==等于，＜＞不等于 ＞大于，＜小于 ＞=大于或等于 ＜=小于或等于	如 N20 IF R1＞5 GOTOB MARKE 1;
LIMS	G96 时主轴转速的上限	0.001～99999.999	在 G96 功能有效后(恒定切削速度）限制主轴速度	参见 G96

续表

地址	含义	赋值	说明	编　　程
MEAS	测量，删除剩余行程	+1 -1	=+1：测量输入端 1，上升沿 =-1：测量输入端 1，下降沿	N10 MEAS=-1； G1 X__Z__F__；
MEAW	测量，不删除剩余行程	+1 -1	=+1：测量输入端 1：上升沿 =-1：测量输入端 1，下降沿	N10 MEAW=-1 G1 X__Z__F__；
$ AA_MM [acis]	在机床坐标系中一轴的测量结果	—	运行中所测量轴的标识符（X，Z…）	N10 R1=$ AA_MM [X]；
$ AA_MW [acis]	在工件坐标系中一轴的测量结果	—	运行中所测量轴的标识符（X，Z…）	N10 R2=$ AA_MW [X]；
$ AC_MEA [1]	测量订货状态	—	供货状态 0：初始状态，测量头未接通 1：测量头已接通	N10 IF $AC_MESA [1] =1 GOTOF… 测量头接通后程序继续
$ A_…_TIME	运行时间定时器	0.0～10^{+300}	系统变量	N10 IF $ AC_CYCLE_TIME=50.5…
	$ AN_SET-UP_TIME	min（只读值）	自控制系统上次启动以后的时间	
	$ AN_POWERON_TIME	min（只读值）	自控制系统上次正常启动以后的时间	
	$ AC_O-PERATING_TIME	s	NC 程序总的运行时间	
	$ AC_CY-CLE_TIME	s	NC 程序运行时间（仅指所选择的程序）	
	$ AC_CUT-TING_TIME	s	刀具切削时间	
$ AC_…_PARTS	工件计数器	0～999999999 整数	系统变量	N10 IF $ AC_ACTUAL_PARTS=15…
	$ AC_TOT-AL_PARTS		实际总数量	
	$ AC_REQU-IRED_PARTS		工件设定数量	
	$ AC_ACT-UAL_PARTS		当前实际数量	
	$ AC_SPE-CIAL_PARTS		用户定义的数量	

续表

地址	含义	赋值	说明	编 程
MSG（）	信息	最多 68 个字符	文本位于双引号中	MSG（"MESSAGE TEXT"）；自身程序段
RND	圆角	0.010～99999.999	在两个轮廓段之间用一定义半径值的圆弧切线过渡	N10 X__Z__RND=__；N11 X__Z__；
SF	用 G33 时的螺纹起始角	0.001～359.999	单位为（°）；在 G33 时螺纹起始点偏移所给定的值	参见 G33
SPOS	主轴位置	0.0000～359.9999	单位为（°）；主轴停止在设定位置（必须以技术要求为准）	SPOS=__
STOPRE	程序段搜索停止	—	特殊功能；只有当程序段在 STOPRE 之前完成之后，下一个程序段才可以译码	STOPRE；自身程序段

附录 D　SINUMERIK 802D 与 02S/S 车床版指令系统主要相同功能表

指令	功能含义	指令	功能含义
G0	快速移动	G17	X/Y 平面选择（在加工中心孔时要求）
G1	直线插补	G18	Z/X 平面选择
G2	顺时针圆弧插补	G25	主轴转速下限
G3	逆时针圆弧插补	G26	主轴转速上限
G4	暂停时间	G40	刀尖半径补偿方式的取消
G33	恒螺距的螺纹切削	G41	调用刀尖半径左补偿
G42	调用刀尖半径右补偿	G450	圆弧过渡
G500	取消可设定零点偏置	G451	等距线的交点，刀具在工件转角处不切削
G53	取消可设定零点偏置，程序段方式	SIN（ ）	正弦
G54	第一可设定零点偏置	COS（ ）	余弦
G55	第二可设定零点偏置	TAN（ ）	正切
G56	第三可设定零点偏置	SQRT（ ）	平方根

续表

指令	功能含义	指令	功能含义
G57	第四可设定零点偏置	ABS（ ）	绝对值
G60	准确定位	TRUNC（ ）	取整
G9	准确定位，单程序段有效	RET	子程序结束
G601	在 G60、G9 方式下精准确定位	RHF	倒角
G602	在 G60、G9 方式下粗准确定位	RND	倒圆
G64	连续路径方式	SPOS	主轴定位
G70	英制尺寸	GOTOB	向上跳转指令
G71	公制尺寸	GOTOF	向下跳转指令
G74	回参考点	IF	跳转条件
G75	回固定点	F	进给率
G90	绝对尺寸	S	主轴转速
G91	增量尺寸	T	刀具号
G94	进给率 F，单位：$mm \cdot min^{-1}$	D	刀具补偿号
G95	主轴进给率 F，单位：$mm \cdot r^{-1}$	P	子程序调用次数
G96	恒定切削速度	L	子程序名及子程序调用
G97	删除恒定切削速度	M	辅助功能

附录E　SINUMERIK 802D 与 02S/S 车床版指令系统相当功能对照表

西门子 802D		西门子 802S/C
功能	指令与编程	
中间点圆弧插补	CIP X__Z__I1=__K1=__	G5 X__Z__IX=__KZ=__
可编程零偏置	TRANS X__Z__	G158 X__Z__
直径尺寸输入	DIAMON	G23
半径尺寸输入	DIAMOF	G22
钻孔、沉孔循环	CYCLE82（RTP，RFP，SDIS，DP，DPR，DTB）	R101=__R102=__R103=__R104=__LCYC82
深孔钻循环	CYCLE83（RTP，RFP，SDIS，DP，DPR，FDEP，FDPR，DAM，DTB，DTS，FRF，VARI）	R101=__R102=__R103=__R104=__LCYC83

续表

功能	指令与编程	
补偿攻螺纹循环	CYCLE840（RTP，RFP，SDIS，DP，DPR，DTB，SDR，SDAC，ENC，MPIT，PIT）	R101=__R102=__R103=__R104=__LCYC840
精镗孔、铰孔循环	CYCLE85（RTP，RFP，SDIS，DP，DPR，DTB，FFR，RFF）	R101=__R102=__R103=__R104=__LCYC85
凹槽循环	CYCLE93（SPD，DPL，WIDG，DIAG，STA1，ANG1，ANG2，RC01，RC02，RCI1，RCI2，FAL1，FAL2，IDEP，DTB，VARI）；柱面、端面和锥面割槽	R100=__R101=__R105=__R106=__LCYC93；柱面或端面割槽
退刀槽切削循环	CYCLE94（SPD，SPL，FORM）	R100=__R101=__R105=__R107=__LCYC94
毛坯切削循环	CYCLE95(NPP，MID，FALZ，FALX，FAL，FF1，FF2，FF3，VARI，DT，DAM，_VRT）；能“根切”	_CNAME=“__”R105=__R106=__R108=__R109=__LCYC95；不能“根切”
螺纹切削循环	CYCLE97（PIT，MPIT，SPL，FPL，DM1，DM2，APP，ROP，TDEP，FAL，IANG，NSP，NRC，NID，VARI，NUMT）；可偏置单侧切削	R100=__R101=__R102=__R103=__LCYC97；中心对称双侧切削

附录F　SINUMERIK 802D较02S/S车床版主要新增功能表

指令	功能含义	编　　程
AC	绝对坐标	G91 X10 Z=AC（20）；X轴增量坐标，Z轴绝对坐标
IC	增量坐标	G90 X10 Z=IC（20）；X轴绝对坐标，Z轴增量坐标
ATRANS	附加的可编程零点偏置	ATRANS X__Z__
SCALE	可编程比例系数	SCALE X__Z__
ASCALE	附加的可编程比例系数	ASCALE X__Z__
G25	主轴转速或工作区域限制下限设定	G25 X__Z__
G26	主轴转速或工作区域限制上限设定	G26 X__Z__
WALIMON	工作区域限制生效	WALIMON

续表

指令	功能含义	编　　程
WALIMOF	工作区域限制取消	WALIMOF
CT	带切线过渡的圆弧插补	CT X__Z__
BRISK	轨迹跳跃加速	BRISK
SOFT	轨迹平滑加速	SOFT
ACC	加速度补偿值的百分数（加速度比例补偿）	ACC［X］=80；*X* 轴加速度 80% ACC［S］=50；主轴加速度 50%
FFWON	预（先导）控制开	FFWON
FFWOF	预（先导）控制关	FFWOF
CYCLE84	带螺纹插补切削螺纹	CYCLE84（RTP，RFP，SDIS，DP，DPR，DTB，SDAC，MPIT，PIT，POSS，SST，SST1）
CYCLE88	带停止镗孔	CYCLE88（RTP，RFP，SDIS，DP，DPR，DTB，SDIR）

参 考 文 献

[1] 陈志雄. 数控机床与数控编程技术 [M]. 北京：电子工业出版社，2007.
[2] 赵松涛. 数控编程与操作 SINUMERIK 数控系统 [M]. 西安：西安电子科技大学出版社，2006.
[3] 张思第. 数控编程加工技术 [M]. 北京：化学工业出版社，2006.
[4] 陈云卿，杨顺田. 数控铣镗床编程与技能训练 [M]. 北京：化学工业出版社，2008.
[5] 陈国防，沙杰. 数控加工实训教程 [M]. 北京：中国劳动社会保障出版社，2006.
[6] 杨伟群. 数控工艺培训教程 [M]. 北京：清华大学出版社，2006.
[7] 蒋建强. 数控加工技术与实划 [M]. 北京：电子工业出版社，2003.
[8] 吕程辉. 整体叶轮的五轴高速铣削加工工艺优化 [D]. 上海：同济大学硕士论文，2007.
[9] 刘战锋，黄华. 高温镍基合金精密小直径深孔加工工艺 [J]. 现代制造工程，2004（1）：49－50.
[10] 高风英. 数控机床编程与操作 [M]. 南京：东南大学出版社，2002.
[11] 张斌. 深孔加工的几种工艺方法 [J]. 机械工人：冷加工，2004（3）：22－24.
[12] 来建良. 数控加工实训 [M]. 杭州：浙江大学出版社，2004.
[13] 陈天祥. 数控加工技术及编程实训 [M]. 北京：清华大学出版社，北京交通大学出版社，2005.
[14] 秦启书. 数控编程与操作 [M]. 西安：西安电子科技大学出版社，2006.
[15] 陆曲波，王世辉. 数控加工编程与操作 [M]. 广州：华南理工大学出版社，2006.